教育部人文社会科学规划研究项目（18YJAZH054）
河南省高校重点研究项目（19A170013）
国家自然科学基金项目（41541005）
共同资助成果

新石器晚期嵩山地区的古环境与生业特征

李中轩　吴国玺　著

黄河水利出版社
·郑州·

内 容 提 要

环嵩山地区是河南新石器文化的核心区域。本书以龙山文化晚期遗址至二里头文化遗址地层为信息载体,用第四纪环境学方法重点讨论了龙山文化晚期至夏代的古环境变迁、生业经济和史前聚落的时空演变特征。其中,新石器晚期的生业经济结构的多元化是促进社会可持续发展和夏文化诞生的物资支撑。研究表明,嵩山地区在龙山文化晚期的气候较为干旱,为应对严峻的灾害环境,本区的农业结构渐趋多元,提高了史前社会 – 生态系统应对逆向环境冲击的内在韧性,为嵩山南北社会的可持续发展奠定了基础。另外,史前聚落的时空变迁表明,聚落的集散与迁徙行为同样是适应灾害性环境的发展方式。

图书在版编目(CIP)数据

新石器晚期嵩山地区的古环境与生业特征/李中轩,
吴国玺著.—郑州:黄河水利出版社,2020.3
ISBN 978 – 7 – 5509 – 2621 – 9

Ⅰ.①新… Ⅱ.①李… ②吴… Ⅲ.①新石器时代 –
古环境 – 研究 – 河南②新石器时代文化 – 文化遗址 – 研究
– 河南 Ⅳ.①Q911.5②K878.04

中国版本图书馆 CIP 数据核字(2020)第 052154 号

出 版 社:黄河水利出版社 网址:www.yrcp.com
 地址:河南省郑州市顺河路黄委会综合楼 14 层 邮政编码:450003
发行单位:黄河水利出版社
 发行部电话:0371 – 66026940、66020550、66028024、66022620(传真)
 E-mail:hhslcbs@ 126.com
承印单位:虎彩印艺股份有限公司
开本:787 mm×1 092 mm 1/16
印张:17
字数:404 千字 印数:1—1 000
版次:2020 年 3 月第 1 版 印次:2020 年 3 月第 1 次印刷

定价:98.00 元

前　言

　　嵩山地区是河南新石器文化的重要集聚区,尤其是龙山晚期(4.2～4.0 kaB. P.)以来的夏文化的肇始与发展更是独树一帜。嵩山南麓代表性遗址有裴李岗、王城岗、瓦店、谷水河、南洼、吴湾、石固、新砦、古城寨以及望京楼等,它们集中于颍河上游及其支流双洎河、洧水谷地。其中,王城岗、告成、瓦店、新砦和古城寨等遗址可能是夏初时期的都邑所在,因而其考古文化和考古环境研究更具有区域代表性意义。嵩山以北的洛阳盆地同样是龙山文化和夏文化的重要发展空间,代表性遗址包括高崖、二里头、矬李、稍柴和偃师商城遗址等。这些遗址具有显著的区域代表性:遗址面积大、器物辨识度高、文化特征鲜明,往往成为某个文化时期的标志性遗址,具有很高的研究价值。特别是龙山文化晚期至夏代(4.2～3.5 kaB. P.)的遗址地层研究,结合文物考古研究成果和古环境信息研究可以揭示影响我国早期文明起源的社会内因和环境外因,因而本区也是"中华文明探源工程"研究的重要对象区域,并已取得了不少有价值的成果。

　　新石器时期环境考古的主要任务是恢复早中全新世的古环境特征及其对人类社会的影响方式、过程和结果。尽管是环境考古,但环境对文化影响如对史前聚落时空变化的胁迫、对生业内容和类型的影响、对社会阶层分异的影响等成果才是最有理论价值和实践指导意义的。登封境内的王城岗、新密境内的古城寨和禹州境内的瓦店被刘莉认为是龙山晚期城邑聚落的代表,不仅反映了当时星罗分布的酋邦聚落特色,也反映了当时城邦聚落的地缘政治关系。城邑聚落本身就表明社会生产力的进步及其外在自然气候环境的适宜性,因为大型城邑聚落需要早期农业得到充分发展以积累社会形式物质内核;另外,集聚是社会经济要素取得效益最大化的必然结果,早期文化的创新性也必然在城邑聚落中得以反映。因此,在很大程度上说新石器时期的环境考古研究的关键是大型城邑聚落的研究。

　　自20世纪90年代以来,环境考古在世界范围内均得到了足够的重视,而研究方法却仍然采用了古环境学的基本程序,如地层学分析与地层测年技术、沉积物粒度分析、沉积物地球化学分析、孢粉分析、沉积物磁化率分析、古生物学分析,后来又引入 GIS 空间分析、遗传学、雷达探测技术等。这些手段为环境考古研究提供了数据支撑,并以之揭示古环境的多维信息,恢复了新石器各个文化阶段的气候特征、地貌变迁和植被覆盖等特征,为探讨不同时段的农业特征和社会变迁奠定了坚实基础。也要看到,古环境指标数据的获取涉及采样、处理、仪器测试和数据解译等环节,任何一个环节的误差都会产生偏差性结论,因此环境考古研究获取的数据或结论在一定程度上只能是定性的,具有一定的环境指示意义,并不能视之为客观结论。本书中的遗址剖面地层研究也存在相同的问题,古环境指标数据的获取和分析因作者的视角和认识水平所得出的结论误差在所难免,需要专业读者的鉴别和判断性理解才能更接近史前时期的环境信息的真相。当然,书中观点或分析手段能得到读者认可,抑或我们的观点能挂一漏万距离真理的靶标稍近一点,也算是给予我们的些许的收获和涟漪微波般的慰藉。

遗址地层分析是本书的一个重点,也是环境考古的重要手段。本书重点讨论了颍河上游的南洼、王城岗、瓦店、吴湾及石固等典型遗址地层揭示的古环境变迁,以及人地关系特征,也是近年来课题组的主要工作。从这几个遗址选择而言,我们主要关注龙山时期至二里头时期这一特殊文化时期,其原因有三:第一,龙山文化遗址在颍河上游较为集中,具有遗址点多、遗址埋藏浅、考古研究较为深入、获取较为容易等优点;第二,龙山晚期遗址处于全新世大暖期尾闾,受距今 4 ka 气候变迁的影响较为深刻,无论其聚落规模、聚落数量和生业内容在二里头时期都有了很大的转型,具有气候过渡期的文化节点意义;第三,本区是新石器文化顺利过渡到文明社会的重要区域,属于华夏文明的重要诞生地之一,该地在二里头时期的社会发展策略和生业模式顺应了可持续发展的内涵,成功地度过了3.9 kaB. P. 前后灾害气候期和洪水期的侵袭,从而进入了文明社会。由于项目的开展偏向于颍河上游地区,并未涉及洧水上游谷地的古城寨、新砦等这些地位和价值也非常高的龙山晚期遗址,不能不说是很大的遗憾。

聚落空间分析是近些年兴起的考古研究方向,它主要依据现有发现的史前遗址点基于 GIS 平台对遗址的时空分布进行自相关分析、空间结构分析、离散度分析和位序—规模分析,从一定程度上可以揭示史前社会对自然环境的认识和利用水平或者受自然环境变迁的胁迫影响。本书用 Voronoi 图法和中心地理论的六边形法则分别讨论了嵩山南麓在龙山晚期和夏代聚落分布的特征,并对颍河上游地区和洧水谷地的聚落的空间分布进行了比较研究,分别抽象出两地聚落的演化模式,认为夏代的嵩山南麓聚落社会已经开始有意识地规划其聚落的空间模式,具有朴素的空间规划意识。

生业经济是环境考古研究的另一重要方向,也是史前聚落研究绕不开的话题,把握住了一个时期一个地域的生业内容和形式就基本掌握了该区的自然环境和社会环境。本书关于生业经济的探讨主要基于考古学者的研究素材展开,研究方法是用各个遗址的炭化种子的浮选结果进行结构分析和聚类分析,从而获取嵩山南麓地区龙山晚期至二里头时期早期农业和养殖业的结构和时间演化。本区在龙山晚期已经实现了种植业的多样化生产,除传统的旱作农业的粟、黍、豆、稻和果实采集业外,已经人工养殖了黄牛、猪、狗等家畜;到了二里头时期,又引进了小麦这一最具里程碑意义的作物,养殖业中又引进了绵羊,生业经济的内涵和结构得到了较大程度的优化,这也是本区能顺利度过自然灾害危机而迎来文化转机的重要原因。最后文章还加入了史前聚落应对自然环境的负面影响而获得可持续发展的内容,其核心仍然是以突出生业结构的复杂化和聚落空间的集聚化,因为聚落的空间过程就是集聚过程,而生业结构的高级化实际是生产专业化分工的过程。

本书是 2016 年以来嵩山南麓环境考古研究课题组共同努力的成果,尽管在成色上显得不足,但毕竟凝结了课题组成员的诸多汗水,果实虽然显得生涩但来之不易,犹如"一粥一饭",亦如"半丝半缕"。在此要感谢那些为该项工作顺利开展的课题组成员和非成员们。近年来,许昌学院城乡规划与园林学院地理科学专业的本科生:魏莉、刘笑笑、郑龙、骆亚琳、李晓丹、郜林洁、张曼、黄茜、赵雨琼、赵俊霞等同学为项目的采样、测试、数据分析和作图等工作付出了巨大的努力和卓有成效的工作。地理科学专业的吴国玺教授、董东平教授、袁胜元教授、徐永新老师、孙艳丽老师、沈宁娟老师、郑敬刚老师,他们都给予该项目以极大的关注和热情支持及帮助,在此一并表示诚挚的感谢。同时,河南大学谷蕾老师、李开封老师及其研究生在土壤样品的测试过程中给予了有力的支持,许昌学院校地办的郭娅南老师也为本项目顺利开展付出了很多,特此一并致谢。

塞上雅丹走崎道,问去南北却西东。我们深知本书呈现给大家的成果相对粗浅,甚至显得稚拙。但过去几年的积累也算是课题组践行言行合一世界观的一次有益的尝试,而且我们坚信聊总是胜于无的。难言世间有捷径,盼来春燕亦东风。希望我们的环境考古课题组不断有更多的有生力量加入,在环嵩山地区的古环境研究中能够推陈出新、行稳致远。也期待我们的环境考古新课题在明天会取得更加丰硕的成果!

作 者
2019 年 10 月

目 录

前 言
第一章 绪 论 ……………………………………………………… (1)
　　第一节 研究背景与研究意义 …………………………………… (1)
　　第二节 环境考古研究进展与方法 ……………………………… (3)
　　第三节 研究内容与目标 ………………………………………… (6)
第二章 嵩山地区地理概况与新石器晚期的古环境 ……………… (11)
　　第一节 区域概况和新石器晚期的文化 ………………………… (11)
　　第二节 嵩山南麓龙山晚期的自然环境 ………………………… (17)
　　第三节 禹州浅井自然地层的环境记录 ………………………… (31)
　　第四节 洛阳北郊黄土地层的古气候记录 ……………………… (45)
第三章 嵩山地区新石器文化的序列 ……………………………… (55)
　　第一节 河南地区新石器文化的序列 …………………………… (55)
　　第二节 嵩山地区史前文化序列及其特征 ……………………… (61)
第四章 嵩山地区新石器文化的时空分布 ………………………… (69)
　　第一节 河南地区新石器文化的地理分布 ……………………… (69)
　　第二节 颍河上游新石器文化的时空特征 ……………………… (81)
第五章 嵩山地区新石器遗址地层研究 …………………………… (98)
　　第一节 瓦店遗址 ………………………………………………… (98)
　　第二节 王城岗遗址 ……………………………………………… (111)
　　第三节 南洼遗址 ………………………………………………… (122)
　　第四节 吴湾遗址 ………………………………………………… (130)
　　第五节 石固遗址 ………………………………………………… (142)
第六章 嵩山地区新石器晚期的聚落分布 ………………………… (157)
　　第一节 嵩山南麓新石器晚期聚落的时空特征 ………………… (157)
　　第二节 地貌变迁对史前聚落分布的影响 ……………………… (170)
　　第三节 嵩山地区新石器晚期聚落的集聚与迁移动力 ………… (186)
第七章 嵩山地区新石器晚期的生业特征 ………………………… (203)
　　第一节 龙山文化晚期嵩山地区的生业结构 …………………… (203)
　　第二节 新石器晚期颍河上游早期农业的多元化 ……………… (209)
　　第三节 颍河上游的地貌过程对生业结构的影响 ……………… (217)

第八章　嵩山地区新石器晚期的生业模式与可持续发展 ……………………（230）

　　第一节　嵩山南麓新石器晚期的可持续发展策略 ………………………（230）

　　第二节　嵩山地区史前文化的传播与融合 …………………………………（241）

第九章　结　语 ……………………………………………………………………（261）

第一章　绪　论

　　环嵩山地区是河南省新石器文化的集聚区,自裴李岗文化以来本区分布着时间序列完整无缺的史前文化链:新石器早期的裴李岗文化(7.8～7.0 kaB.P.),新石器中期的仰韶文化(7.0～5.0 kaB.P.),新石器晚期的龙山文化(5.0～3.9 kaB.P.)以及夏代的二里头文化(3.9～3.5 kaB.P.)。早期的裴李岗文化核心区在嵩山文化圈的东南边缘,双洎河上游和洧水、溱水流域,是河南新石器文化的源头所在。仰韶文化的核心区集中于洛阳盆地及其周边地区,主要是洛河及其支流涧河流域,限于采集－渔猎型生业经济,该文化类型在早期属于山地丘陵型,分布于豫西丘陵区,晚期由于旱作农业的日益成熟逐渐进入洛阳盆地过渡为平原型史前文化。龙山文化时期,史前农业进步很大,原始聚落开始从洛阳盆地向豫北、豫东和豫中南地区快速扩散,该时期文化遗址的集聚区从仰韶时期的洛阳盆地单核心变为豫北平原、洛阳盆地、颍河中下游的多核心局面。

第一节　研究背景与研究意义

一、区域环境与文化背景

　　距今四千年左右河南地区受东亚夏季风减弱、太阳辐射总量的变化周期的影响出现了短暂的冷期和持续性洪水期,河南龙山文化尤其是颍河中下游地区的龙山文化受洪水侵袭影响渐趋消亡。之后,以新砦文化为代表的本期文化中心一度集聚于双洎河上游的新密地区和嵩山东南麓贾鲁河上游地区,而以二里头文化崛起为标志,洛阳盆地在经历了距今四千年的降温和洪水事件后,文化聚落数出现了继仰韶文化后的第二次高峰期。二里头时期的聚落主要集中于伊河、洛河之间的狭长地区和嵩山东麓的贾鲁河上游一带,尤其是二里头遗址仅宫城面积就达 10 hm^2 成为为数不多的大型城邑聚落。

　　因此,无论从河南史前文化集聚的地理空间还是文化传承的时间序列看,嵩山地区都是河南境内最重要的史前文化的核心和重心。本书借助"中华文明探源工程一期、二期"的黄河中游地区文明的发源子课题,笔者从先前对嵩山周边地区的典型遗址开展的若干工作为基础,整合课题组近年来在颍河上游、洛阳盆地等两个地区采集的基础材料尝试以遗址地层研究为切入点,分别从史前社会生业结构和聚落分布的时空分布为主线对本区的古环境和社会发展做粗浅探讨。

　　颍河上游谷地位于嵩山南麓,是中原地区新石器文化重要发源地,自仰韶文化晚期以后本区文化类型渐趋多元。其中,登封市石羊关一带分布着仰韶晚期类型的大河村文化和来自江汉地区的屈家岭文化,到了 4.9～4.5 kaB.P.,该区禹州市顺店一带分布着河南龙山文化早期类型的谷水河文化和来自淮河中游的大汶口文化、造律台文化,呈现出新石器文化景观的复杂化特征。龙山文化时期的颍河中上游地区出现了文化异常繁盛的局面,包括王城岗、瓦店、郝家台等大型城邑聚落大量出现,同时双洎河上游的古城寨也是大型部族城邦,形成了城邑林立、农业繁盛的文化景观。但距今四千年的降温事件和伴随的持续性洪水迫使本区的文化中心地位被逐渐取代。

以伊河、洛河交汇地带为中心区域的洛阳盆地是河南省新石器文化研究的又一重地。本区位于嵩山西北,地势平旷、河流纵横,北有黄河天堑、南有伏牛横亘,西有崤山险阻、东有嵩山在望,地形相对闭塞,显然是河南地区新石器时期屈指可数的,资源丰富且无外患干扰的先民部族繁衍生息的理想之所。仰韶文化早期的庙底沟文化源于豫西的黄土丘陵区,该文化沿涧河逐渐迁徙至洛阳盆地使得旱作农业得以快速发展,从而奠定了洛阳盆地作为新石器文化的枢纽和传播源的角色。龙山时期的洛阳盆地在聚落的数量和规模并不及嵩山南麓地区,但仍延续了仰韶文化以来的生业经济和手工业发展的中心地位,可以认为洛阳盆地仍是龙山文化时期的创新中心和技术输出中心。到了二里头时期,由于嵩山南麓受洪水事件打击和外来文化的干扰,洛阳盆地重新回到夏文化舞台的中心。根据考古发掘证据,二里头遗址的范围大于 $300 \, hm^2$,同时用资源域分析计算的单位土地的人口容量方法可以推测二里头城邑先民并不以耕作为生业,而是以手工业和商业等基于劳动分工和技术等高级的生产模式取代传统的农业经济类型。

二、研究意义

史前人类的生业模式既是文明起源研究的核心内容,也是早中全新世土地利用研究的重要切入点(Hardy,2010)。借助新石器时期古人类遗存,如生活器物、动物骨骼、作物种子、植物炭屑等载体,运用第四纪地层学、地球化学、考古学和古生物学等方法是开展史前人类生业模式研究的主要途径。古环境背景下的人类生业模式是建立在对自然生态系统利用和对土地覆被的改造基础之上,所以开展古人类生业模式研究间接开辟了史前人类土地利用研究的新路。以区域性文化差异为核心的生业模式的多元化特征,成为史前时期土地利用格局差异化的人文内因,而且差异化生业模式的时空格局在一定程度上映射了土地利用的空间分布格局的演变过程(Katherine,等,2010)。

嵩山地区是河南新石器文化的核心和发源地,不仅文化序列完整,而且本区集聚了众多大型文化遗址。对于史前文化研究而言,环嵩山地区不仅是河南地区史前文化的肇源区、核心区,也是史前文化研究的典型区和富矿区。因此,本书的研究意义有二:

(1)厘清龙山晚期至二里头时期(4.2～3.5 kaB. P.)嵩山地区古环境变迁的时序、阶段和特征,探讨与环境变迁耦合伴生的农业结构和社会经济的发展基础,为讨论夏文化起源的自然环境、社会环境、经济基础做理论积累,为嵩山地区史前文化空间重构做材料铺垫。

(2)以流域为空间载体、以文化类型为时间轴线、以史前聚落的迁移规律为着眼点,基于地貌演化和气候波动讨论龙山晚期至二里头时期嵩山周边地区社会朴素的人地和谐发展观。其中,把史前聚落的区位选择、食谱结构、生产工具和作物类型作为考查是史前社会发展观的基本要素,把环境变迁和生业结构的多样化看作聚落迁移和大型城邑集聚现象的主要动力。以之折射处于文明门槛期史前社会所经历的环境温度和文化之光,为构建清晰的嵩山文化脉络抛砖引玉。

第二节　环境考古研究进展与方法

史前人类生业与土地利用相互关系耦合机制过程是新石器时期社会可持续发展的重要研究方向。如 Faith J. T. (2011)研究了南非开普生态保护区中石器时代人类生业类型与区内植物多样性和有蹄类种群消长的相互关系,认为当时居民已经理解资源与环境相互依存,实现了林地管理和社会发展的可持续性。Medina-Elizalde 等(2010)研究发现,玛雅文化消亡期(800～950 A.D.)受多次气候变干事件的影响,尤卡坦地区的喜湿性作物面积大幅减少,印证了玛雅人的生业方式与环境变迁之间存在隔阂,其固化的土地利用方式导致文化的衰落。

通过史前人类土地利用的比较研究,可以探索新石器文化演进的脉络。在揭开中美洲的尤卡坦地区文明兴衰之谜的研究中,科学家们提出包括环境胁迫和社会内部分裂的多种假设(Medina-Elizalde 等,2010),但都绕不开古人类对土地利用模式和方式这一主题。有研究认为西亚地区的 Decapolis 文化的衰亡源于灾害性气候的影响,更是土地利用模式不当的结果(Stinchcomb 等,2013)。与之类似,我国西辽河地区的红山文化(6.5～5.3 kaB. P.)的衰落亦与粗放的土地利用方式有直接关系(宋豫秦,2002)。显然,新石器文化的演变研究可以通过古人类土地利用的内容、方式、周期进行反向追溯,这是因为早期的生业内容、改造方向和生态过程是研究人类进入农业社会以来,人-地系统时空耦合机制研究的关键环节,因为土地利用方式与内容反映环境变迁与生产力文化的复合图式(韩建业,2002)。

关于环境考古研究的方法,国外学者大多用第四纪环境学方法,如孢粉学、考古学、同位素地球化学和古生物学方法对史前人类遗存进行生业恢复和土地利用类型研究,并且多以土地覆被变化的驱动机制研究为主。如 Cooke 等(2013)研究了巴拿马地峡区旧石器时期的火耕农业对土地利用变化的影响;Fermé 等借助古人类植被遗存研究了阿根廷 Patagonia 地区的植被和土地景观变化的特征;Ruddiman 等(2009)发现了温室气体含量与农业土地利用方式的关联性;Whitney 等(2014)认为 1300～1450 A. D. 玻利维亚地区的先民开始从事培土农业,极大改善了萨瓦纳植被景观;Qin X G 等 (2012)探讨了新疆楼兰地区 1 500 年前的土地利用类型的变化对自然资源开发的影响。同时,国外的考古学研究者更多地借助元素地球化学方法讨论史前人类居住功能区的分类和识别(Dong 等,2012;Girolamo 等,2012),并积累了较为成熟的研究经验,成为史前时期土地利用研究的特色和重要方向。

国内有关古人类生业、古环境和土地利用变化研究多从人为干扰因素方面探讨土地利用模式的更新与反复及其社会或气候驱动力以及土地利用方式的转变对局地环境的影响（Fu 等，2008；Su 等，2011），研究时段主要集中于近 60 年以来，关于史前时期土地利用的研究文献较少。从发展趋势看，更多地关注人类活动和环境耦合的土地利用系统理论研究，以及在微观和中观尺度上的土地利用时空格局研究（刘彦随等，2008）。如何揭示史前土地利用景观的时空变迁，并将其作为土地利用景观格局的延伸和补充，是基于不同尺度转换的视角尝试完善土地科学理论框架和学科完整性的需要，更是过去全球变化研究的侧重点之一（傅伯杰等，2012；张镱锂等，2013）。目前，对史前土地利用模式的研究主要采用 C、N、O 同位素对残留作物种子和有机物进行鉴别，也有不少学者开始用古土壤中有机质生物标志化合物（正构烷烃、类异戊二烯烷烃等）的主峰碳特征对古环境和古植被类型进行归类识别（Pedentchouk 等，2008；Bush 等，2013），这是史前人类社会生业恢复和土地利用分类识别研究非常值得借鉴的方法。

基于现有条件和十余年的工作经验，常量元素示踪法广泛用于古人类生业模式研究，但具体到史前土地利用类型识别模型并不统一。此前我们在湖北辽瓦遗址地层与重庆玉溪遗址地层的多元素比较分析中观察到不同功能区元素的差异性集聚分布现象（见图 1-1），表明在不同背景的人类遗址区其表生化学过程存在规律性分异，因此我们希望建立基于常量元素的人类活动系数模型（AFM），用于史前土地利用和生业经济的模式研究。

史前遗址出土的动物牙齿化石的釉质层有机质含量低且晶状体球蛋白密度高，有较好的物质稳定性可以反映牙齿生长过程中食物和水分来源的类型。存在于牙釉质里的碳、氧稳定同位素含量值可以间接指示不同类型动物的食谱偏好（田晓四等，2013）；对于多数草食动物而言，其牙釉质里的碳氧稳定同位素结构数据能够推断它们的食谱源于 C_3 植物还是 C_4 植物（Passey 等，2002；管理等，2008；赵得爱等，2013），据此便可以推测它们生活区的古气候情况，进而讨论它们所生活时代的自然环境。图 1-2 是重庆中坝遗址新石器晚期至西汉文化层出土的人类和动物牙釉质 C、O 同位素的对比结果，表明中坝遗址区新石器晚期人类主要以 C_4 作物为主食，但猪饲料中 C_3 类作物的比例逐渐变大。

另外，单体脂类 C、H 同位素特征可以提供古土壤有机质中正构烷烃的成因信息。古土壤地层中的有机质种属可以通过长链正构烷烃氢同位素变化量进行识别分析，研究显示 C_3 和 C_4 植物的碳氢同位素存在着差别，并且在 C_3 中不同类型植物的碳氢同位素差别也十分显著，如在我国东西部地区植物体的正构烷烃主峰碳数分布一般位于 $C_{15} \sim C_{35}$ 区间，主峰碳数的位序大多与植物类型有关（饶志国等，2011），如蒿草为 C_{29} 和 C_{31}，芦苇为 C_{27}、C_{29} 和 C_{31}。这样根据多烃链主峰碳数特征可以用正构烷烃丰度比这一指标来识别植物种类，该技术成为当前史前时期土地的利用和生业经济模式恢复研究的重要技术支持。然而，该技术由于测试条件的较高要求和实际投入的不经济致使其在实际工作中普及的难度较大。

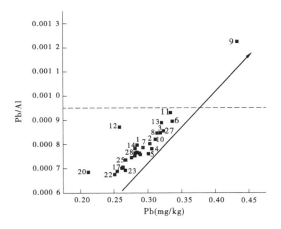

(a)辽瓦遗址地层Pb/Al—Pb分布

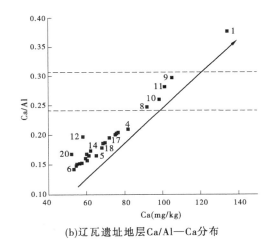

(b)辽瓦遗址地层Ca/Al—Ca分布

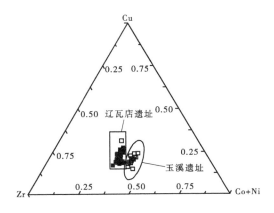

(c)辽瓦-玉溪遗址地层Cu—Zr—(Co+Ni)分布

图1-1 辽瓦遗址地层与玉溪遗址地层的多元素比较

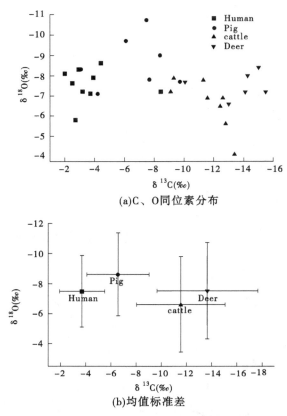

(a)C、O同位素分布

(b)均值标准差

图1-2　中坝遗址人和动物牙釉质 C、O 同位素对比结果

第三节　研究内容与目标

一、研究内容

限于试验和测试条件,本书研究内容主要涵盖了以下内容:

(1)颍河上游谷地及其支流双洎河上游谷地新石器中晚期地层年代序列的确定。研究对象为长葛市石固遗址(5.2~4.8 kaB.P.属于仰韶到龙山文化的过渡时期)、禹州市吴湾遗址(4.4~4.1 kaB.P.,包含部分龙山早期文化类型)、禹州市瓦店遗址(4.3~4.0 kaB.P.,包括龙山文化、大汶口文化和石家河文化类型)、登封市王城岗遗址(4.2~3.9 kaB.P.,龙山文化类型)、登封南洼遗址(5.8~4.6 kaB.P.,包含仰韶晚期、龙山早期文化类型)。根据上述遗址地层的动植物遗存进行 AMS[14]C 测年,结合已有的[14]C 年代测定、文物考古证据建立颍河上游谷地5.5~4.5 kaB.P.地层的文化—时间序列。

(2)嵩山北侧的洛阳盆地的遗址地层研究和古环境变迁的初步恢复。本区主要讨论了涧河南岸的王湾遗址(龙山文化早中期)、伊洛河之间的二里头遗址(二里头时期)并涉及洛河南岸的矬李遗址和伊河东岸的高崖遗址等。地层的分析要素主要是土壤粒度、磁化率和用 XRF 仪测试的土壤重金属元素含量,用于半定量讨论地层沉积期化学风化强度指示的夏季风的强弱以及沉积动力的类型和强度等。

（3）测量典型遗址地层的常量元素和重金属元素含量,根据生活区碱土金属元素组合识别古人类遗址主要功能区。探讨典型遗址史前人类的住宅区、垃圾堆积区、手工作坊区、家畜圈养区、谷物集聚区等功能区的人类活动系数(AF),借以讨论古人类的生业模式和居住区功能。

（4）古土壤有机质生物标志化合物的识别与鉴定。主要针对耕作区、天然林区古土壤有机质的测定与土地利用类型识别。重点测试黍、稻、粟等主要作物以及颍河谷地主要植被类型的正构烷烃主峰碳数特征和氢同位素识别值域,确立代表性生物标志化合物与主要植被类型的对应关系,从而甄别不同类型的农地、林地、草地等土地利用特征。

（5）以土地利用变化、人类生业模式的改变为切入点,探讨研究区内古环境变迁与颍河谷地新石器中晚期文化发展的关系。尤其是基于史前土地利用的时空格局变化探讨新石器文化演变、农业类型、土地利用模式与古环境波动之间的互动耦合,以及文化因素的扰动与环境事件的耦合及其相关机制。

二、主要研究目标

本书拟在建立文化地层时间序列框架基础上,利用常量元素、重金属元素的组合模式识别颍河上游谷地新石器遗址不同时期人类活动功能区的类型,利用已有文献关于遗址地层中动物牙釉质中的 C、N、O 同位素含量数据识别古人类和动物的食谱特征,同时参考有关文献数据中有机质的正构烷烃 C、H 同位素成果甄别史前时期土地利用的时空分布,主要研究方向和试图达到的目标如下:

（1）用土壤样品测试得出的常量元素,重金属元素的含量解析元素地表过程规律,动物骨骼 C、N 同位素含量变化研究颍河上游谷地古人类的生业模式并对遗址的人类生活区土地利用方式进行识别。

（2）根据研究区文化地层和文化断层提取的人类生业模式、土地利用和古环境信息,讨论本区史前文化演进、环境变迁驱动下的土地利用方式的变化内容与方向。

（3）整理已有的考古资料和环境考古成果,探讨颍河上游地区新石器中晚期人类集聚区的时空分布和演化规律,归纳史前时期人类聚落选择遵循的价值取向以判断人类对自然环境的适应性特征和对可持续发展观的理解。

（4）基于 GIS 平台对河南新石器文化聚落的时空分布进行相关分析。同时,引入SDE 分析法和 Voronoi 图分析法对各个时期聚落的集聚性和空间迁移趋势进行分析,以讨论聚落的集聚性在古环境胁迫和生业经济结构变迁影响下聚落所表现出的时空差异及其启示。

（5）根据上述聚落时空分布特征、生业经济结构变迁和古环境特征讨论人地关系的相处模式,根据嵩山南北的具体情况抽象其中人地关系的相关模式,如对逆向环境的适应模式和对空间聚落的区位选择等。

此外,我们借鉴考古学、古环境学研究中的多元素示踪的地球化学方法,开展史前人类土地利用时空分布研究,并尝试对常量元素的示踪组合模型进行创新性改进。重点关注基于常量金属元素的组合识别模型,归纳重金属元素和 C-N-P 在不同遗址区的特殊组合,以构建人类遗址主要功能区的人类活动系数(AF)和人类活动区域的土地利用过程和时空演变特征。

三、本书的结构安排

全书共分九章。本章是第一章绪论,简介环境考古研究的主要内容以及本书的研究区域、研究方法和主要研究目标。第二章先介绍了嵩山地区的地理环境要素的基本特征,然后基于对瓦店自然剖面、禹州浅井乡以及洛阳北郊邙山镇黄土剖面古环境信息的提取,重点分析新石器中晚期嵩山南北两侧地区的古环境特征。第三章介绍了河南地区新石器文化的时空序列,及其外来新石器文化与河南地区新石器文化的地域关联。第四章讨论河南省史前文化的时空分布和嵩山南麓地区史前遗址的遗址分布,让读者在整体上对河南省以及嵩山南麓地区新石器文化类型及其分布有宏观的认识。第五章分别介绍近年来课题组在颍河上游地区的典型剖面的地层特征分析,包括登封南洼遗址、王城岗遗址,禹州瓦店遗址、吴湾遗址和长葛石固遗址,以期读者对嵩山地区的古环境和对应文化地层中反映的生业经济特征。第六章讨论了嵩山周边地区史前聚落的时空特征、影响聚落分布的自然因素和社会因素及其与颍河地貌变迁的相互关系,目的是尝试发现史前社会对自然环境的适应和改造的措施及途径。第七章重点关注新石器晚期至二里头时期嵩山周边地区的农业环境和生业结构,立足点一是典型遗址地层揭示的古环境信息,二是基于 GIS 分析寻找聚落迁徙的方向和趋势,三是联系遗址浮选出的炭化种子讨论原始农业的结果和发展水平。第八章主要分析颍河上游地区以及洛阳盆地伊洛河周边聚落的生业模式及其时空变迁,追踪早期农业的多样化过程;并结合古环境特征与文化发展的特征做总结性比较,从更大的区域看环嵩山地区新石器文化的生业、聚落和可持续发展环境。第九章为结语,总结了本书的研究内容及方向。

小　结

最近 20 年来,环境考古在国内发展很快,主要以古环境恢复为主并辅以文化变迁的内容形式与环境的相关关系探讨。研究手段基于地质学地层分析和地球化学的常量元素和同位素分析方法,同时利用了 ^{14}C 测年、热释光测年和光释光测年,还有人运用了宇宙核素测年等方法,对全新世以来的地层沉积进行了较精确的时代标定。我国是考古学大国,史前时期的人类遗址考古研究也有深厚积淀,自仰韶文化以来的考古遗址众多,文化区系的对比研究已经相对成熟,因此这是我国新石器环境考古研究的优势所在:可以通过大量的文化地层研究较容易地标定研究剖面的时代框架,同时为各个时期的环境特征附加了人文主义要素,其研究内容和价值要高于纯粹自然剖面的研究,因为考古剖面的研究既涉及环境变迁又与人类活动相关联,考查人地关系的主线非常显著,这正是地学研究的主要目标。也就是在了解过去人地关系的基础上,怎样协调人地关系并实现可持续发展。

参 考 文 献

［1］Hardy B L. Climatic variability and plant food distribution in Pleistocene Europe: Implications for Neanderthal diet and subsistence［J］. Quaternary Science Reviews, 2010, 29: 662-679.

［2］Katherine A A, Smith J R. Paleolandscape and paleoenvironmental interpretation of spring-deposited sediments in Dakhleh Oasis, Western Desert of Egypt［J］. Catena, 2010, 83: 7-22.

［3］Stinchcomb G E, Messner T C, Williamson F C, et al. Climatic and human controls on Holocene floodplain vegetation changes in eastern Pennsylvania based on the isotopic composition of soil organic matter［J］. Quaternary Research, 2013, 79: 377-390.

［4］Faith J T. Ungulate community richness, grazer extinctions, and human subsistence behavior in southern Africa's Cape Floral Region［J］. Palaeogeography, Palaeoclimatology, Palaeoecology, 2011, 306: 219-227.

［5］Medina-Elizalde M, Burns S J, Lea D W, et al. High resolution stalagmite climate record from the Yucatán Peninsula spanning the Maya terminal classic period［J］. Earth and Planetary Science Letters, 2010, 298: 255-262.

［6］Ladefoged T N, Kirch P V, Gon Ⅲ S M, et al. Opportunities and constraints for intensive agriculture in the Hawaiian archipelago prior to European contact［J］. Journal of Archaeological Science, 2009, 36(10): 2374-2383.

［7］Gerald H H, Detlef G, Larry C P, et al. climate and collapse of Maya Civilization［J］. Science, 2003, 299: 1731-1735.

［8］David K. The demise of the decapolis. past and present desertification in the context of soil development, land use, and climate［J］. Journal of Archaeological Science, 2009, 36(12): 2884-2885.

［9］宋豫秦. 中国文明起源的人地关系简论［M］. 北京:科学出版社, 2002: 134-170.

［10］韩建业. 晋西南豫西西部庙底沟二期——龙山时代文化的分期与谱系［J］. 考古学报, 2006(2): 179-201.

［11］Cooke R, Ranere A, Pearson Georges, et al. Radiocarbon chronology of early human settlement on the Isthmus of Panama (13,000 – 7000 BP) with comments on cultural affinities, environments, subsistence, and technological change［J］. Quaternary International, 2013, 301: 3-22.

［12］Fermé L C, Civalero M T. Holocene landscape changes and wood use in Patagonia: Plant macroremains from Cerro Casa de Piedra 7［J］. The Holocene, 2014, 24: 188-197.

［13］Ruddiman W F, Ellis E C. Effect of per-capita land use changes on Holocene forest clearance and CO_2 emissions［J］. Quaternary Science Reviews, 2009, 28(27-28): 3011-3015.

［14］Whitney B S, Dickau R, Mayle F E, et al. Pre-Columbian raised-field agriculture and land use in the

Bolivian Amazon[J]. The Holocene, 2014, 24: 231-241.

[15] Qin X G, Liu J Q, Jia H J, et al. New evidence of agricultural activity and environmental change associated with the ancient Loulan kingdom, China, around 1500 years ago[J]. The Holocene, 2012, 22: 53-61.

[16] Dong X H, Bennion H, Battarbee R W, et al. A multiproxy palaeolimnological study of climate and nutrient impacts on Esthwaite Water, England over the past 1200 years[J]. The Holocene, 2012, 22: 107-118.

[17] Girolamo A M, Porto A L. Land use scenario development as a tool for watershed management within the Rio Mannu Basin[J]. Land Use Policy, 2012, 29(3): 691-701.

[18] Fu B J, Chen L D, Lü Y H, et al. The latest progress of landscape ecology in the world[J]. Acta Ecologica Sinica, 2008, 28(2): 798-804.

[19] Su C H, Fu B J, Lü Y H, et al. Land use change and anthropogenic driving forces: a case study in Yanhe River Basin[J]. Chinese Geographical Science, 2011, 21(5): 587-599.

[20] 刘彦随, 杨子生. 我国土地资源学研究新进展及其展望[J]. 自然资源学报, 2008, 23(2): 353-360.

[21] 傅伯杰, 吕一河, 高光耀. 中国主要陆地生态系统服务与生态安全研究的重要进展[J]. 自然杂志, 2012, 34(5): 261-272.

[22] 张镱锂, 王兆锋, 王秀红, 等. 青藏高原关键区域土地覆被变化及生态建设反思[J]. 自然杂志, 2013, 35(3): 187-192.

[23] 赵得爱, 吴海斌, 吴建育, 等. 过去典型增温期黄土高原东西部 C_3/C_4 植物组成变化特征[J]. 第四纪研究, 2013, 33(5): 848-855.

[24] Bush R T, McInerney F A. Leaf wax n-alkane distributions in and across modern plants: Implications for paleoecology and chemotaxonomy[J]. Geochimica et Cosmochimica Acta, 2013, 117: 161-179.

[25] Pedentchouk N, Sumner W, Tipple B, et al. $\delta^{13}C$ and δD compositions of n-alkanes from modern angiosperms and conifers: an experimental set up in central Washington State, USA[J]. Organic Geochemistry, 2008, 39: 1066-1071.

第二章　嵩山地区地理概况与
新石器晚期的古环境

第一节　区域概况和新石器晚期的文化

嵩山古称"崇高""岳山",属于伏牛山系余脉,位于我国三级地貌阶梯之第二阶梯与第三阶梯的过渡区前缘,自太古代以来地层结构比较完整,从成因看属于秦岭东缘地槽在早更新世时期活化抬升的产物。嵩山西邻洛阳盆地、东连豫中平原,西望伊阙、北瞰黄河,优越的地理位置、完备的地貌类型和温暖湿润的气候类型为史前人类的生产生活提供了理想的农业资源和栖息环境。嵩山地区自末次冰期的旧石器时代就是中华文明的重要发源地,登封盆地内的方家沟、陈窑等旧石器遗址表明,早在 6 万 ~ 7 万年前自然环境相对恶劣的背景下,嵩山地区就已有人类长期集聚。而且,本区还孕育了河南新石器文化的初始类型——裴李岗文化。龙山文化中晚期的嵩山南麓地区涌现出王城岗、瓦店、古城寨、郝家台、煤山等重要的大型城邑聚落,成为中原地区文化集聚的核心。同时,嵩山北侧的洛阳盆地同样迎来了龙山文化快速发展的时期,王湾、矬李、二里头、皂角树、高崖、花地嘴等大型聚落分布于伊洛河两岸。一山两缘均出现史前农业文化繁荣的空间格局在现有史前文化的地域空间中比较罕见,因此本区成为中华文明探源课题的重要研究区域,众多的新石器晚期遗址也成为夏文化肇源的研究载体。

一、嵩山地区的地理范围

嵩山地区主要指河南西部嵩山南北两侧的洛阳盆地和颍河、双洎河上游地区,行政主要涵盖洛阳盆地内的孟津、伊川、偃师、巩义,嵩山南麓的登封、新密、禹州、长葛和新郑等地,总面积约为 8 400 km² (见图 2-1)。本区地形以嵩山为界,西北是洛阳盆地,东南是登封盆地、新密黄土丘陵和豫中平原。鉴于史前聚落大多濒临河流,所以本书的研究范围是:嵩山西翼洛阳盆地的伊洛河中下游地区,嵩山东南麓的颍河、双洎河上中游地区。

二、嵩山地区的气候

嵩山南北均属于暖温带大陆性气候,四季分明:春季少雨多风沙、夏季炎热多降雨、秋季清和温差大、冬季寒冷雨雪少。相比我国长江中下游地区和东北地区,本区夏无酷热、冬无酷寒,年均无霜期超过 210 d,年积温值达到 4 280 ~ 5 200 ℃,是旱作农业发展的理想区域。本区年均气温 14.3 ~ 16.6 ℃,全年中 7 月平均气温 23 ~ 32 ℃,1 月平均气温 -3 ~ 6 ℃。区内地形从中山到低地平原差别较大,同一时期的不同地区因地形差异常存

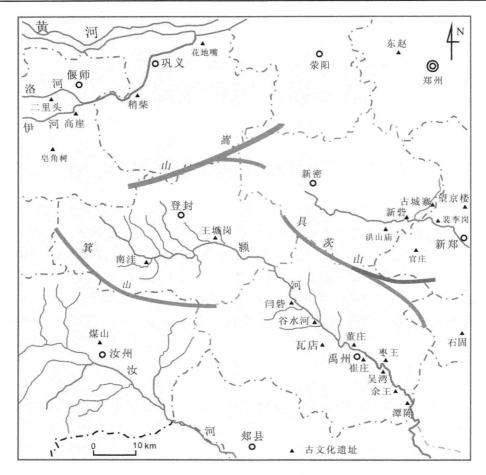

图 2-1　嵩山地区的地理范围

在地区间较大的温差,如嵩山南麓的丘陵地区和黄河南岸的邙山丘陵地区的年内温差较大,河谷低地和平原区的温差相对较小。

本区降水量主要集中于 6~9 月,多年平均降水量在 610~730 mm,其中受嵩山山脉对东南气流的阻滞作用影响,嵩山以南的登封盆地和双洎河上游地区降水量多于嵩山北侧的洛阳盆地,年均降水量可达 760 mm。由于本区接近西北黄土高原干旱地区,冬春季节多沙尘天气和旱灾,同时地形较复杂,导致夏季多极端对流天气,形成冰雹、暴雨等灾害性天气过程。

三、嵩山地区的地貌

嵩山地区的地貌类型较为复杂,嵩山山脉属于中山地貌海拔达到 1 492 m(峻极峰),其外缘分别为黄土台地和侵蚀丘陵。为便于叙述,本书把本区地貌分为洛阳盆地、登封盆地、颍河中游平原和双洎河上游谷地等四个单元。

(一)洛阳盆地

洛阳盆地的地势是南北两侧高、中间平原低,呈宽浅的"U"形。盆地北缘是邙山黄土丘陵(海拔 280～410 m),中部为呈三级阶地的伊河、洛河冲积平原,南部为万安山低山丘陵和山前洪积冲积坡地。该盆地为东西狭长的椭圆形,地势自东向西倾斜,盆地内西部海拔 151 m 左右,向东逐渐降至 109 m,地表沉积物为类黄土状黏土和加沙亚黏土。包括宜阳、伊川县城在内向北整个盆地的总面积达 1 000 km²。平原区主要包括洛阳市区、偃师大部、巩义西北部、伊川北部和宜阳东北部等地。丘陵区主要包括孟津大部、新安大部和偃师南北边缘以及巩义南部等地。洛阳盆地的西部是崤山山脉,为秦岭向东延伸的余脉;北部为邙山岭,属于典型的黄土高原外围的风成丘陵,上层为黄土状地层,下伏超过 3 m 厚的马兰黄土。

(二)登封盆地

登封盆地位于嵩山以南、箕山以北、具茨山以西,盆地海拔 280～410 m,整体地势北部较高,以颍河为界,北侧由山前丘陵和黄土岗地组成,南部较低,属于箕山前缘的黄土台地。登封盆地属于嵩山—箕山复背斜 NNW 向断裂的侵蚀盆地,颍河谷地为颍河冲积的低平原,谷地普遍发育有二级阶地,局部河段残留有三级阶地,为基座阶地,表明更新世以来嵩山地区仍有显著的地壳抬升过程。

(三)颍河中游平原

颍河自白沙水库以下进入禹州境内,地势西北高东南低(62～138 m),颍河在本区塑造了二级阶地,二级阶地面和山前的洪积扇连为一体形成了颍河中下游平原区。由于本区表层是全新世河湖沉积物,下部保留了更新世晚期的湖相黑色淤泥沉积,保留有大面积"黑姜地层",形成所谓的砂姜黑土和砂姜潮土。平原外围是黄土低丘陵,由于黄土钙质含量较高和流水侵蚀作用导致丘陵区冲沟密布,黄土丘陵区的土壤类型主要是褐土和黄土状土类型。本区地势平旷,第四纪堆积物较厚,仰韶文化时期曾有湖沼分布,其有机质淤泥层常常成为农业生产的理想区位。

(四)双洎河上游谷地

双洎河源于登封市的大冶镇,向东南方向流入新密市。新密超化镇以西河段以平陌镇一带为代表,河谷较窄(宽 300～500 m),该段分布有二级阶地:一级阶地面为砂砾、亚砂土和亚黏土组成,高度大多在 4～5 m,宽 100～300 m;二级阶地为砂砾、马兰黄土和周原黄土组成,高出河面 8～10 m,宽 100～200 m;双洎河的二级阶地以上多为黄土台地,高 20～60 m,宽 300～500 m,台地叠压在基岩山地上,其成因与登封盆地内的基座阶地类似。到了中游西部新密市超化镇与张湾间属于侵蚀堆积倾斜平原地貌,以张湾一带为代表,河谷比上游更加开阔,但本段的二级阶地不发育,黄土高台地分布海拔更高。双洎河中游西部侵蚀堆积倾斜平原地貌的明显特点是岗地与谷地高差大,可达 40～60 m,且有基岩残丘出露。与颍河上游相比,双洎河上游谷地较为偏狭,二级阶地面较小,其外围的黄土岗地地势较高。比较而言,本区开展农业生产的土壤条件远不及颍河上中游平原地区。

四、嵩山地区的水系

嵩山地区受嵩山地貌特征控制,其南北两侧的水系格局存在明显差异,同时嵩山是黄河流域和淮河流域的分水岭。嵩山北缘为断块状隆起山体陡峻,缺乏水系发育的集水面和山间谷地,因而嵩山北坡河流并不发育;嵩山南坡为河流侵蚀型地貌,较北坡地貌相对和缓并有 3 ~ 5 km 的山前洪积 – 崩积堆积扇,为水系发育提供了先决条件,因为北高南低的地势特征自东向西发育有石淙河、双溪河、少溪河等南北向河流,最终注入颍河。下边分别介绍洛阳盆地水系和嵩山南麓水系特征。

　　洛阳盆地的水系特征。洛阳盆地水系的主体是洛河和伊河及其支流,属于黄河流域。洛河,古称洛水,亦作雒水,是黄河三门峡以下最大支流;洛河全长 455 km,流域面积 1.2万多 km²。洛河发源于东秦岭华山东南麓陕西省蓝田县木岔沟,向东流过熊耳山区,进入河南省境内。在河南省境内先后流经卢氏县、洛宁县、宜阳县、洛阳市,到偃师顾县镇杨村附近与伊河汇流后称伊洛河,之后洛河在巩义市河洛镇河口村北注入黄河。洛河是塑造洛阳盆地平原的主力,洛阳平原西南较高(海拔 152 m)东北较低(海拔约 108 m),该平原东西长约 32 km,南北宽达 20 km,土地肥沃,土壤以有机质含量较高的褐土为主,是我国原始农业起源最早地区之一,早在仰韶文化时期即有原始的种植耕作业和畜牧业。洛河支流众多,但多数支流的流域面积较小(< 100 km²),洛河最大的支流是伊河,由偃师市境注入洛河,河道长 262 km,流域面积 6 100 km²,占全河流域面积的 32%。洛河的第二大支流是涧河,由洛阳市注入洛河,河道长 121 km,流域面积约 1 349 km²。

　　伊河,古名鸾水,是洛河的主要支流。该河发源于伏牛山区的栾川县陶湾镇,流经嵩县、伊川,绕流于伏牛山北麓,北穿伊阙关隘进入洛阳,继续流向东北至偃师顾县附近注入洛河,与洛河汇合成伊洛河。洛阳盆地内的水系除洛河、伊河外,其他流域面积都小于1 000 km²,主要河流还有洛河的支流涧河、瀍河,伊河的支流酒流河、流涧河、白降河等。

　　嵩山南麓的水系特征。嵩山南麓的水系属于淮河流域,登封盆地内主要是颍河谷地及其水系网络,受地貌特征影响颍河谷地北部宽浅多支流,南部谷地狭窄支流较少(见图 2-2)。

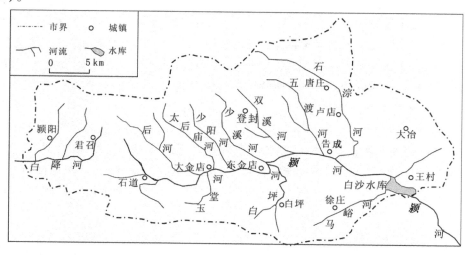

图 2-2　登封盆地内的水系特征

颖河北岸的谷坡平缓、支流多,而且长、大。由西向东依次有后河、太后庙河、少阳河、少溪河、双溪河、五渡河及石淙河等七大支流。而右岸谷坡陡,且支流短、少,只有玉堂河、白坪河和马峪河三条。所有这些都反映出嵩山地区新构造运动又具有掀斜式上升的特点。总之,嵩山地区新构造运动的表现相当明显。从本区发育的多级夷平面、河流阶地及串珠状洪积扇等地貌现象反映出本区的新构造运动时强时弱间歇性隆起的特征;从山体的南北差异、颖河两岸谷坡及其支流的不对称发育反映出本区的新构造运动又具有掀斜式上升的特征。

颖河从白沙水库流出进入禹州平原地区。颖河地势从西北(东柳海拔141 m)向东南方向降落(褚河海拔77 m),进入平原区后,颖河多曲流并塑造了二级阶地,现在的主要农耕区和人口集聚区都分布在二级阶地面上。禹州平原主要是颖河自晚更新世以来冲积堆积物,同时有来自山前洪积扇共同组成。颖河禹州河段曾在全新世暖期鼎盛时段出现过大型湖沼,本区大约从龙山晚期气候变干以后成为主要可耕作区,在龙山文化晚期成为大型城邑聚落的主要分布区。禹州平原区的颖河支流主要分布在颖河南岸,主要有肖河、吕梁河等;颖河被岸的河流短小主要有龙潭河、扒村河等。

五、嵩山地区的植被

本书研究区内的多年平均气温在12～14 ℃,10 ℃以上年积温值为3 700～4 800 ℃,年降水量为530～780 mm。山地土壤类型主要是棕色土,低山丘陵为褐土,平原为潮土。地带性植被为落叶阔叶林和喜温性针叶林,常绿树种仅有橿子栎(*Quercus baronii*)和多毛栎(*var. capillata*)。落叶阔叶林主要有锐齿槲栎林(*Quercus aliena*)、栓皮栎林(*Quercus variabilis Bl.*)、短柄枹林(*Quercus glandulifera var. brevipetiolata Nakai*)、桦木林和山杨林等。在环境较阴湿的山谷地段,群落多由一些喜阴湿的植物构成。由于本区垂直高差较大,因而山区的植被群落,如嵩山、箕山和具茨山等地的北坡地区,因山体的大小和地理位置的不同,表现出各山地的植被在群落结构、种类组成和林下植物都有一定的差异。

本区土壤类型主要是褐土及其衍生类型,如在伊洛河中下游和颖河中下游地区的平原谷地多为褐土化潮土(脱潮土),洛阳盆地边缘地区、嵩山外围的丘陵地区(海拔小于500 m)则多为山地褐土,在嵩山以及箕山的海拔700 m以上山地区域分布有山地棕壤等类型。鉴于土壤是气候、岩石风化母质和植被共同作用下的产物,因而土壤的地域分异是各种地理要素共同作用的产物,不仅有山区的垂直分异,如嵩山山地、山前丘陵和颖河谷地的土壤类型的差异性,也有从洛阳盆地到登封盆地到颖河中游平原土壤分异的特征。另外,本区深受全新世黄土堆积的影响,无论是孟津、偃师、新安还是登封、禹州和新密一带,都有黄土状褐土的多种衍生交叉的局地土壤型,比如伊洛河下游分布有黄潮土等类型。

六、嵩山地区的史前文化

嵩山北侧的洛阳盆地自仰韶文化开始一直是新石器文化的核心区,而嵩山南麓的颖河上中游和双洎河上游谷地在龙山晚期和二里头时期属于史前聚落的密集区,同时是龙山文化向二里头文化的过渡时期的文化中心,本区文化的繁盛持续时间较短,但由于其承上启下的桥梁作用,因而具有独特的研究价值。

洛阳盆地的史前文化。裴李岗文化(7.8~7.0 kaB. P.)是河南新石器文化的最早类型,遗址主要为山地型。洛阳盆地该类型文化遗址的分布数量较少,目前发现的仅有5处,巩义一带由于多丘陵,裴李岗遗址有4处。而仰韶文化(7.0~5.0 kaB. P.)遗址多达101处,表明仰韶文化已是一种农耕文化类型,同时表明洛阳盆地是当时河南新石器文化的中心区域。进入龙山文化(4.6~4.0 kaB. P.)时期洛阳盆地仍然是河南新石器文化的中心区域之一,遗址数量为95处,数量基本与仰韶文化遗址保持相当,该时期河南东部平原地区遗址数量迎来大规模增长,从文化源流看,应是洛阳盆地聚落由于农业发展的成熟和人口增长向外急剧扩张的结果。

二里头时期(3.9~3.5 kaB. P.)的落叶盆地遗址数量增加到125处,是当时夏文化的核心区。该期的遗址聚落主要分布在伊河与洛河之间的狭长地区,该区遗址比例占到盆地内总数的58%。另一个遗址密集区是伊洛河北岸一带,占到该期遗址比例的26%。综合遗址分布的高程可以发现,本区有近四成的遗址分布在高于140 m的地区,邙山东缘一带的遗址更为明显。从侧面可以推断当时的自然环境和农耕环境不如龙山时期。

嵩山南麓地区的史前文化。本区是河南裴李岗文化的核心区,裴李岗文化主要集中于双洎河上游的黄土台地及其嵩山东缘的丘陵与平原的过渡区(共45处),这一带在仰韶文化时期仍然保持着密度较高的聚落分布,其中新密、新郑、长葛、荥阳、上街一带的遗址共79处。龙山时期的登封、禹州、新密、新郑等地的史前聚落发展异常繁荣,伴随着稻作农业的普及和社会的复杂化,早期的城邦聚落快速崛起(103处),到龙山晚期共有大型城邑聚落12处,其中又以瓦店、古城寨和王城岗为主要核心城邑。但颍河上中游地区的二里头时期的聚落遗址大幅缩减,本期的文化遗址仍然集中于双洎河上游和嵩山东缘地区(共计52处),表明本期的农业环境受到外部自然环境变迁的胁迫,而出现聚落萎缩的局面。

七、嵩山地区的史前人地关系研究的意义

嵩山地区的新石器文化记录就是河南新石器文化的编年史卷,从早期的裴李岗文化到夏代的二里头文化,在河南境内没有第二个地区有如此完整的时间序列和文化地理格局。仰韶文化虽然在豫西涧河谷地繁荣一时但并未延续到龙山时期的鼎盛,也未见证二里头时期的文化曙光;而豫东、豫中南地区由于自然环境和外来文化的角逐史前文化的考古记录多为碎片化内容,很难整合为完善的古文化序列。唯独嵩山南北地区,地形地貌类型齐全、水系格网密布、土壤植被资源丰富、气候温和、干湿适中,造就了河南地区繁荣发展的史前文化。

夏文化肇始于距今四千年前后的龙山文化晚期,此时东亚夏季风的北界明显衰减南退,全新世大暖期进入波动性衰弱阶段。从各个时期古环境与社会变迁的互动关系看,逆

向环境变迁直接导致社会文化发展的低谷,如中美洲的玛雅文化、两河流域的乌尔文化、印度河下游的哈拉帕文化等都是受环境恶化胁迫而消亡。我国北方的红山文化(对应仰韶晚期)、南方的石家河文化等类型的消亡也与快速爆发的古环境事件密切相关。龙山文化晚期从洛阳盆地向东南平原地区迁移出的聚落在豫东、豫中东部平原快速推进,由于成熟的旱作农业和稻作农业的技术普及,史前人类的生产性地理空间实现了跨越性扩张。根据王城岗、新砦等龙山晚期大型遗址的考古发掘,城垣遗址均有经洪水破坏的证据,表明嵩山南麓地区在新砦时期遭遇了较强洪水的侵袭。

另外,颍河中上游地区自龙山晚期以后的聚落遗址非常罕见,禹州瓦店和漯河郝家台遗址有高出周围平地的高台作为建设城垣的基底,暗示当时的大型聚落选址都要考虑洪水对聚落的威胁。二里头时期嵩山南麓的遗址主要分布在双洎河上游两岸的黄土台地和嵩山东南缘的高地上,联系近期有关文献和古代典籍关于大禹治水的传说可以认为距今4 ka前后嵩山周边地区经历了规模大、持续久的洪水事件。夏初的阳城(登封告成一带)、阳翟(禹州一带)、黄台(新密一带)等地均分布在嵩山南麓,而到了少康时期都邑迁移至斟鄩(偃师一带)。其间影响因素既有社会变革、文化融合的因素影响,也有环境变迁导致资源承载空间狭小的影响。

自龙山晚期开始,嵩山南麓的大型聚落即开始推进生业经济的多元化。随着屈家岭文化的向北渗透,稻作农业在颍河和双洎河流域得以迅速普及,同时人工饲养家禽、家畜等生业类型也日益成熟,先民的生业结构和生活品质得到极大改善。进入二里头时期后的农业生产环境较龙山晚期前后有所改善,年均气温升高了0.6 ℃,降水量也升高至700 mm,加上磨制工具更加精细,木柄工具逐渐普及导致旱作农业快速复兴。这一时期小麦从中亚地区传入,而且播种面积不断扩大,逐渐开始取代传统作物粟、黍的地位。劳动分工渐趋明朗,从二里头遗址出土的器物看,陶器、纺轮、箭镞、石刀、石镰和部分青铜器做工已经达到较高水准,此时二里头城邑的先民已经有相当比例的居民从事手工业生产而非耕作业。

因此,龙山晚期至二里头时期环境变迁剧烈,社会文化加快融合,生业经济快速整合,农作物多元化和生产工具的精细化都在催生文明社会的到来。4.2~3.5 kaB. P.的环嵩山地区呈现出传统文化与技术变革交织、外来文化与中原文化融合、古环境出现短期波动与长期稳定伴随的局面。基于GIS技术和遗址地层的古环境信息恢复技术,在本区开展环境考古研究对河南地区史前文明探源研究,既可以积累丰富的环境考古研究资料,又可探索河南地区新的古环境研究方向,并为中华文明发源地的文化框架、文化资源的重建工作做好准备。

第二节　嵩山南麓龙山晚期的自然环境

粒度和磁化率指标常用于分析河流的沉积特征,如利用河流沉积物样品细粒部分可以解释和恢复河流的沉积特征与水文特征。一般认为,沉积物粒度既可以反映沉积背景的古环境特征,如沉积物的搬运动力的基本类型,也可以据此推断沉积物的物源的基本特征,如物源的远近和沉积物的搬运距离等基本信息。另外,粒度的频率和累计体积百分数也可以进一步详细解读出沉积物的动力源及其差异。本节尝试应用这些方法来研究颍河瓦店段二级河流阶地河流沉积层的沉积特征和气候变迁,以之间接恢复新石器晚期颍河上游地区的古环境特征,尤其是颍河的古洪水特征。

一、地层沉积环境研究概况

国外学者利用粒度来研究和分析河流沉积特征的有很多,其中著名的有福克、维希尔、佛里德曼、佩蒂庄等,他们利用河流沉积物粒径的变化与河流水动力的关系来研究和分析河流的沉积特征和水文特征。近年来,国内不少学者利用粒度指标开展湖泊沉积和古地层沉积研究,如孙东怀、陈敬安、安城邦等分别探讨了黄土、湖泊和江汉平原的沉积动力和沉积环境;蒋庆丰等利用乌伦古河沉积地层的粒度数据,分析了沉积物的粒度频率分布、累积百分数、中值粒径和平均粒径,并探讨了沉积物粒度可以解译的古气候状况,数据表明沉积物的正态单峰型古沉积物频率曲线,比较准确地刻画了流水作用的活跃的沉积过程;何起祥在沉积学家通过现代过程的观察、试验模拟和古相沉积序列的研究的基础上,探讨沉积物的粒度和沉积构造与沉积环境的动力学关系,取得了长足的进展。

河流沉积物的粒度组成间接反映了河流的沉积环境,根据河流沉积物组分的累积百分数可以确定河流载荷的三个组分:推移质、跃移质和悬浮质。同时,河流沉积物粒径的变化与河流水动力环境相关,河流沉积物的平均粒径变化对应了河流搬运沉积物的能力变化记录,利用粒度指标探讨河流动力环境,尤其是判别古洪水的重要依据。颍河是淮河的重要支流,其上游河段纵贯整个登封盆地和禹州平原。考查颍河的河流沉积状况,探讨颍河不同气候期内的沉积特征及其反映的气候变迁特征,对于考察颍河上游地区古洪水发生频率和河流的动力特征有现实意义。

二、材料与方法

(一)研究方法

本节以颍河瓦店段二级河流阶地的沉积地层为研究对象,在对研究区域微地貌进行实地勘查的基础上选定瓦店遗址区的东南部,在二级阶地开挖地层剖面,获取土壤样品以便进行样品测试,本次测试的主要古环境指标有两个:样品粒度测试和磁化率测试。粒度指标既可以指示地层沉积的搬运动力类型和大小,而且根据沉积物主要矿物成分可以粗略推测沉积物的物源特征。磁化率在全新世古地层环境分析中主要是根据磁性矿物的多少来判别地层堆积期外部环境的化学风化程度。

1. 粒度测试

粒度是开展第四纪沉积物研究的一个相对成熟可靠的环境指标,它对古环境中沉积动力和物源的指示有较高的灵敏性。近年来,发表的古环境文献中许多文献进行粒度分析已成为常态。因此,本书根据颍河瓦店段一级河流阶地的沉积物剖面粒度组成特征来分析颍河输入水量的相对大小,并了解该河一级河流阶地的沉积特征,识别颍河古洪水事件发生的频率、周期及规模,进而在一定程度上了解该河在研究时期内的降水变化和干湿状况。具体操作如下:

在 A、B、C 三个研究地层中各取 1 个粒度样品,在 D、E 两个研究地层中各取 3 个粒度样品,在 F 研究地层中选取 2 个粒度样品,共 11 个样品,进行粒度测试。

精确称取待测的粒度样品 0.75 g 放入 250 mL 烧杯内,加入 10 mL 10% 的 H_2O_2 以除去土壤样品的有机质,充分反应后,再加入 10 mL 10% 的稀 HCl,以除去样品中残留的碳酸盐,加热 60 ℃待完全反应后加入蒸馏水至 100 mL 静置 12 h。用吸管抽去烧杯内消解样品的上部清液,洗去过剩的 HCl,加入 20 mL 蒸馏水和 10 mL 的 2% 的六偏磷酸钠,静置 1 d 制成待测样品。上机测试前,将样品置于超声振荡仪器 15 min,然后在许昌学院城乡规划与园林学院沉积分析实验室用激光粒度分析仪进行沉积物直径的测量。测量仪器为英国 Malvern 公司生产的 Mastersizer 2000 激光粒度仪,测量范围为 0.02~2 000 μm,重复测量误差小于 1%。

2. 磁化率测试

根据河流沉积的一般机制,一次洪水可形成粗细交互的两个的亚层,底层是洪水挟带的沉积物,顶层是洪水退后阶地面上的积水洼地沉积,以及洪水挟带的炭屑等有机物质集聚而形成的有机层。有时一个洪水单元的沉积层非常薄而不易用裸眼目视区分,但由于上、下层有机质含量差别很大,而在野外,便携式磁化率仪对这种差别反应非常灵敏。因此,本书利用便携式磁化率仪来测试样品磁化率,判定古洪水强度,进而探讨剖面在沉积时期内的沉积动力环境。将剖面沉积层表层清理干净,用磁化率仪测量样品,然后对磁化率值进行平均,具体操作如下:

首先将野外采集的 21 个样品经室内风干;将样品用玛瑙研钵研磨至 100 目,装入直径 2 cm(体积约 2 cm³)的塑料柱状盒子,然后用磁化率仪(Bartington 公司生产的 MS2B 型)进行测定,对每个样品均进行磁化率的测定,每个样品测 3 次,取测量结果的平均值。

由于缺乏地层的测年数据,本书拟将本研究剖面与毗邻区的瓦店龙山时期遗址的文化地层进行对比,以便形成基于文化阶段的时代框架。通过与瓦店遗址地层的对比,我们将 40~60 cm 地层段划入二里头文化早中期,将 60~126 cm 地层段划入龙山文化早中期,而 126 cm 以下的地段则划入仰韶晚期文化阶段。

(二)研究思路

本书研究主要利用河流沉积物粒度和磁化率两项指标研究颍河的沉积特征和对应时期内的干湿环境状况,具体研究的思路和技术路线如下:

(1)阅读文献和收集相关资料。对国内外有关河流沉积研究的课题及研究动态进行收集、整理、阅读,并对其样品采集、样品处理、样品剖面的描述和测试方法的具体过程进行归纳、分析,然后根据土壤样品的测试结果进行对比分析研究,这是本书的理论基础。

(2)实地调查与样品测试。通过到颍河流域进行实地调查,了解颍河的自然地理状况和水文特征,沿岸的植被覆盖以及河床的具体变化,并根据实际观察和了解,确定采样地点并采取样品,经过处理后进行样品测试,然后根据测试结果进行分析。同时,与相关阅读文献和资料数据做对比研究,最后得出研究结论。

三、颍河瓦店段地理概况及剖面特征

(一)区域地理概况

颍河是源于嵩山南麓的最大河流,纵贯整个登封盆地和禹州平原一带,颍河属淮河一级支流,主要流经河南省登封和禹州市,颍河在禹州市境内河道长约42.3 km,之后流入许昌县境内。本研究剖面位于禹州市火龙镇瓦店村北,南临龙山文化遗址区的颍河南岸(见图2-3)。本区为暖温带季风气候,冬冷夏热,年均气温16.2 ℃,年均降水量690 mm,并集中于6~9月。根据目前的数据,颍河流量在丰水期平均流量可达58 m³/s,最高水位达65.3 m(海拔),平均流速0.47 m/s。

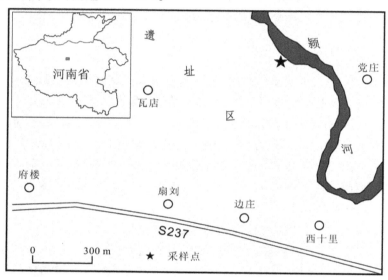

图2-3　采样点的地理位置

(二)采样地点与剖面特征

本书所研究的土壤剖面位于颍河瓦店段的南岸,剖面厚约145 cm,研究剖面为河流沉积相与毗邻区的龙山文化遗址大致为同一形成时期,土壤学层次和地层学层次都很清晰(见图2-4)。

沿着土壤剖面按从下向上方式采样,共采得研究剖面土壤样品20个。根据野外观察并结合考古文献年代分布进行室内分析,我们对该剖面进行了土壤地层的文化年代进行定性识别和年代划分,剖面宏观形态特征(见图2-5)描述如下:

A层:褐色细砂质黏土层,厚度约为12 cm。

B层:黏土质粉砂沉积层,厚度约为22 cm,灰黄色。

图2-4 颍河南岸瓦店段采样剖面

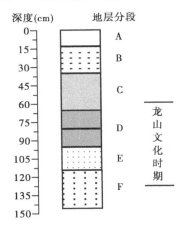

图2-5 颍河南岸瓦店遗址附近自然剖面示意图

C层:硬质黏土沉积层,厚度约为31 cm,红黄色;该层下部大约与二里头文化时期对应。

D层:硬质黏土沉积层,厚度约29 cm,夹红色氧化物斑块,内有约0.8 cm的红色黏土层(含黑色炭屑),该层与龙山文化中晚期对应。

E层:夹泥炭质粉砂,细砂沉积层,厚度约为22 cm,中间有厚约2 cm的红色黏土层(含黑色炭屑),该层与瓦店遗址龙山文化早期对应。

F层:夹灰黑色炭屑的粗砂沉积层,厚度约为29 cm,该层与瓦店遗址龙山文化早期对应。

四、测试结果

(一)粒度测试结果

粒度是研究河流沉积的重要指标,图2-6是研究剖面的分级粒径曲线,沉积物粒径在整个剖面表现为粉砂质堆积,且粒径集中分布在20~63 μm,沉积物中占比最高的组分是粗粉砂,其次是极细砂。同时,图2-6显示,不同地层(A~F层)在不同粒径组分中所占比例有很大变化,具体描述如下:

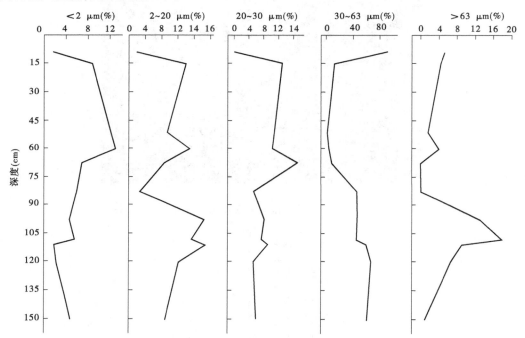

图2-6 颍河瓦店段剖面地层分级粒度变化

A层(0~12 cm):中黏粒(<2 μm)平均含量约为4%,细粉砂(2~20 μm)平均含量约为12%,粗粉砂(20~30 μm)平均含量约为10%,细砂(30~63 μm)平均含量约为60%,粗砂(>63 μm)平均含量约为4%。

B层(12~34 cm):中黏粒(<2 μm)平均含量约为10%,细粉砂(2~20 μm)平均含量约为10%,粗粉砂(20~30 μm)平均含量约为12%,细砂(30~63 μm)平均含量约为10%,粗砂(>63 μm)平均含量约为3%。

C层(34~65 cm):黏粒(<2 μm)平均含量约为14%,细粉砂(2~20 μm)平均含量约为10%,粗粉砂(20~30 μm)平均含量约为10%,细砂(30~63 μm)平均含量约为

5%,粗砂(>63 μm)平均含量约为 2%。

D 层(65 ~ 94 cm):中黏粒(<2 μm)平均含量约为 6%,细粉砂(2 ~ 20 μm)平均含量约为 12%,粗粉砂(20 ~ 30 μm)平均含量约为 8%,细砂(30 ~ 63 μm)平均含量约为 45%,粗砂(>63 μm)平均含量约为 10%。

E 层(94 ~ 116 cm):中黏粒(<2 μm)平均含量约为 2%,细粉砂(2 ~ 20 μm)平均含量约为 16%,粗粉砂(20 ~ 30 μm)平均含量约为 11%,细砂(30 ~ 63 μm)平均含量约为 65%,粗砂(>63 μm)平均含量约为 10%。

F 层(116 ~ 145 cm):中黏粒(<2 μm)平均含量约为 5%,细粉砂(2 ~ 20 μm)平均含量约为 12%,粗粉砂(20 ~ 30 μm)平均含量约为 8%,细砂(30 ~ 63 μm)平均含量约为 70%,粗砂(>63 μm)平均含量约为 3%。

(二)磁化率测试结果

使用质量磁化率指标的好处有两个:一是可以比较客观地反映古风化环境的基本特征,尤其是它对湿热环境和干凉环境的指示比较敏感;二是质量磁化率的测试方便、快捷,而使用广泛。尤其是用磁化率变化特征来获取陆相和海相沉积物记录的地质、环境过程的信息。本书通过对颍河瓦店段二级河流阶地剖面样品进行磁化率测试,得到颍河瓦店段自然剖面的磁化率曲线图如图 2-7 所示。

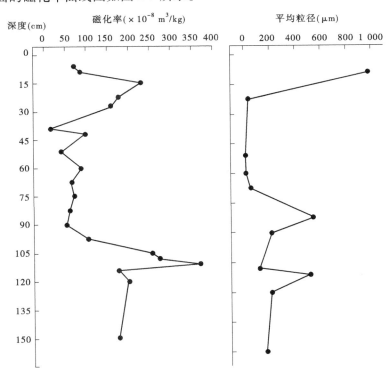

图 2-7　颍河瓦店段剖面地层磁化率和平均粒径的变化

图 2-7 显示,颍河瓦店段一级河流阶地剖面的磁化率在(16 ~ 370) × 10^{-8} m³/kg,而

在不同地层中,这些土壤样品磁化率也不相同。A 层(0~12 cm)的磁化率为(70~90)×10^{-8} m^3/kg,平均粒径在 800 μm 左右,属于磁化率较高层位,与暖湿的外风化环境相对应;B 层(12~34 cm)磁化率为(180~230)×10^{-8} m^3/kg,平均粒径为 300 μm 左右,表明地层堆积期的外风化环境远不如 A 层;C 层(34~65 cm)的磁化率为(16~98)×10^{-8} m^3/kg,平均粒径在 80 μm 左右,表明本层沉积物磁化率较低、而平均粒径较高,推测当时的古环境相对干凉;D 层(65~94 cm)磁化率为(53~87)×10^{-8} m^3/kg,平均粒径在 450 μm 左右;E 层(94~116 cm)中磁化率较高,为(104~307)×10^{-8} m^3/kg,平均粒径在 150 μm 左右,表明此时的沉积环境较 C 层有明显的改善;F 层(116~145 cm)中的磁化率为(177~200)×10^{-8} m^3/kg,平均粒径在 250 μm 左右。可见,研究地层的粒度和磁化率之间存在着显著的内在性对应关系。

五、数据分析

(一)研究剖面的粒度特征

图 2-6 显示,不同地层(A~F 层)在不同粒径组分中所占比例有很大变化,尤其是在黏粒(<2 μm)、细粉砂(2~20 μm)和粗砂(>63 μm)中三个组分中变化较大。在黏粒(<2 μm)的组分中,图 2-6 显示在剖面 60~145 cm 处,依照沉积顺序,黏粒比例逐渐变小,但整体的含量非常少;而在 67~112 cm 处,依照沉积物的先后顺序,黏粒比例越来越大,逐渐增多;而在 0~60 cm 处,依照沉积顺序,黏粒所占比例非常大,在 60 cm 处达到最大值,然后越往上越呈减少趋势。在细粉砂(2~20 μm)组分中,图 2-6 显示在剖面 112~145 cm 层段,从底层向上细粉砂所占比例较大,在 112 cm 处达到最大值;而在 97~120 cm 处,细粉砂所占比例变化很大,依照沉积顺序,所占比例先呈递减趋势,在 82 cm 处达到最小值,然后所占比例又呈上升趋势;而在 0~52 cm 层段,依照沉积顺序,细粉砂所占比例又先呈上升趋势,然后呈递减趋势。在粗砂(>63 μm)组分中,图 2-6 显示在剖面 105~145 cm 处,依照沉积顺序,粗砂所占比例呈上升趋势,并在 105 cm 处达到最大值;而在 82~105 cm 处,依照沉积顺序,粗砂所占比例整体呈下降趋势,并在 82 cm 处达到最小值;而在 0~50 cm 处,依照沉积顺序,粗砂所占比例呈上升趋势,但整体含量较少。

总之,在剖面 82~145 cm 处,依照沉积顺序,早期地层黏粒所占比例稍高而后逐渐减少,从老至新呈递减趋势,而细粉砂和粗砂的含量呈上升趋势,并在 105 cm 层段处达到最大值,粒度总体上是由细变粗,表明颍河瓦店段二级河流阶地在这一时期的沉积过程中,沉积物质由粒径细小的黏土质物质逐渐演变为粒径略粗的砂质物质,暗示沉积动力由弱逐渐变强。

(二)研究剖面的磁化率特征

不同的磁化率反映了剖面上成壤作用的强弱,同时它间接地反映了所研究区域在当时的降水量和干湿状况,根据李胜利等的研究结果,磁化率越高,平均粒径越小,在研究剖面所对应地层的形成过程中,气候条件温暖湿润;而磁化率越低,平均粒径越大,在研究剖面所对应地层的形成过程中,气候特征则表现为寒冷干燥。

　　从图 2-7 中可以看出,该剖面的磁化率在三个不同阶段出现了不同的变化,具体状况如下:剖面的地层在 112 ~ 145 cm 处,依照沉积物的先后顺序,磁化率逐渐出现增加的趋势,并在 112 cm 处磁化率达到全剖面最大值,约为 370×10^{-8} m^3/kg,而平均粒径也出现波动,但整体偏小,并在 112 cm 处达到较小值,约为 150 μm。图 2-7 表明,在该地层(E层)形成过程中,气候条件温暖湿润,降水较多,出现了较大的古洪水,但沉积动力较弱,有可能属于河漫滩上的憩流沉积;而在 90 cm 处磁化率较小,约为 200×10^{-8} m^3/kg,且平均粒径较大,约为 500 μm,暗示弱成壤条件下的干旱环境;剖面地层在 37 ~ 90 cm 处,依照沉积顺序,磁化率总体呈递减趋势,并整体偏小,为 $(16 \sim 98) \times 10^{-8}$ m^3/kg,而平均粒径曲线波动较大,整体呈增加趋势,并在 55 cm 处达到较大值,约为 450 μm,表明该地层在形成过程中,出现了一段较长的过渡段,显示气候向着寒冷干旱化发展趋势;剖面地层在 15 ~ 37 cm 处,依照沉积顺序,磁化率总体呈上升趋势,在 15 cm 处达到较大值,而平均粒径也逐渐呈增加趋势,整体偏粗,并在 15 cm 处达到全剖面最大值。联系图 2-7 发现,在该地层中粗粉砂和细砂比例占 90%,黏粒所占比例很小,表明该地层在形成过程中的气候经过从寒冷干燥到温暖湿润的过渡后,逐渐演变成湿润性气候,降水较多,出现了较大的古洪水,沉积动力非常强。

　　(三)研究剖面的沉积环境分析与讨论

　　根据颍河磁化率的变化,本书拟将该剖面地层划分为三个阶段:第一湿润期(97 ~ 115 cm)、冷干旱期(52 ~ 90 cm)和第二湿润期(8 ~ 35 cm),下面结合各阶段的粒度特征对其沉积动力和沉积环境做进一步探讨。

　　1. 第一湿润期(97 ~ 115 cm)

　　图 2-7 显示,磁化率范围为 $(104 \sim 307) \times 10^{-8}$ m^3/kg,平均粒径为 50 ~ 150 μm,从底层往上看,磁化率在 90 ~ 112 cm 处逐渐出现波动,并出现最大值,而平均粒径对应出现较小值,说明在该地层中沉积物粒径偏小(见图 2-7)。粉砂比例较大,而粗砂比例较小,表明地层在形成过程中的气候温暖湿润时,降水较多,出现了较大的古洪水,但沉积动力较弱,而在 115 cm 处磁化率较小,平均粒径较大,说明该地层中粗粉砂和细砂所占比例较大,黏粒比例较小,表明该地层在形成过程中除受古洪水沉积作用外,还受风尘堆积、间歇性河流作用的影响。

　　沉积物粒度特征可以追溯沉积物的物源和沉积环境,沉积物的搬运和动力环境对沉积物粒度性质的记录主要表现在频率曲线两侧的变化,沉积物的粒度分布以粗端与细端部分对搬运介质的机械作用反应最为灵敏,而偏度与尖度或许是判断颍河瓦店段一级河流阶地在第一湿润期的沉积动力环境的合适指标。图 2-8 频率曲线显示,颍河瓦店段一级河流阶地剖面中的 E-1(100 cm)、F-3(145 cm)和 F-1(125 cm)这三个样品的粒度频率曲线呈主次峰形,同时,F-1 和 F-3 的粒度频率曲线主峰大概分布在 100 ~ 1 000 μm,属于粗砂粒级,次峰大概分布在 20 ~ 63 μm,属于粉砂和细砂粒级,而 E-1 的粒度频率曲线主峰大概分布在 1 000 ~ 3 000 μm,属于粗砂粒级,次峰大概分布在 30 ~ 63 μm,属于粗粉砂和细砂粒级,总之,粒度频率曲线出现了两个峰,表明颍河瓦店段一级河流阶地的沉积动力不是单一的,此处沉积环境除受河流古洪水沉积影响外,同时受风力沉积的影响比较大。

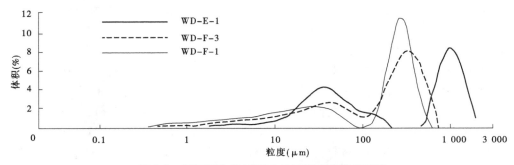

图 2-8　颍河瓦店段剖面 E、F 层沉积物粒度频率

概率累积曲线主要用于分析沉积物组分的结构和动力特征,就河流沉积而言,可以反映河流沉积物中悬移质、跃移质和推移质的比例和动力特征。由于沉积物粒度测度的基本单位为微米(μm),在坐标轴上不便于表征沉积物粒度的累积概率,因此本书将沉积物粒径 R 化为无单位量纲粒径单位:

$$\phi = -\log_2 R$$

式中:R 为粒径,μm。

图 2-9 的累积百分数曲线显示,E$-$2(105 cm)的左边三段表明了其洪水动力环境,

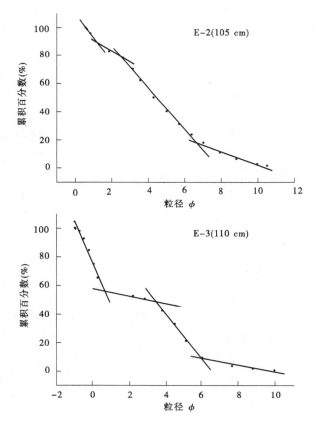

图 2-9　瓦店剖面 E、F 层沉积物粒度概率累积曲线比较

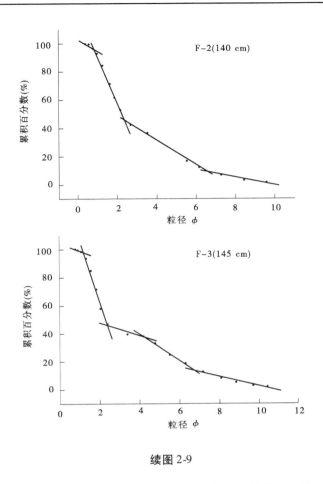

续图 2-9

而右侧细粒组的斜率坡度平缓,说明风力沉积组分分选性较差,表明该时期地层沉积物部分为裸露河床下的风力沉积物,风积物含量为16%左右,暗示较强的风力沉积过程,但该地层沉积动力属于弱动力沉积产物,因为悬移质占到沉积物组分的60%左右,有可能是位于河漫滩上的憩流沉积物。E－2与E－3的左边三段表明了类似的洪水动力环境,而右侧细粒组的斜率坡度平缓,说明风力沉积组分分选性较差,表明该时期地层沉积物部分为裸露河床下的风力沉积物,而F－2、F－3和E－2的沉积环境类似。

2. 冷干旱期(52~90 cm)

图 2-7 显示,依照沉积顺序,磁化率总体呈递减趋势,并整体磁化率偏小,范围值为 $(16~98)×10^{-8}$ m^3/kg,平均粒径为 80~450 μm,说明在该地层中粉砂和细砂以及粗砂所占比例也是比较大,黏粒所占比例较小(如图 2-7 所示);而图 2-10 中的 D－4(90 cm)的累积百分数曲线显示,其沉积物中的推移质粒径为 $(-1~5)φ$,而且含量占沉积物总量的 20%左右,表明该组沉积物的分选性差,进而说明河流动力的不稳定性,有可能是紊流沉积。D－5(94 cm)的粒径累积百分数曲线也表现为四段式,是其他动力过程附加在流水沉积过程的产物,其左边三段和上述的 F－3 表明了类似的洪水动力环境,而右侧细粒组的斜率坡度平缓,说明风力沉积组分分选性较差,表明该时期地层沉积物部分为裸露河

床下的风力沉积物。在 E-1(100 cm)的沉积过程中,其中推移质粒径为(-1~5)φ,而且含量占沉积物总量的 20% 左右,表明该组沉积物的分选性差,进而说明河流动力的不稳定性,有可能是紊流沉积。总之,上述表明该地层在形成过程中气候寒冷干旱,降水较少,径流较小,颍河水流挟带搬运能力较弱,而降水量减少,植被退化,河床裸露,水土流失严重。

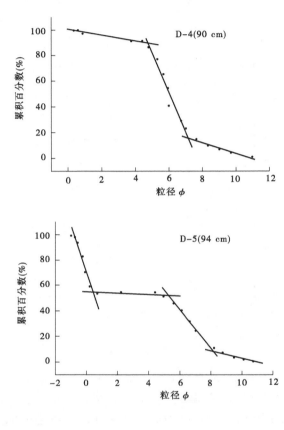

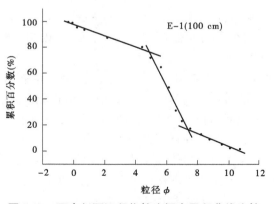

图 2-10　瓦店剖面沉积物粒度概率累积曲线比较

3. 第二湿润期(8~35 cm)

图 2-7 显示,自下而上按照沉积过程的顺序,磁化率总体呈上升趋势,磁化率范围为(70~230)×10^{-8} m^3/kg,平均粒径在 300~800 μm,说明在该地层中细砂和粗砂所占比例很大,粉砂和黏粒所占比例很小(如图 2-6 所示),同时图 2-11 中的粒度累积百分数曲线显示,图中 A-2(12 cm)地层的推移质部分占到沉积物总量的 65%,且粒径小于 0φ,悬移质不足 10%,表明该地层属于强动力洪水沉积过程的结果。而由图 2-11 可知,B-2(30 cm)、C-2(50 cm)和 D-2(80 cm)的沉积动力十分类似,都表现在沉积物的三个类型在构成比例上接近,其中以跃移质为主,大约占到沉积物总量的 70% 左右,粒径分布在(5~9)φ 之间,记录了颍河正常水流的挟沙动力特征。可以认为,该地层在形成过程中的气候背景是:温暖湿润,降水量显著增加,径流量大,颍河径流的挟沙能力较强,那么颍河搬运的沉积物较粗。如果出现了较大的古洪水,沉积动力的动能显著增加,随后颍河又逐渐恢复正常径流和动能值。

六、龙山晚期禹州段的古环境特征

通过对颍河瓦店段一级阶地沉积物进行粒度和磁化率分析,根据地层分布可以得出以下初步认识。

(一)湿润 I 期(97~115 cm)

该地层的沉积特征分两部分,在粒径较小部分,磁化率范围总体较大,为(104~307)×10^{-8} m^3/kg,并出现最大值,而平均粒径对应出现较小值,说明该地层以粉砂为主,而粗砂所占比例较小,表明地层在形成过程中的气候温暖湿润时,降水较多,出现了较大的古洪水,但沉积动力较弱,有可能是属于河漫滩上的憩流沉积;而在粒径较粗部分,磁化率较小,而平均粒径较大,说明该地层中以粗粉砂和细砂为主,黏粒所占比例较小,表明该地层在形成过程中气候也较温暖湿润,降水也比较多,不过,在其沉积过程中除受古洪水沉积作用外,还受风力沉积作用影响,差异在于地层在粒径较粗的部分属于强动力洪水沉积,在粒径细粒组属于裸露河床下的风力沉积。该期对应瓦店遗址地层的龙山早中期阶段,表明该期气候湿润,但该剖面位于憩流沉积区,所以测试结果并未捕捉到洪水沉积过程。

(二)冷干时期(52~90 cm)

本期层位的土壤样品磁化率在数值上总体偏小,而平均粒径相对其他层数值偏高。地层中以粉砂和细砂以及少量粗砂为主,黏粒所占比例较小,在地层沉积物中,其推移质所占比例为 20% 左右,且粒径分布在(-1~5)φ,说明其分选性差,进而表明河流动力的不稳定性,有可能是紊流堆积而成。该特征表明这一地层在其形成期经历了一个寒冷干旱时期,物理风化占主导,河床裸露,水土流失严重。该期对应瓦店遗址地层的龙山早晚期阶段以及二里头时期的早中期,磁化率较低表明龙山晚期气候相对干旱,粒度累积概率的多段分布表明颍河岸边的漫滩地区有风积过程,气候环境较差,不利于早期农业规模的扩大和聚落社会的地理扩张。

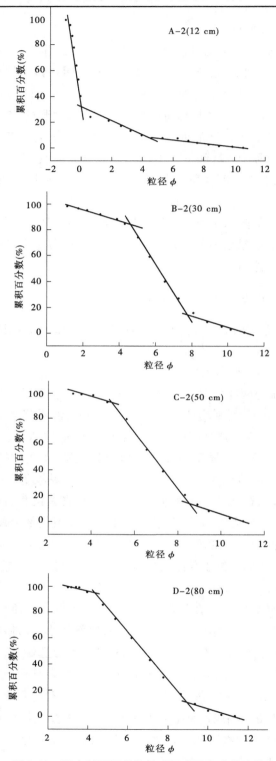

图 2-11　瓦店剖面沉积物粒度概率累积曲线比较

（三）湿润Ⅱ期（8 ~ 35 cm）

磁化率平均值较大，而对应的平均粒径也非常大，说明该地层中以细砂和粗砂为主，粉砂和黏粒所占比例很小，同时在地层沉积物中，先后以推移质和跃移质为主，而悬移质所占比例很小，说明该地层在沉积过程中是由强动力洪水沉积逐渐演变为颍河正常水流的挟沙动力沉积，表明该地层在形成过程中的气候温暖湿润，降水较多，径流较大，颍河水流挟带搬运能力较强，出现了很大的古洪水，沉积动力非常强，随后颍河的水流又逐渐趋向正常径流。

未来在本区的研究可以着眼于以下三个方面：①寻找时间跨度涵盖整个龙山时期和二里头时期的连续性剖面，通过连续采样获得高分辨的地层古环境指标；②除沉积环境代用指标外，还可以引入 XRF 测试法对研究地层化学元素的氧化物含量进行测试，从中发现地层沉积期外环境的风化强度等；③测试 2 ~ 3 个研究地层年代指标，使之能与剖面附近的龙山文化遗址进行地层对比，形成较为精确和详尽的年代框架。作者期待在这三个方面得以解决的前提下，基于高分辨、多指标和完善时代序列数据，以便对颍河沉积环境有更深入和更全面的探讨，以获取更加全面和富于意义的成果。

第三节　禹州浅井自然地层的环境记录

禹州市浅井乡属于颍河上游与洧水上游谷地的分水岭，该区位于嵩山南麓，是中原新石器文化遗址的主要分布区，研究本区全新世地层特征和沉积动力对新石器文化发展历程的古环境研究具有重要的理论意义。目前，关于黄土地层沉积研究在地域上主要集中于陕甘地区，发表的成果多涉及更新统地层中的午城组、离石组和马兰组地层。研究目标多倾向于黄土与古土壤的磁化率波动周期与东亚季风关系，并将黄土沉积作为环境代用指标与泥炭、冰芯、石笋、树轮以及深海岩芯氧同位素含量变化对比，进而得出末次冰期以前东亚地区古气候的演替周期。一般认为，黄土高原的黄土地层为风力搬运来自中亚地区的沙尘堆积而成，间冰期因湿热条件较好，地表过程以化学风化和生物堆积为主导，从而形成古土壤地层。但对河南西部地区的全新世黄土地层的研究成果较少，尤其是作为黄土高原外围区的嵩山地区的洛阳盆地、颍河上游以及双洎河流域等地区缺乏相关的实证研究。因此，对颍河上游自然沉积层堆积物进行粒级分类，考查黄土堆积搬运动力和古土壤的沉积特征，可以为厘清本区史前文化的古环境提供数据支持。

国外学者对黄土地层研究开始相对较早，研究区域主要集中于波罗的海以南的东欧地区的波兰、捷克、芬兰以及匈牙利。该区的黄土形成于末次冰期时期，同我国黄土高原地区的黄土地层相比，东欧地区的黄土堆积层较薄，大多小于 100 m。其次东欧地区黄土的成因既有风积过程也有流水搬运过程，更多地表现出次生黄土的性质。而我国黄土高原的黄土地层经历了更新世时期，存在多个古土壤层，其中洛川黄土地层超过 400 m 是研究更新世以来古环境变迁的理想载体。因此，我国自 20 世纪 80 年代以来以刘东生为代表的学术团队先后用磁化率、元素含量变化、氧同位素含量变化、TOC 含量等对黄土古环境变化曲线与北大西洋深海沉积物提取的古环境曲线做了对比研究,极大地提高了我国第四纪古环境的研究水平。

近年来,国内学者关于全新世黄土地层沉积方面的研究成果逐渐增加。温金梅(2010)重新建立了全新世以来陕北黄土沉积年代序列,为进一步研究全新世时期的气候变化规律提供一定依据。何忠,黄春长等(2010)对淮河上游地区与陇东和关中盆地黄土沉积物进行的分析对比认为,由于地域差异而存在不同的风力搬运介质和不同的风尘产生源。姜修洋,李志忠(2011)通过地处亚洲中部干旱区的新疆伊犁河谷塔克尔莫乎尔沙漠的沉积剖面中73块孢粉样品的鉴定分析,孢粉资料反映的晚全新世干湿波动与其他相邻区域具有较好的可比性。李胜利,黄春长(2012)通过野外沉积特征识别、室内粒度分析,准确判定了洛河古洪水平流沉积层,发现了10次晚全新世特大洪水事件。葛本伟,刘安娜(2012)选取豫中黄土地区典型的黄土古土壤沉积序列,根据其沉积物中U、Th、K元素的浓度及沉积序列所在地的纬度、经度、海拔等要素对聚落环境的影响,计算了沉积序列中环境的地域性分异。庞奖励,黄春长等(2015)对汉江上游谷地包含古洪水滞流沉积层的辽瓦店全新世黄土－古土壤剖面,认为古土壤S0形成的全新世中期可能出现过一次较为暖湿的次级环境变化。

本书测试样品采自禹州浅井乡白土岗村北,通过对样品磁化率和粒度指标的测定,分析地层沉积物的中值粒径、平均粒径和分组粒径特征,根据萨胡粒度测算公式讨论沉积物的尖度、偏度和累积概率曲线特征,进而判别不同时期地层沉积的动力类型;同时,结合沉积物磁化率变化讨论其沉积环境特征,最后归纳出颍河上游谷地全新世黄土堆积的沉积动力类型。

一、研究区域与研究剖面概况

(一)研究区域

禹州市浅井乡白土岗村位于颍河上游与洧水上游谷地的分水岭(见图2-12),本地区的地理坐标为113°03′E ~ 113°39′E 与33°59′N ~ 34°09′N。整体地势表现为西南高东北低,海拔由最高点为西部的大鸿寨山为1 150.6 m,最低点在东南部的范坡乡新前的一带约92.3 m。该区域气候为大陆性温带季风性气候,年平均气温约为15.2 ℃,1月平均气温0.3 ℃,极端值最低气温－14.7 ℃,7月平均气温26.7 ℃,极端最高气温42.9 ℃;生长期257 d,年平均日照2 422 h;多年平均降水量为682 mm。具有降水丰富且集中、四季变化分明、夏季炎热多雨、冬季寒冷而干燥、无霜期较长等特点。土壤组成以典型黄土状褐土、红黄土为主,本地的土壤种类可分为富水黄潮土河滩地和富水潮褐土阶地等25种。

(二)研究剖面概况

1. 地层时间序列

全新世黄土堆积发生在全新世大暖期结束后的两个时段:①5.2 ~ 3.8 kaB. P. 气候从暖湿向温凉转化的过渡期;②近代小冰期(LIA,0.6 ~ 0.2 kaB. P.);二者之间有明显的古土壤沉积,其中最为显著的代表地层出现在中世纪暖期(Medieval Warm Period)。根据浅

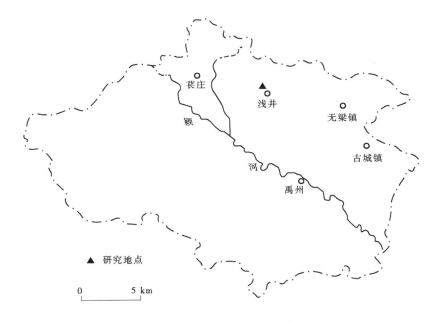

图 2-12　禹州浅井剖面的采样点位置

井黄土剖面特征:上层为黄土地层(B 层和 C 层上部),下层为有机质,成壤作用相对显著,对照葛本伟等(2012)在新郑开挖的地层剖面可初步断定浅井剖面上部的沉积时间应为小冰期时期,即明代中后期至清代中期,而下部的古土壤层堆积应为中世纪暖期沉积。鉴于本剖面为河岸,初步推测,该剖面沉积动力复杂但以河流沉积环境为主。

2.地层沉积物性状

本次采样的禹州浅井乡白土峒村西天龙河西岸剖面深 138 cm,自上而下不等距共采取土壤样品 39 个,根据剖面的土层性质将剖面分为 A 层、B 层、C 层、D 层、E 层(见图 2-13),各地层性状特征如下:

A 层:耕作层(0～36 cm),人工扰动显著,棕褐色砂质黏土,含大量植物根系。

B 层:黄土堆积层(36～56 cm),浅棕色黄土层,质地疏松,层理不明晰,土壤化程度较低。

C 层:棕黄色黏质砂土层(56～71 cm),棕黄色黏性砂质沉积,土质坚硬且均一。

D 层:褐色黏土层(71～92 cm),暗褐色砂质黏土层,土质紧密,局部有板结块。

E 层:砂质黄土层(92～138 cm),褐色黏土,质地硬,含钙质结核,稍具淋溶迹象。

根据黄春长等对渭南地区黄土剖面的研究,中全新世地层(7.0～5.0 kaB. P.)由于气候暖湿,化学风化占主导地位,成壤作用强烈,该期地层主要为次生土壤层堆积。全新世大暖期结束之后(5.0 kaB. P. 至今),气候趋于干凉,风积作用是地层沉积的主动力,地层表现为风尘堆积物。因此,本书将白土峒剖面的年代框架标定为三个阶段,如图 2-13所示。

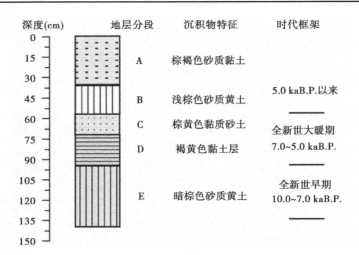

图 2-13　禹州浅井剖面地层划分

二、材料与研究方法

（1）野外勘察法。浅井乡白土埫一带是颍河上游地区具茨山南麓的黄土台地区，通过野外调查确定在白土埫村西侧的河岸上开挖地层剖面以备测试需要。浅井乡白土埫剖面 A 层采样 8 个（编号 A1～A8），B 层采样 6 个（编号 B1～B6），C 层采样 6 个（编号 C1～C6），D 层采样 6 个（编号 D1～D6），E 层采样 13 个（编号 E1～E13）。样品经过相应的处理后分别在实验室做了磁化率测试、粒度测试。在测试前应将采集好的土壤样品在实验室晾干备用。

（2）磁化率指标测试。首先称取 10 g 土壤样品在玛瑙研钵中研磨至 120 目左右，置于 2 cm³ 塑料容器内，使用巴廷顿公司生产的 MS－2B 型磁化率仪器，对每个样品的低频率磁化率和高频率磁化率进行分别测定，每个样品需要连续测量 3 次，最后取其平均值。

（3）粒度指标测试。称取 0.75 g 土壤样品置入烧杯中，仍然用稀双氧水（10%）和稀盐酸（10%）处理，具体前处理方法见第一节内容。处理好的土壤样品须静置 24 h 后运用超声波对样品进行振荡处理，最后用 Mastersizer 2000 型激光粒度仪器，然后进行上机测试，连续测 3 次取均值以确保数值的准确性，结果数据保存在 Excel 中以备后用。

三、分析结果及解释

（一）沉积物粒度分级与频率分布

1. 沉积物粒度分级

粒度研究是一种重要的指标，沉积物的粒度是沉积物的重要特征表现形式，在对环境的研究与分析方面占据着重要的位置，具有不可忽视的研究价值。土壤粒度通常被用于湖泊沉积、海洋沉积、黄土沉积的研究中，土壤沉积物记录着第四纪环境的重要陆相沉积特征。禹州市浅井乡剖面地层的样品粒度测试结果如表 2-1 所示。

表 2-1 显示，该剖面沉积物的平均粒径为 15～1 298 μm、中值粒径为 19～1 298 μm，

表明剖面沉积物的沉积环境较为复杂。

表 2-1　研究剖面各地层的平均粒径和中值粒径

分层	深度(cm)	样品编号	采样深度(cm)	平均粒径(μm)	中值粒径(μm)
A	0 ~ 36	A5	20	771	919
B	36 ~ 56	B1	36	844	992
		B3	42	1 213	1 244
		B4	44	1 230	1 253
		B6	50	901	1 179
C	56 ~ 71	C1	56	888	1 112
		C3	62	19	15
		C5	66	1 127	1 175
D	71 ~ 92	D2	74	910	1 184
		D5	84	1 298	1 298
E	92 ~ 138	E6	108	908	1 178

剖面的分级粒径体积的百分比含量如图 2-14 所示:沉积物粒径总体上偏粗,多为粗砂。但在不同地层(A ~ E 层)、不同粒径组中所占比例有很大的不同,具体特征如下:

A 层(0 ~ 36 cm)中砂(> 100 μm)平均含量为 63%,粗砂(50 ~ 100 μm)平均含量为 1%,细砂(10 ~ 50 μm)平均含量为 20%,粉砂(5 ~ 10 μm)平均含量为 6%,黏粒(< 5 μm)平均含量为 11%。本层粒级组合表现为弱化学风化、较强沉积动力的环境。

B 层(36 ~ 56 cm)中砂(> 100 μm)平均含量为 70%,粗砂(50 ~ 100 μm)平均含量为 1%,细砂(10 ~ 50 μm)平均含量为 15%,粉砂(5 ~ 10 μm)平均含量为 4%,黏粒(< 5 μm)平均含量为 10%。

C 层(56 ~ 71 cm)中砂(> 100 μm)平均含量为 5%,粗砂(50 ~ 100 μm)平均含量为 3%,细砂(10 ~ 50 μm)平均含量为 20%,粉砂(5 ~ 10 μm)平均含量为 7%,黏粒(< 5 μm)平均含量为 13%。本层粒级组合表现为强化学风化、强沉积动力的环境。

D 层(71 ~ 92 cm)中砂(> 100 μm)平均含量为 80%,粗砂(50 ~ 100 μm)平均含量为 1%,细砂(10 ~ 50 μm)平均含量为 10%,粉砂(5 ~ 10 μm)平均含量为 3%,黏粒(< 5 μm)平均含量为 6%。本层粒级组合表现为弱化学风化、强沉积动力的环境。

E 层(92 ~ 138 cm)中砂(> 100 μm)平均含量为 85%,粗砂(50 ~ 100 μm)平均含量为 1%,细砂(10 ~ 50 μm)平均含量为 10%,粉砂(5 ~ 10 μm)平均含量为 3%,黏粒(< 5 μm)平均含量为 4%。本层粒级组合表现为微化学风化环境。

图 2-14 是白土墹剖面沉积物的分级粒径,不同地层在不同的粒径组分中所占的比例也不同。在地层(60 ~ 63 cm)中,粗砂(50 ~ 100 μm)平均含量为 7%,细砂(10 ~ 50 μm)

平均含量为53%,粉砂(5～10 μm)平均含量为13%,黏粒(＜5 μm)平均含量为20%。粗砂、细砂、粉砂、黏粒的含量明显高于其他土层,而中砂(＞100 μm)平均含量为20%,明显低于其他地层,这说明在此土壤成壤时期沉积作用变化明显,气候趋于温暖,降水量减少。

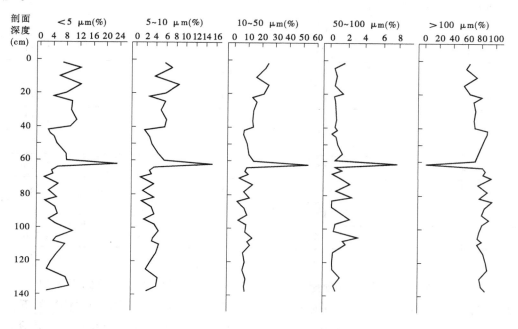

图 2-14　禹州浅井剖面沉积物分级粒度在剖面上的变化

2.沉积物的频率曲线分布

沉积物粒度特征主要决定于沉积物的外风化环境和所处的河段,沉积物的动力特征可以通过沉积物粒度的频率曲线特征进行识别:而沉积物的粒度分布以粗端粒径与细端粒径对河流、风、冰川等搬运介质的机械作用反应最为灵敏,而偏度与尖度能较好地反馈在频率曲线尾端变化。依据地层顺序,A 层中部在 700～1 100 μm 的体积百分比约为14.25%,B 层中部在 900～1 500 μm 的体积百分比约为22%(见图 2-15),C 层中部在900～1 500 μm 的体积百分比约为15%,D 层中部在 900～1 500 μm 的体积百分比约为23%(见图 2-16),E 层中部在 900～1 500 μm 的体积百分比约为22%,而另一个峰值在前端:A 层前端在 0～50 μm 的体积百分比约为12%,B 层的体积百分比约为5%,C 层的体积百分比约为10%,D 层的体积百分比约为5%,E 层的体积百分比约为5%(见图 2-17),每个土层含有两个峰值且中部百分比较前端大,说明沉积的粗颗粒的含量在不断增大,表明沉积动力逐渐变强,可以推测在地层沉积过程中受到了环境变迁的影响,沉积动力可能是洪水沉积。

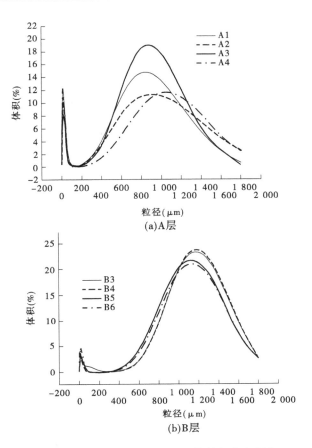

(a)A层

(b)B层

图 2-15　浅井剖面 A、B 层沉积物粒径分布频率

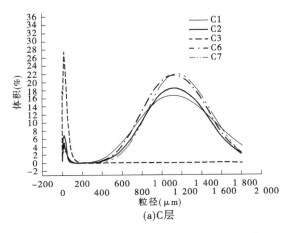

(a)C层

图 2-16　浅井剖面 C、D 层沉积物粒径分布频率

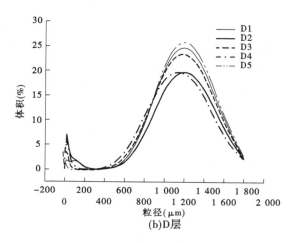

(b)D层

续图 2-16

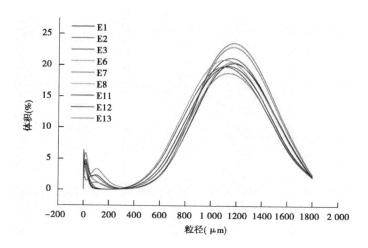

图 2-17　浅井剖面 E 层沉积物粒径分布频率

（二）沉积物偏度、峰态和分选系数

1. 偏度

沉积物偏度(SK_1)是衡量沉积物平均粒径和中值粒径相对均衡度的指标。如果沉积物偏度较大表明沉积物粒度的中值粒径会向粗粒一侧移动,反之中值粒径则向细粒一侧移动。根据沉积物偏度可以用于判断沉积物被搬运时期的动力特征和沉积环境等信息。

2. 峰态

峰态(KG)是对沉积物频率曲线形态上的描述,沉积物频率曲线可以分为:窄峰态(0.6~1.6)、宽峰态(1.6~3.0)和尖峰态(>3.1)三种类型。宽峰态表明沉积物体积众数平均粒径比较接近,窄峰态表明沉积物众数平均粒径分异较大,表明沉积物粒径分异明显,是复杂动力搬运的结果。尖峰态则表明沉积物的中值比例较小,从而频率曲线峰值过于集中。

　　因此,利用沉积物的偏度和峰态可以粗略地判断沉积物的动力环境和沉积物的分选状态等基本沉积环境信息。

　　3.分选系数

　　分选系数是1930年特拉斯克(Teraesk)提出的,$S_0 = Q_1/Q_3$,是以毫米值度量的,式中的 Q_1 和 Q_3 分别代表25%和75%累积含量的粒径(mm)。按 S_0 的大小划分三个分选等级(见表2-2)。1936年 Krenkbin 又提出 ϕ 值的分选系数四位分位离差:

$$QD\phi = (\phi_{75} - \phi_{25})/2$$

表2-2　沉积物粒度的分选度区间

$QD\phi$	0 ~ 0.7	0.7 ~ 1.5	1.5 ~ 2.3	2.3 ~ 3.1	> 3.1
分选等级	Ⅰ级分选	Ⅱ级分选	Ⅲ级分选	Ⅳ级分选	Ⅴ级分选

　　表2-3显示,A层 SK_1 均值为 -0.81,根据表2-2的偏度等级为负偏,反映为岸滩沉积环境;KG 的均值为1.10,根据表2-3峰态等级为中等峰态特征,反映了复杂的物源沉积背景可能是多向风和多向水源沉积的结果;分选系数为 -2.53,根据表2-2分选等级,表明分选度较好,为中等能量沉积动力。

表2-3　白土垌自然地层沉积物动力参数比较

地层	SK_1 均值	KG 均值	分选系数均值
A	-0.81	1.10	-2.53
B	-0.72	4.04	-1.14
C	-0.73	3.51	-0.91
D	-0.61	3.79	-0.54
E	-0.78	4.50	-0.60

　　B层 SK_1 均值为 -0.72,根据表2-2的偏度等级为负偏,反映为岸滩沉积环境;KG 的均值为4.04,根据表2-3峰态等级为非常窄峰态特征,反映了单一物源沉积背景可能是单一风向或单一水源沉积的结果;分选系数为 -1.14,根据表2-2分选等级,表明为分选度较好,为中等能量沉积动力。

　　C层 SK_1 均值为 -0.73,根据表2-2的偏度等级为负偏,反映为岸滩沉积环境;KG 的均值为3.51,根据表2-3峰态等级为非常窄峰态特征,反映了单一物源沉积背景可能是单一风向或单一水源沉积的结果;分选系数为 -0.91,根据表2-2分选等级,表明分选度较好,为中等能量沉积动力。

　　D层 SK_1 均值为 -0.61,根据表2-2的偏度等级为负偏,反映为岸滩沉积环境;KG 的均值为 3.79,根据表 2-3 峰态等级为非常窄峰态特征,反映了单一物源沉积背景可能是单一风向或单一水源沉积的结果;分选系数为 −0.54,根据表 2-2 分选等级,表明分选度较好,为中等能量沉积动力。

E 层 SK_1 均值为 −0.78,根据表 2-2 的偏度等级为负偏,反映为岸滩沉积环境;KG 的均值为 4.50,根据表 2-3 峰态等级为非常窄峰态特征,反映了单一物源沉积背景可能是单一风向或单一水源沉积的结果;分选系数为 −0.60,根据表 2-2 分选等级,表明分选度较好,为中等能量沉积动力。

(三)沉积物累积概率特征

沉积物的概率累积曲线用以表示沉积物粒度的百分比分布,由于搬运方式不同,可分为滚动沉积物、跳跃沉积物和悬浮沉积物三个类型不同的组分,它们在正态概率坐标下呈现为几个直线线段。直线段的斜率代表分选程度,斜率大则分选结果较好,反之亦然。

从浅井剖面黄土地层沉积物的累积百分数曲线(见图 2-18)看,B1 和 B3 均为近似三段式分布,表明本剖面黄土属于河流堆积型黄土,而且 B1 悬移质区间斜率最大表明分选度最好,但该组分比例较小。B3 的三段式特征更为明显,且跃移质区间的斜率最大,分选程度好且占较大比例,表明黄土沉积层的沉积动力以中低动能的河流沉积环境为主。

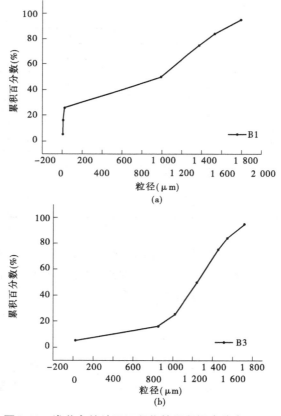

图 2-18　浅井自然地层沉积物的累积概率分布(B 层)

　　地层 C 的上层的沉积动力不均一,图 2-19(a)显示,该层概率曲线呈上凸曲线,三段式不清晰,初步判断 C 层的上段可能为河流和风共同作用的结果,图 2-19(b)的概率曲线三段式特征显著,暗示 C 层的下段是河流沉积的一般特征。

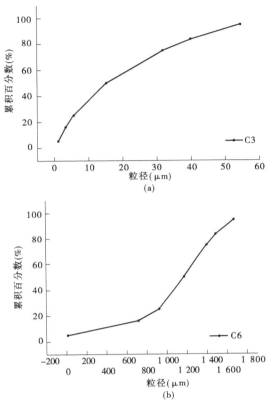

图 2-19　白土垌剖面 C 层沉积物的累积概率分布

　　古土壤层的累积百分数曲线特征较为均一:典型的河流沉积物的三段式分布,推移质比例较大且斜率大,表明研究剖面沉积物以推移质为主而且分选情况较好。D3、D6(见图 2-20)和 E10 是典型的河流沉积,而 E5 的累积百分数曲线表现为多元沉积动力的特征,可能反映了短暂的干湿交替期。E 层是全新世早期堆积物(见图 2-21),该时期气候虽然趋于暖湿但仍然处于冷干期,间有短暂的暖湿过程,但地层沉积动力以风力搬运为主,因此 E 层沉积物的累积概率显得较为复杂。而样品 E10 表现出的累积概率曲线的三段式较清晰[见图 2-20(b)],即是气候波动频繁的表现。

　　(四)沉积层的磁化率分布

　　将磁化率作为古气候的代替指标的最终目的是将磁化率转化为一个定量或半定量的气候参数。事实上,无论是质量磁化率还是体积磁化率其性质相当复杂,一般而言,土壤磁化率的产生主要是因为土壤中黏土矿物的存在导致暖湿风化环境下形成的主要磁筹性质显著的矿物:赤铁矿、磁铁矿和针铁矿屑含量较高的缘故。但如果某区域的矿物成分有较高的这几类矿物的比例,无论是干冷期还是暖湿期,其沉积物中的铁磁矿物的比例均在

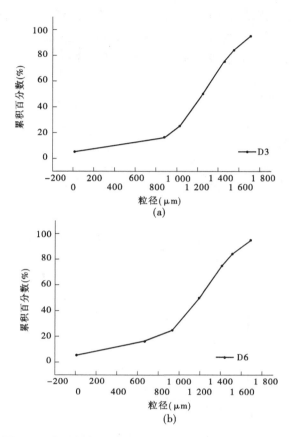

图 2-20　白土垌剖面地层沉积物的累积概率分布（D 层）

高值区间,这时用磁化率来衡量古环境的风化环境显然是不合适的。但就特殊的范围内,比如黄土区域的风尘堆积区用质量磁化率来指示古环境特征显然有显著的科学性。

通过对样品的测定,绘制磁化率曲线如图 2-22 所示,从图 2-22 中可以看出,磁化率在 $0 \sim 60$ cm 处较低,在 $60 \sim 138$ cm 处磁化率呈现增加趋势,说明上层表土及过渡层磁化率较低,随着剖面深度的增加磁化率呈现增长趋势,古土壤层磁化率最高。

图 2-22 表明,整个研究剖面的磁化率均值为 0.962×10^{-8} m³/kg,其中 C、D、E 层磁化率处于高值区间,均值为 0.981×10^{-8} m³/kg,而 100 cm 以下层位(E 层)磁化率虽处于高位但波动较多,与全新世早期气候冷暖变化大基本契合。另外,C、D、E 层由于黏土含量较高是磁化率高值的主要原因,从而导致底层次生黄土的有机质化和黏土化,这与先前的同时期地层研究结论有明显出入。

四、分析与讨论

(一)沉积动力的识别

粒度分析在判定沉积物来源及运输方式(悬移、跃移和推移)、区分沉积环境和水动力条件的估计和粒径趋势分析等方面具有重要作用,沉积物粒度分布是一个综合反映物质来源、沉积区水动力环境、输移能力和输移路线的指标。

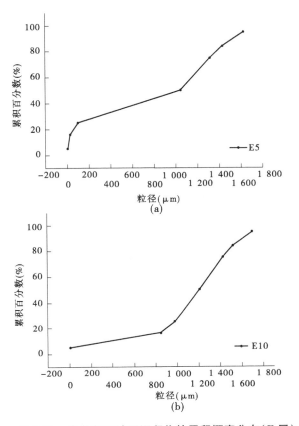

图 2-21　浅井剖面地层沉积物的累积概率分布（E 层）

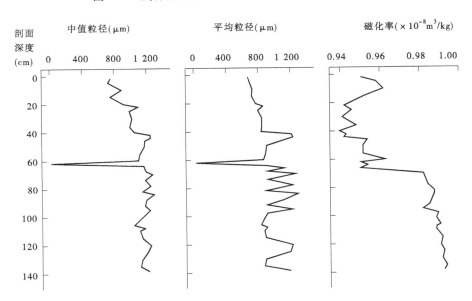

图 2-22　浅井剖面磁化率与平均粒径比较

萨胡在 1964 年归纳了沉积动力的判别公式,并用在碎屑沉积物识别判断研究。他认为,沉积物粒度分布可以反映搬运介质流动性和沉积环境,经过调研和试验分析他将浊流沉积、三角洲沉积、泛滥平原堆积、河道堆积、浅海沉积、海滩堆积以及风积沙丘等搬运物,用沉降和筛选数据的图解法(Fork – Ward 公式)粒度参数得出 4 种沉积环境判别公式和鉴定临界值。

(二)黄土地层粒级与频率的比较

粒度有两个常用参数:中值粒径和平均粒径(见图 2-22),用来考查沉积物动力特征和物源特征的两个粒度指标,前者表明沉积物的几何中值也就是沉积物粒度的中位数,它因地域差异和沉积物特征有关系,在粒度频率曲线上多处于峰值区间,是分析粒度特征的重要数据。平均粒径则是一个沉积物样品不同粒级的平均值,它接近于中值粒径,是塑造频率曲线峰态的重要参数。

由图 2-22 可知,在 A 层和 B 层土样的中值粒径和平均粒径都较大,说明其粒度较粗但磁化率较低,由于采样地点接近河流,所以其沉积物物源受河漫滩沉积环境影响较大,成壤环境受河水影响较大,较大的粒径可能是由于当时流水搬运能力较弱,沉积物物源主要来源于风力沉积,说明当时的气候条件较为干旱,风力搬运能力较强,成壤过程中铁磁性矿物含量较少,说明其成壤作用较弱。在 60 cm 处粒径突然增大,磁化率却呈现较少趋势,说明在此期间气候更为干旱,土壤中所含的铁磁性矿物含量更少,其成壤作用在减弱。在 C ~ E 层中土壤的粒度增大并且磁化率也有明显增大趋势,说明此阶段土壤中所含的铁磁性矿物呈增加趋势,可能是由于受河流水位的影响成壤作用加强。

(三)峰态、偏度、分选性的区域特征

据禹州浅井不同地层粒度频率曲线(见图 2-15 ~ 图 2-17)土壤层粒度曲线明显呈现正态分布,且有两个峰值。粗粒组在(900 ~ 1 500 μm)范围分布,相对含量较高,细粒组在(0 ~ 50 μm)范围分布,相对含量较低且峰型不明显,这说明在黄土层粒度曲线尖而窄,而古土壤层粒度峰型相对宽而且正态分布明显,这说黄土层沉积物源是单一物源沉积且由于接近河流所以其沉积以水源沉积为主,古土壤沉积物物源为多元物源沉积,沉积物为多风向或多向水源沉积。

据表 2-2 中偏度等级结合浅井剖面地层沉积物动力参数比较(见表 2-3)可知,浅井剖面地层沉积物为极负偏,反映了物源沉积环境为岸滩沉积环境。说明此剖面在成壤过程中受河漫滩沉积为主,其主要原因是其临近河流受河流水位影响较大。

根据沉积规律可知,粉尘在长途搬运过程中,受风力、地形、气候等条件的共同影响,先沉积下来的是颗粒较细的,后沉积下来的是颗粒较粗的。而且沉积物的来源可分为近源和远源两种。近源是主要方面,其来源河流泛滥区沉积的物质,其沉积动力主要来源于当地的东南风;远源沉积主要来源于西风挟带的细砂,其组成代表了当地风尘堆积的本底值分布特征。近源沉积物的分选性要小于远源沉积物的分选性,所以据表 2-3 可知其黄土层的分选性较古土壤的分选性较好,说明在黄土层形成过程中受风力沉积较为明显,而在古土壤成壤时期受其影响相对较弱。

(四)累积概率曲线的特征分布

由沉积累积百分数图 2-18 可知,B1 层和 B3 层均为近似三段式分布,表明本剖面黄

土属于河流堆积型黄土,而且 B1 悬移质区间斜率最大表明分选度最好,说明当时环境成壤环境以风力搬运为主,气候条件相对干旱。B3 的三段式特征更为明显,且跃移质区间的斜率最大,分选程度好且占较大比例,表明黄土沉积层的沉积动力以中低动能的河流沉积环境为主。过渡地层的上层的沉积动力不均一,上层可能为河流和风共同作用的结果,如 C3 样品的累积百分数曲线为弧状(见图 2-19);而下过渡层仍然为三段式,仍是河流沉积的一般特征。古土壤层的累积百分数曲线特征较为均一,典型的河流沉积物的三段式分布,推移质比例较大且斜率大,表明研究剖面沉积物以推移质为主而且分选情况较好。D3、D6(见图 2-20)和 E10(见图 2-21)是典型的河流沉积,而 E5 的累积百分数曲线表现为多元沉积动力的特征,反映了短暂的干湿交替的气候波动期。

五、龙山晚期浅井地区古环境特征

通过对禹州浅井剖面进行磁化率数据分析,可知禹州浅井剖面磁化率在 0~60 cm 处较低,在 60~138 cm 处磁化率呈现增加趋势,说明在黄土层成壤时期气候较为干旱,土壤成壤环境较弱,土壤中所含的铁磁性矿物较少;而在过渡层及古土壤成壤时期气候相对湿润或在此期间受河流泛滥影响较大,土壤的成壤作用较强,土壤中所含的铁磁性矿物较多。

禹州浅井剖面沉积物粒度率数据显示,该次生黄土沉积物地层的中值粒径与平均粒径相对都较大。另据萨胡沉积物判别图示,可以推定浅井剖面地层沉积物物源为近源沉积为主,且由于采样点临近河流,所以其沉积物物源多为河漫滩泛滥沉积,但在 60 cm 处呈现降低趋势,说明在此期间气候相对干旱,风尘沉积在此期间占据了主要地位。据此,可以认为浅井地区全新世以来的自然地层沉积属于类黄土状土沉积物,且以近源沉积物为主,沉积动力在中下部地层为河流搬运所致,中层沉积物和上层沉积物粒度较细(粒径小于 48 μm)具有显著的风积物特征,且根据文献佐证该层沉积物物源来自双洎河、贾鲁河中游一带,反映了较为干旱的外部环境特征。

禹州浅井自然剖面沉积物粒度的分选性数据表明,禹州浅井乡剖面中下层沉积物分选性较好,说明该自然剖面在堆积过程中的搬运动力以低动能状态下的流水搬运过程为主,细分条件下应是河流漫滩的憩流沉积,或者是气候干旱期下的河流搬运堆积的结果。

第四节　洛阳北郊黄土地层的古气候记录

嵩山北侧的洛阳盆地及其周边地区处于黄土高原的外围,是黄土高原向华北平原的过渡地区,黄土堆积的典型性虽不及洛川、灵台,但仍然相对具有特色:三门峡、灵宝的黄河两岸黄土堆积厚度大,是风尘堆积的结果,而登封盆地的黄土则更多是次生黄土类型。近年来,国外黄土研究主要集中于中东欧地区和中亚地区,如 Panin 等研究了黄土－古土壤序列的微形态特征,并与北大西洋深海氧同位素序列进行了对比研究,认为黄土－古土壤序列与末次冰期的冰期—间冰期序列有较好的对应关系。Meszner 等研究了喀尔巴阡山区的黄土地层,发现冰期形成的黄土地层的粒度的特征受有机酸作用而出现显著变异,这将导致基于黄土地层提取古环境信息的偏差。

　　泰勒（Taylor M,2011）等曾讨论了东欧地区黄土化学元素的一致性指数及其与我国陕北黄土的结构和成分差异,Sylvain Gallet 等认为陕甘地区的黄土－古土壤结构代表了多个气候变迁的轮回周期。Vita-Finzi 和 Higgs 第一次成功地将遗址域分析法运用到古环境研究中并使之成为古环境研究的主要方法。

　　本节内容将基于洛阳北郊黄土剖面样品的金属元素数据和粒度数据分析黄土地层在中全新世时期的古环境特征。本节土壤样品的磁化率（测试仪器 MS2B）、粒度测试（测试仪器 Mastersizer 2000）和金属元素测试方法（XRF 法）,指标测试方法如第二章第二节所述。

一、研究区域概况

　　洛阳邙山镇位于河南省洛阳市区北郊（见图 2-23）,全镇总面积约 52 km²。在地貌上属于邙山西南山麓,为典型的流水切蚀而成的黄土丘陵区,地貌形态较为破碎。本镇位于涧河下游,两岸的黄土台地可以种植粟、黍、大豆等旱作物,一直是新石器聚落布局的核心地区。著名的王湾遗址就在本研究剖面的西南方向。邙山镇地处黄河支流伊洛河冲积平原西部,多年平均降水量在 560 ~ 610 mm,且多集中在夏秋季节,年平均气温为 12 ℃,1 月平均气温 6.3 ℃,7 月平均气温 28 ℃左右。

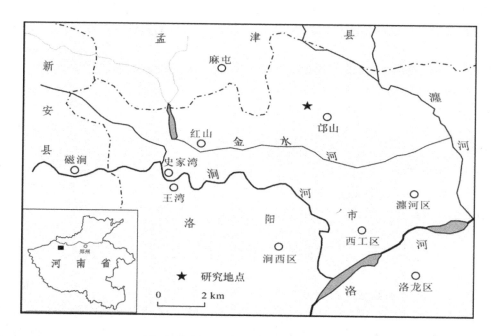

图 2-23　洛阳北郊黄土剖面的地理位置

　　研究剖面位于邙山镇西北方 1.6 km 处,距洛阳市区约 4.6 km。采样剖面是一处开挖公路时遗留的人工断崖,无人工干扰和破坏,可以作为古环境研究的采样剖面,但其表层有一层 2 ~ 3 cm 的风化被覆盖,采样时需要剥去风化层。采样剖面见图 2-24。

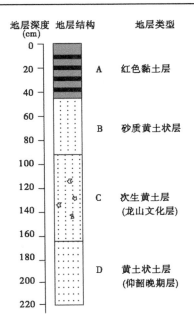

图 2-24　洛阳北郊黄土剖面结构图

二、研究剖面的古环境指标的分布特征

（一）剖面地层的磁化率分布

土壤磁化率一般认为可以反映在磁性矿物的相对含量,以及成壤过程中所形成的次生矿物或黏土化过程作用的程度,在已发表的期刊和文章中可以看出:磁化率数值的高低可以反映出在不同的气候条件下,土壤层的化学风化强度以及土壤化过程中黏粒形成的比例。

根据剖面中龙山文化时期的陶片(红色陶片和红烧土屑)层分布,以及地层沉积的连续性特征,本书定性地确定了研究剖面的地层时间序列:60~160 cm 为龙山文化地层(5.0~4.1 kaB. P.),160~220 cm 为仰韶文化晚期(5.5~5.0 kaB. P.),20~60 cm 为夏商时期(4.0~3.5 kaB. P.),夏商之后的殷墟时期为短暂暖期,为红色黏土层,如图 2-25 所示。

从图 2-25 可以看出,邙山镇地层剖面的低频磁化率为$(16.8 \sim 96.5) \times 10^{-8} m^3/kg$。就整个剖面看,低频磁化率随地层由老到新有逐渐增加趋势。根据作者对地层时间序列的划分,可将其分为三段进行分析:①下段(160~220 cm),即仰韶文化时期(5.0~5.5 kaB. P.),在这一时期,频率磁化率没有太大的波动且值较低,均值在$17.1 \times 10^{-8} m^3/kg$ 左右,说明该时期气候较为干凉,而且没有相对稳定。②中段(60~160 cm),即龙山文化时期(4.1~5.0 kaB. P.),在这一时期,低频磁化率的波动较大,变化范围为$(50.2 \sim 79.7) \times 10^{-8} m^3/kg$,均值是$65.2 \times 10^{-8} m^3/kg$。与仰韶文化时期相比,龙山文化时期的频率磁化率增高且波动范围扩大,说明该时期气候由干冷转为暖湿,但仍然较为干燥。另外,由于先民

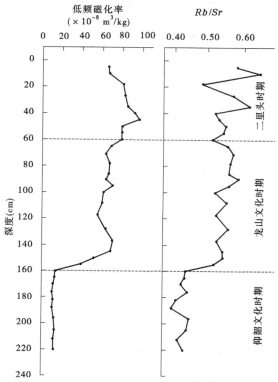

图 2-25 洛阳北郊黄土剖面的低频磁化率和 Rb/Sr 分布

生活过程产生的红烧土颗粒也导致该时期磁化率增加,暗示人类活动的频繁。③上段(20~60 cm),即二里头文化时期(4.0~3.5 kaB.P.),从图 2-25 可以看出,该时期的低频磁化率依旧在上升,而且在该时期低频磁化率出现了峰值,大约在 45 cm 处,即 A 层。这一时期的低频磁化率波动较小,但数值较高,介于(62.8~93.2)×10^{-8} m^3/kg,均值在 78.5×$10^{-8}$$m^3$/kg 左右。暗示该时期的气候仍然是以暖湿为主,同时伴随显著的化学风化过程。

在研究剖面地层中,频率磁化率的高值区间大致与暖湿气候(黏土矿物较多)相关,一方面因为钠、钾、钙等轻质元素随流水迁徙导致铝铁矿物集聚,另一方面是因为土壤化过程导致土壤粒度的黏土化,都可以影响地层磁化率的升高。同时,人类的用火过程形成的红烧土或陶片碎屑也可导致磁化率值的升高。这就说明,频率磁化率的高值区间既有自然环境的控制也受到人类活动的影响。土壤剖面的 A 层频率磁化率最大,这就与地层中的人为活动、居住情况、使用的烧制陶器有较大的关系。

(二)Rb/Sr 值分布特征

类似于磁化率,Rb/Sr 值可以指示黄土地层化学风化强度。Rb/Sr 值的高值区间与强化学风化气候期对应,反之亦然。研究剖面地层的 Rb/Sr 比值为 0.4~0.65。从图 2-25 可以看出,随着土层深度的增加,Rb/Sr 大致呈递减的趋势,和该剖面的磁化率具有相似的变化趋势。图 2-25 显示了邙山剖面 Rb/Sr 值的三个阶段:①下段(160~220 cm),大致

为仰韶文化时期(5.5~5.0 kaB. P.),这一时期的 Rb/Sr 值波动在 0.4~0.43 之间,其均值在 0.42 左右,比值较小而且稳定,指示凉干的气候特征而且相对稳定。②中段(60~160 cm),大致处于龙山文化时期(5.0~4.1 kaB. P.),这一时期的 Rb/Sr 值增加明显,在0.43~0.55 之间波动,变化较大且不稳定,均值在 0.53 左右,指示一个较湿热的气候时期,并伴以化学风化为主要特征。③上段(20~60 cm),大约属于二里头文化时期(4.0~3.5 kaB. P.),该段的 Rb/Sr 值也出现了峰值,且值变得更大,在 0.5~0.65 之间波动,均值在 0.6 左右,化学反应依旧比较强烈。

在图 2-25 的 Rb/Sr 曲线中可以看出,常量元素的含量影响频率磁化率的大小两者大致上成正比例关系,这就表明在暖湿气候的环境下,土壤中的化学反应更为强烈;但在干冷的环境下化学反应就比较微弱。Rb/Sr 值,Rb 的化学活性较稳定,而 Sr 的活性较高,在暖湿条件下 Sr 元素容易随降水发生迁移,因而 Rb/Sr 值较大,指示强度较大的化学风化过程,反之则是物理风化为主的干凉气候。

(三)粒度测试结果与特征

在邙山镇地层剖面结构中可以看出,该剖面不同的层位中地层的类型也是不同的(见图 2-24):A 层(0~45 cm)是红色黏土层;B 层(45~95 cm)是砂质黄土状层,此时是气候的过渡期;C 层(95~165 cm)是次生文化层,也叫龙山文化层,在这一时期,已经有陶片的使用;D 层(165~220 cm)是黄土状土层,也是仰韶晚期层,土色呈浅黄色,且质地较为坚硬。

土壤的平均粒径能够反映土层的沉积物质状况,也可以描述土壤成壤过程的特征,它还和土壤的形成环境和土壤的搬运条件有着密切的关系。图 2-26 显示,整个土层深度的平均粒径,土壤的平均粒径波动区间为 5~755 μm,而且各个地层的波动范围都比较大,其中波动最为强烈的就是 C~B 层。根据土层的平均粒径,可以分为三段进行探讨:①下段(160~220 cm,D 层),即仰韶文化时期(5.0~5.5 kaB. P.),在这一时期,样品的平均粒径出现了一个明显的峰值,变化剧烈,沉积物粒径陡然增加(632 μm),缺少过渡过程,暗示一次较大的洪水过程。②中段(60~160 cm,C 层全部和 B 层的一部分),即龙山文化时期(5.0~4.1 kaB. P.),中段经历时期较长,平均粒径的波动区间为 75~750 μm,平均值是 387 μm;该期地层样品出现了三次峰值,表明测试样品记录了三次洪水过程。粒度数据与磁化率和 Rb/Sr 值变化指示的暖湿期气候特征相对应,地层堆积以地表流水堆积为主,以风力堆积为辅,而且伴随较强的洪水过程。③上段(20~60 cm,A 层全部和 B层的一部分),即二里头文化时期(4.0~3.5 kaB. P.),此段出现了两个峰值,但粒径的变化范围较小,其均值为 669 μm,在整个剖面中粒径最大,暗示研究剖面沉积物均为动力较强的流水搬运所致。

综合以上分析,研究剖面在三个时期都历经较强的沉积物搬运的地表过程,而且龙山文化时期的洪水次数最多。表明邙山镇研究剖面的黄土堆积为流水搬运度堆积所致,为典型的水成型黄土类型。

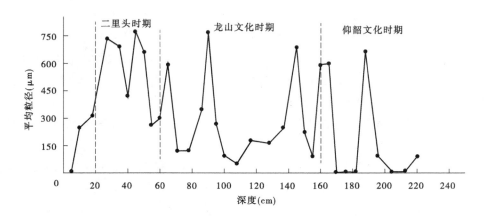

图 2-26　洛阳北郊黄土剖面的平均粒度分布

（四）地层的沉积动力特征

前述分析表明,邙山剖面地层为流水搬运的黄土堆积地层图,但各个沉积时段又存在一定差异。图 2-27 显示:二里头文化时期（20～60 cm）,A3 层和 A6 层的粒度频率曲线分布有两个峰值,且分布在 100 μm 和 400 μm,且沉积物体积比例超过 6%,粗粒一端的比例略低于细粒一端,暗示沉积物为短时地表较强流水过程所致。

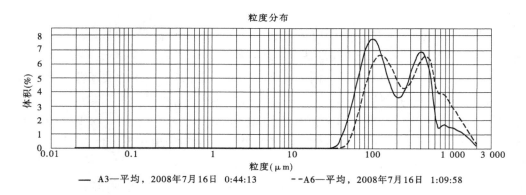

—— A3—平均,2008年7月16日　0:44:13　　 --A6—平均,2008年7月16日　1:09:58

图 2-27　邙山剖面二里头时期沉积物频率曲线

图 2-28 是龙山文化上段（60～100 cm）时段沉积物的频率曲线。B4 频率左侧峰值在 5 μm 左右（体积百分比为 7.8%）,表明该沉积层为风力搬运为主;B4 层的第一个粒度峰值在 5 μm 左右（体积百分比为 7%）,沉积环境为冬季风盛行下的古环境背景,B2 粒度峰值在 700 μm 左右（体积百分比为 14%）,暗示沉积物沉积环境为流水搬运过程。

图 2-29 是龙山文化下段（100～160 cm）沉积物粒度频率分布曲线,C4 样品平均粒径与 B2 相似,左侧峰值指示风力沉积,而右侧则指示流水沉积的过程。C6 样品的两个频率分布峰值暗示沉积物经历了流水过程沉积动力的不同阶段（静流沉积和洪流沉积）。

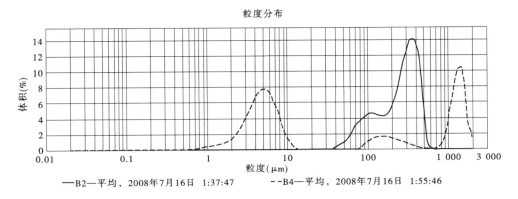

图 2-28 邙山剖面龙山时期(4.6~4.3 kaB. P.)沉积物频率曲线

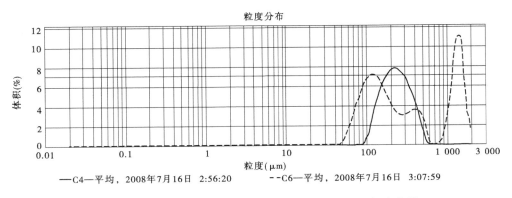

图 2-29 邙山剖面龙山时期(4.6~4.3 kaB. P.)沉积物频率曲线

图 2-30 是仰韶文化晚期(160~220 cm,5.4~5.0 kaB. P.)D3、D7 层沉积物的粒度频率。两个样品的峰值出现在 5~10 μm(体积百分比分别为 12%、8.8%),均表现为风尘堆积的一般特征,表明 170~220 cm 沉积时段为凉干的气候特征,沉积物多以风力搬运为主要动力。

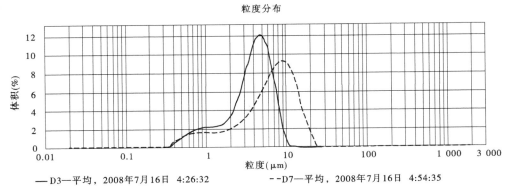

图 2-30 邙山剖面仰韶晚期(5.4~5.0 kaB. P.)沉积物频率曲线

三、洛阳盆地中全新世的古环境

(一)邙山剖面记录的古环境变迁特征

根据上述对邙山土层剖面样品测试结果的分析,结合对一些古环境文献结论,邙山镇土层剖面地层低频磁化率、Rb/Sr 值和粒度的指标表明:

(1)仰韶文化时期(160 ~ 220 cm),低频磁化率(17.1×10^{-8} m³/kg)和 Rb/Sr 值(0.42)都较低,当时气候干冷,沉积物的粒度峰值在 5 μm 左右,沉积环境表现为相对干凉的气候背景。根据古里亚冰芯、董哥洞石笋的古环境记录,仰韶时期为全新世大暖期的鼎盛时期,气温和降水远高于当前的降水量和气温均值。而本剖面沉积物的环境指标则与之出入较大,表明古环境气候的地域性特征显著,仰韶时期的洞河下游地区的沉积动力以风力为主。

(2)龙山文化时期(60 ~ 160 cm),频率磁化率和 Rb/Sr 值的波动都比较大,但较仰韶时期的低值区间已有大幅增加。该期低频磁化率均值 65.2×10^{-8} m³/kg,Rb/Sr 值均值为 0.53,平均粒径为 387 μm,说明当时的气候逐渐由干冷转向暖湿。无论是龙山期上段(60 ~ 110 cm)还是下段(110 ~ 160 cm)沉积物粒度的频率分布曲线均存在两个波峰且峰值粒径大于 100 μm,表明该期沉积物的沉积动力以流水搬运为主,但从图 2-28 B4、图 2-29 C4 两个样品的频率曲线可见,左侧峰值粒径均小于 10 μm,暗示研究剖面沉积物在该时段风力堆积过程仍然活跃。但该期的环境结果与同时期河南新郑地区黄土记录的暖干环境特征有一定出入,表明洛阳盆地在古环境变迁上的局域性。

(3)二里头文化时期(20 ~ 60 cm),低频磁化率(均值 78.5×10^{-8} m³/kg)和 Rb/Sr 值(均值 0.6)的数值依旧沿袭龙山时期持续增加趋势,气候表现为暖湿特征,沉积物平均粒径为 669 μm。图 2-30 显示,D3、D7 两个沉积物样品的频率曲线的峰值粒径均大于 100 μm,表明沉积物的搬运动力主要是流水作用。

(二)龙山时期人类活动的特征

根据对邙山镇剖面地层磁化率、粒度和 Rb/Sr 值测试结果的综合分析表明:龙山时期,低频磁化率均值 65.2×10^{-8} m³/kg、Rb/Sr 均值为 0.53,平均粒径为 387 μm,气候由干冷转向暖湿,而且 B4、C4、C6 样品粒度频率曲线表明该区的地表过程有若干次显著的洪水地表过程。根据研究剖面附近地区王圪垱遗址浮选出的炭化种子统计,龙山时期的粟(74.6%)、黍(4.7%)、大豆(37.3%)、稻米(4.1%)等农作物的种植,显然龙山时期的洛阳盆地仍以旱生作物种植为主,稻米成为粮食作物的重要补充。农业劳动工具与仰韶时期相比也有较大的进步,附近的王湾遗址出土了铲、斧、刀、镰、锛、镢等磨制石器,暗示龙山时期的农业用具也有较大的进步;主要饲养的家畜类型有猪、狗、牛、羊、鸡等,而且仍有捕捞和狩猎等生业经济活动。可见,龙山时期生业经济的快速发展为封建制文明国家的出现奠定了物质基础。

四、本节总结

本章根据洛阳北郊邙山镇黄土剖面的低频磁化率、Rb/Sr 值和沉积物粒度三个古环

境代用指标对中全新世古环境进行了恢复性分析,基本结论是:

洛阳盆地在仰韶晚期(5.4 ~ 5.0 kaB. P.)属于较弱的外风化环境,表现为低频磁化率较低($17.1 \times 10^{-8} m^3/kg$)、$Rb/Sr$ 值低(0.42)且存在波动。表明该期的古气候风化程度较弱,冬季风较强的特征。另外,粒度频率分布曲线为单峰特征,中值粒径在 5 μm 左右,表现出微弱的沉积物搬运动力。

到了龙山文化时期(4.6 ~ 4.0 kaB. P.)剖面地层的低频磁化率较之于仰韶时期上升了282%,Rb/Sr 值也从仰韶时期的 0.42 增加到龙山时期的 0.53,增加了 26%。表明龙山时期的外风化环境得到极大改善,夏季风较仰韶晚期强度大为增加。而且从图 2-26 可知,该时期的平均粒径粗粒频率较低,表明洪水堆积过程较少,暗示一种较为稳定的古环境特征。但从图 2-28、图 2-29 可以发现该时期的沉积动力并不单一,沉积物频率出现多峰特征,表明沉积动力可能有风积和流水搬运等复杂的沉积过程。

二里头时期,是三个研究阶段中最为暖湿的一个时期,这可以在低频磁化率变化区间 $[(62.8 ~ 93.2) \times 10^{-8} m^3/kg]$ 和 Rb/Sr 值区间得到证实。暖湿的自然环境为夏初的生业经济提供了良好的发展条件,以小麦的引入和水稻的大规模种植以及家畜类型的多样化促进了生业经济要素的空间集聚,为二里头大型城邑聚落的形成准备了充足的条件。

小　结

本章先介绍了嵩山地区的基本地理概况和史前文化的分布特征,然后利用颍河瓦店段二级河流阶地地层剖面的磁化率和粒度两项沉积环境代用指标,基于地层与瓦店龙山文化遗址地层对比的时代框架下,探讨了颍河在新石器晚期内的沉积动力特征和沉积环境。根据沉积物磁化率的变化,本书拟将该剖面地层经历的三个阶段,划分为第一湿润期(97 ~ 115 cm)、冷干旱期(52 ~ 90 cm)和第二湿润期(8 ~ 35 cm)。沉积物粒度数据表明:①在第一湿润期,对应龙山文化早中期,气候温暖湿润,降水较多,出现了较大的古洪水,在其沉积过程中除受古洪水沉积作用外,还受风力沉积作用影响;②在冷干旱期,对应龙山文化晚期和二里头文化早期,气候寒冷干旱,降水量减少,植被退化,河床裸露,水土流失严重;③在第二湿润期内,气候温暖湿润,降水较多,径流较大,出现了较强的古洪水,属于强动力沉积环境。

第三节和第四节分别讨论了禹州浅井、洛阳邙山黄土剖面的磁化率、粒度等环节指标,并探讨了该剖面揭示的古环境信息及其反映的沉积环境和沉积特征。发现颍河上游地区黄土土壤粒度特征与黄土高原地区黄土土壤粒度特征的异同,揭示了颍河上游地区全新世风成黄土土壤的物质来源及其沉积动力,最后归纳出颍河上游谷地全新世黄土堆积的沉积动力类型。对颍河上游自然沉积层堆积物进行粒级分类,认为黄土堆积搬运动力和古土壤的沉积特征可以为厘清本区史前文化的古环境提供数据支持。邙山黄土地层古环境指标显示,龙山时期和二里头时期的洛阳盆地的古气候为暖湿特征适宜发展农业生产,为二里头大型城邑的形成准备了良好的条件。

参 考 文 献

[1] 陈敬安,万国江,张峰,等. 不同时间尺度下的湖泊沉积物环境记录——以沉积物粒度为例[J]. 中国科学(D辑), 2003, 6(33): 332-336.

[2] 孙东怀. 黄土粒度分布中的超细粒组分及其成因[J]. 第四纪研究, 2006, 26(5):1167-1171.

[3] 袁胜元,李长安,张玉芬,等. 江汉平原肖寺剖面粒度和磁化率特征及其环境意义[J]. 海洋湖沼通报, 2011, 4.

[4] 蒋庆丰,刘兴起,沈吉. 乌伦古湖沉积物粒度特征及其古气候环境意义[J]. 沉积学报, 2006, 24(6): 66-77.

[5] 何起祥. 沉积动力学若干问题的讨论[J]. 海洋地质与第四纪地质, 2010, 30(4):1-9.

[6] 李永文,徐晓霞,刘玉振. 河南地理[M]. 北京:北京师范大学出版社, 2010.

[7] 刘青松,邓成尼. 磁化率及其环境意义[J]. 地球物理学报, 2009, 52(4): 1041-1048.

[8] 谢悦波,王文辉,王平. 古洪水平流沉积粒度特征[J]. 水文, 2000, 20(4): 18-20.

[9] 王军,高红山,潘保田,等. 早全新世沙沟河古洪水沉积及其对气候变化的响应[J]. 地理科学, 2010, 30(6): 6-9.

[10] Paul A Mayewskia, Eelco E RoHLHingb, J Curt Stagerc, et al. Holocence climate variability[J]. Quaternary Research, 2004, 62: 243-255.

[11] 温金梅. 浅谈全新世黄土 – 古土壤沉积年代的确定[J]. 地下空间与工程学报, 2010, S2:1565-1567, 1570.

[12] 何忠,黄春长,周杰,等. 淮河上游全新世黄土及其沉积动力系统研究[J]. 中国沙漠, 2010(4): 816-823.

[13] 葛本伟,刘安娜. 豫中黄土地区全新世黄土古土壤沉积序列辐射环境研究[J]. 干旱区资源与环境, 2012(6):169-175.

[14] 吴帅虎,庞奖励,程和琴,等. 汉江辽瓦店全新世黄土 – 古土壤序列风化过程及古洪水事件记录[J]. 长江流域资源与环境, 2015(5):846-852.

[15] 河南省文物研究所,禹县文管局. 禹县吴湾遗址试掘简报[J]. 中原文物, 1988(4): 5-12.

[16] 褚娜娜,潘保田,王均平,等. 汾渭盆地黄土剖面0.9Ma前后的粒度突变及其环境意义[J]. 中国沙漠, 2008, 28(1): 50-56.

[17] 孙东怀,鹿化煜,David R,等. 中国黄土粒度的双峰分布及其古气候意义[J]. 沉积学报, 2001, 18(3): 327-329.

[18] Wang Y J, Cheng H, Lawrence Edwards R, et al. The Holocene Asian Monsoon: Links to solar changes and North Atlantic climate[J]. Science, 2005, (308): 854-857.

[19] 赵春青. 夏代农业管窥——从新砦合皂角树遗址的发现谈起[J]. 农业考古, 2005(1): 215-217.

第三章　嵩山地区新石器文化的序列

　　新石器文化较之旧石器文化的主要特征就是农业的快速发展和定居生业模式的出现。文化序列既是考古学研究的重要问题和方向,也是第四纪环境关注的重点和热点,因为文化序列不仅可以判断社会文化的变迁,也可以用于定性地讨论基于考古地层的地层序列,所以文化序列的客观性和科学性是解析史前文化和古环境的重要突破口。文明探源的根本问题其实是文化序列的问题和文化源头的问题,厘清了各地区的文化渊源和文化脉络,无论是社会建构或者古环境的恢复性研究将会有坚实的理论基础,从而能更深刻、更全面地了解史前时期的人地关系特征。

　　河南地区的新石器文化不仅类型多样而且分布广泛,尤其是环嵩山地区从涧河谷地到洛阳盆地、从仰韶时期到龙山时期,均是河南地区新石器文化的中心区域。但从时间序列看,河南地区的新石器文化的源头却在嵩山东南山麓的新郑一带,可以说嵩山地区的新石器文化基本涵盖了河南地区新石器文化的各个时期。对河南地区的新石器文化而言,如果有窥斑见豹的区域,那么这个斑一定非环嵩山地区莫属。本章从河南新石器文化在时间轴上的序列分布为切入点,先介绍河南地区新石器文化的一般特征,并着重讨论新石器晚期嵩山周边各期文化的时间顺序及其类型和变迁。

第一节　河南地区新石器文化的序列

一、区域地理概括

(一)河南省自然地理概况

　　河南属于北亚热带和暖温带的温带大陆性季风气候,多数地区处于气候和水系的过渡区。以秦—淮一线为界,秦淮线以北是暖温带半湿润半干旱地区,以南为亚热带湿润半湿润地区。河南全省受大陆性季风的影响,同时由于南北纬度不同,东西地貌特征的差异,气候的地区差异性明显。河南省的年平均气温为 13.2~16.2 ℃,多年平均降水量在北方为 620 mm,而信阳地区的新县年均降水量约为 950 mm,河南省在冬季较冷夏季炎热,四季变迁也很分明。

　　本区位于我国第二级和第三级地貌单元的过渡区域。豫西地区的太行山、崤山、熊耳山、外方山及伏牛山等属于第二级地貌台阶;南阳盆地、嵩山东南侧的淮河流域平原则为河南地区主要三级地貌台阶的组成部分。此外,河南大部分属淮河流域,与新石器文化发展关系密切的河流主要是黄河、伊洛河、颍河和淮河等。

(二)研究资料与研究方法

　　河南境内的全新世早期聚落遗址具有数量较多、范围面大、文化序列完整等特色,本区既是新石器文化的集聚之地,也是早期文化的主要辐射源地。根据已发表的考古挖掘和研究资料(国家文物局,1991),共整理出河南地区不同文化时期的新石器遗址 1 657 处(国家文物局,1991),在此基础上,结合本区遗址所在的地貌、水系、海拔和气候事件等古环境要素,讨论古环境演变对河南省新石器遗址在地理空间中的分布规律及其影响。

二、河南新石器文化序列和遗址分布

(一)河南新石器文化序列

河南境内的新石器文化不但有悠久的发展历史,而且在我国新石器文化发展史中占有重要地位。经过近一个世纪的考古研究,全新世以来河南的新石器文化先后经历了裴李岗文化(8.8 ~ 7.0 kaB. P.),仰韶文化(6.8 ~ 5.0 kaB. P.)和龙山文化(4.6 ~ 3.9 kaB. P.)等阶段,之后进入夏商文化时期。

1. 裴李岗文化

新郑市的裴李岗遗址是河南地区最早的新石器文化类型,该文化类型在时代上早于豫西地区的仰韶文化约 1 000 年。该时期主要的特征是磨制石器逐渐增加,农业活动有所起步但狩猎仍是生业经济的主要内容。此时的制陶业基础较薄弱,但形成了独有的行业特色,制作工艺也相对简陋。从出土的器物看,陶器类型主要有红砂质、褐泥质等品种,包括陶碗、陶盆、陶鼎、陶壶等生活用具,这些器物的陶壁厚薄不均。个别遗址发现有粟、黍等作物种子,也有部分农具发现,如石镰、石锄头、石磨盘等农业工具,农业经济活动初露端倪。

2. 仰韶文化

仰韶文化的主要特色是原始农业开始形成,手工业技艺有了大幅度提升,彩陶的出现是这一文化的标志。这一时期的农业工具有石刀、石斧、石锛、石凿、骨镞、石磨等。农业逐渐取代采集业开始成为生业经济的主体,生业经济结构是:粟 - 黍种植,狩猎 - 采集、猪 - 狗养殖业,但采集业的比例大幅下降。该时期的陶器类型有细泥红陶和夹砂红陶,仍然沿用手工制法,此时已运用泥盘轮制器形,器物形状已经非常规则。陶器上大多绘制有几何图案或花草、动物等纹路,形成了鲜明的文化特色,所以仰韶文化又叫彩陶文化。

3. 龙山文化

龙山文化是河南新石器文化的重要发展时期,也是新石器文化的高峰阶段。由于本期陶器多为灰色陶,因而龙山文化多被称为"灰陶文化"。本期的生业经济已完全转化为农业生产,除了粟、黍等作物也广泛种植水稻、大豆等。农业生产工具常见的类型有石刀、石锄、石镰、石锛、蚌镰、石铲、木耒等,龙山文化晚期出现了最早的金属工具青铜刀具。养殖业快速发展,主要家畜类型有猪、羊、牛、狗等驯化家畜。制陶行业流行用轮式制陶技术,常见的器物是陶豆、陶甑、陶鼎、陶鬲以及双耳罐等。

此外,河南地区的新石器晚期(4.4 ~ 4.2 kaB. P.)受江汉地区的屈家岭文化和淮河中下游的大汶口文化的侵入影响,河南地区的新石器文化日益复杂,南阳盆地和淮河上游地区涌现出大量屈家岭文化聚落,而沙颍河中下游、贾鲁河中下游也出现了大汶口文化聚落。这是两种发展水平较高的新石器文化类型,它的轮作制陶工艺有较高水平,该期先民大量使用精细石器和骨质农具,水稻生产和旱作农业已成规模。

(二)遗址分布状况

1. 裴李岗聚落的分布

裴李岗聚落在河南地区较少,已发现的共有94处,而且69%的聚落展布在嵩山东南麓新密地区的双洎河、郑州地区的贾鲁河之间的地区。另外一个集中分布区是洛阳盆地的伊洛河两岸,豫西南、豫北地区也有星罗分布。该期聚落的偏好地貌类型基本是河流两岸的二、三级阶地或山前洪积倾斜上,由于生产力水平和生存工具相对落后,至少有三成以上的聚落仍然分布在山地丘陵海拔高的地貌区,比如平顶山鲁山县的邱公城等早期人类遗址[见图3-1(a)]。

(a)裴李岗文化遗址分布

(b)仰韶文化遗址分布

图3-1　河南省裴李岗时期和仰韶时期人类遗址分布

嵩山南北两侧在旧石器文化时期就是古人类活动的集中区域,据相关研究结论,嵩山南麓的登封盆地有旧石器聚落 66 个,新密市的旧石器聚落有 32 处,荥阳市的旧石器聚落有 27 个,这些人类遗址主要布列于颍河上游、双泊河上游和溱水谷地。可见,嵩山周边地区是河南旧石器文化和新石器文化聚落的主要集聚区域。

2. 仰韶文化聚落的分布

仰韶文化是河南地区新石器文化的重要发展阶段,目前已发现的遗址点为 586 个,比裴李岗文化聚落多出 6 倍。从图 3-1 (b) 可以看到,仰韶聚落的集中地理区域是洛阳盆地及其以西地区的涧河谷地等地,这一地区的遗址点大约 204 个,是河南地区仰韶时期所有聚落总量的 35%。仰韶文化的另一个集聚地区是豫西地区的黄河南岸的三门峡谷地等,在灵宝地区从黄河沿岸沿好阳—弘农涧河河谷展布,这一地区聚落总量占河南地区的 13.8%。另外,豫北地区的太行山东缘、嵩山东南地区、颍河 - 双泊河中下游和南阳地区也有不少遗址点。

3. 龙山聚落的分布

龙山时期是原始早期部落社会向奴隶社会过渡的重要时间段,这个时期的农业生产力快速提高,稻作和旱作农业进步很快,无论是生产工具还是生产类型都开始出现复杂化。河南地区的龙山聚落点共 978 个[见图 3-2(a)],该期聚落地理分布的主要特征是沙颍河 - 淮河一带的聚落数陡然上升,地貌类型上集中于小于 100 m 的漯河、信阳一带的低地平原,这两个地区占全省聚落总数的 43%。而传统的豫西地区、洛阳地区和黄河南岸谷地仍是龙山期聚落的集中区,两地聚落合计 276 处,与仰韶文化聚落数(287 个)基本一致。安阳地区在龙山时期的遗址数目增加了 80%,而南阳地区的龙山期聚落却减少了 30% 左右。

4. 屈家岭聚落和大汶口聚落分布

这两个都是外来文化类型。屈家岭聚落主要分布于南阳的唐白河流域和丹江两岸,淮河干流地区也有发现,目前河南地区共有该类文化聚落 152 处[见图 3-2(b)],南阳地区和淮河上游地区各占一半,表明从襄阳向北扩散的屈家岭文化和从大别山武胜关两个路径向河南一带文化扩散的强度基本一致。大汶口文化聚落类型在河南较少,只有 32 处,并且集中分布在沙颍河下游一带,与南阳和信阳地区的外来文化相比大汶口文化弱于屈家岭文化。

三、河南地区 8.0～3.5 kaB. P. 的气候演变

新仙女木事件以后,包括中国在内的世界多数地区进入了温暖的间冰期,人类社会也从打制石器时代进入磨制石器时代,磨制石器时代区别于过去生产力水平较低的时期,因而称为新石器时期。Bond 等(1981)测试了北大西洋深海冰漂砾碎屑沉积物的氧同位素含量,他们发现新石器时期的北大西洋一带气候整合的变化周期大致是(1 460 ±450)a,揭示了全新世千年为周期的古气候变迁特征。黄土沉积和南极冰芯沉积同样发现了未耜的研究成果。总体上,新石器时期气候变化的一般特征是:全新世的早期气候转暖(10～8.8 kaB. P.),到了中期达到最暖(7.2～4.2 kaB. P.),随后气候又转向干凉(4.0～2.2 kaB. P.)。新疆地区的河源冰川的各项指标和数据(李世杰,1985)表明,我国在 5.6 kaB. P. 和 4.2

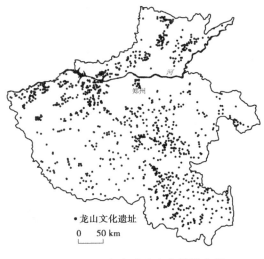

（a）龙山文化遗址分布

（b）屈家岭文化遗址分布

图 3-2　河南省龙山文化遗址和屈家岭文化遗址的分布

kaB. P. 有两次显著的变冷过程,年均降温幅度的均值是 1.6 ℃ 、1.27 ℃ 。

(一)裴李岗文化期的气候

　　裴李岗文化存在于全新世早期的气候波动期,气候总体变暖但波动很大,常有暖湿气候背景下的寒冷事件,如 8.7 kaB. P. 附近变冷事件。在该时期黄河流域的多数地区,介于 8 ~ 7.5 kaB. P. 的五百年里,存在 400 a 左右的文化间断,而在这之前的聚落数量也非常稀少。

（二）仰韶时期的古气候背景

7.0～5.5 kaB. P. 是仰韶文化的全盛时期，裴李岗时期的波动气候已经过去，气候变为全面的高温多雨特征，该时段被称为"全新世大暖期（HMP）"。竺可桢研究认为，对于华北地区的仰韶文化时期的多数时期的年均气温要高于现在 2 ℃上下。新郑裴李岗遗址的仰韶文化地层保留有亚热带乔木类型的水蕨类孢子（孔昭宸，1992），暗示河南中部地区在仰韶文化时代的确是暖湿的气候特征。而到了 5.4 kaB. P. 左右，世界多数地区开始出现降温波动，太阳辐射强度的减弱导致了仍以采集和渔猎为主要生业类型的仰韶聚落获得的生活资源的减少，进而影响到该文化类型的经济基础。另外，降温过程也促进了早期农业的发展步伐。

（三）龙山文化的古环境背景

龙山时代早期的古气候特征仍是温暖湿润但与仰韶时期相比降水量和年均气温都有下降。到了龙山晚期降水量显著减少，总体表现为温暖干旱。借助陶寺聚落龙山文化早期（约 4.4 kaB. P.），剖面的花粉组合可以讨论本期气候特征：①乔木类有 9 个：鹅耳枥、红松、柏、椴、桦、榆、栎、漆、柳；②灌丛类和草本类共有 9 类：藜科、蒿属、菊科、悬钩子、葎草、山萝、豆属、禾本类、毛茛；③蕨类主要是水龙骨科；大多是暖湿环境特征下的植被组合。在龙山晚期，新砦遗址中的花粉遗存组合为：①草本植物类型的比例为 85.7%～99%，以蒿属为主，另外还有禾本科和藜属，藜/蒿之比值为 0.03～0.48，还有蔷薇科、蓼属、唐松草等；②木本植物占 6.6%上下，以针叶树松属为主，落叶阔叶树仅有少数漆属、柳属和桑科等；③蕨类植物只有铁线蕨类。这个植被组合清晰地反映了当时气候的温暖和干燥。

我国大部在 4 kaB. P. 左右存在大范围的降温事件，这在豫西地区有明显记录。根据洛阳北郊孟津县寺河南新石器剖面的花粉组合判断，4 kaB. P. 以前时期洛阳一带的气候比较暖干，植被组合以多类草本为主：花粉类型有禾本科、蒿、藜等，也有个别的落阔类乔木；距今 4 ka 之后，乔木花粉大幅度减少，暗示气候由干暖转为干冷。随后的二里头时期气候重新恢复了暖湿特征，但强度弱于仰韶文化时期，当时的乔木类孢粉比例重新升高，灌木类有五加科、忍冬科、桤木等当前生活在秦淮线以南的类型，这表明夏代初期的洛阳一带仍是湿润型气候。

（四）二里头时期

根据偃师二里头遗址（3.9～3.5 kaB. P.）浮选的植物种子数量对比关系，黍、粟、稻三种作物种子浮选的绝对数量高于龙山文化时期，暗示本时期气候以干冷特征为主。另外，据孟津县寺河南古湖泊在 3.9 kaB. P. 后二百多年里易溶盐变化特征，可以推测豫西地区的洛阳盆地 4.5～3.5 kaB. P. 时期以 3.9 kaB. P. 为界，经历了先暖湿后干凉的气候变化过程。但随后的二里头文化晚期又进入新一轮的暖湿气候时期（赵志军，2007）。

第二节　嵩山地区史前文化序列及其特征

嵩山地区新石器遗址的地理分布大致可分为早期和中晚期两个阶段。早期包含裴李岗文化和仰韶文化早期,时间段上在 8.5 ~ 6.0 kaB. P. 以前,该期生业经济以采集和渔猎为主要方式,其遗址的区位选择往往在濒水且海拔较高的山丘地貌区。中晚期涵盖仰韶文化晚期、龙山文化期和二里头时期三个时段,在时间跨度上指 6.0 ~ 3.5 kaB. P. 这一时段。该时期农耕生业模式快速发展,先民对聚落的地貌区位选择倾向于农耕条件的适宜度,如地势平坦、灌溉便利、光照充足、容易规避自然灾害等因素成为龙山时期、二里头时期农耕聚落的优先考虑条件,而众多河流的二级阶地很好地满足了农耕生业的需要,因而众多史前遗址的地理分布就是以河流的二级阶地为主要地理分布区。本节从聚落分布的高程和空间特征对其分布进行描述。

一、遗址海拔分布特征

图 3-3 是嵩山地区裴李岗文化、仰韶文化、龙山文化三个史前文化期不同海拔高度遗址的百分比例的对比分析图。图 3-3 表明,仰韶文化期内不同海拔的遗址所占的比例值变化幅度最显著:其中海拔不大于 50 m 的聚落仅占 1.8%,50 ~ 100 m 聚落遗址所占比例仍然是三个文化时代中的最低值。而 100 ~ 200 m 的遗址比例则占到 47.7%,变化幅度达 46.6%。龙山时期海拔小于 50 m 遗址的比例在三个文化类型中最高,为 15.3%,但 100 ~ 200 m 遗址比例有所下降,只有 15.9%,整体变化幅度 33.4%。嵩山地区裴李岗时期的聚落高程主要集中于 50 ~ 100 m,占总研究遗址总数的 35.5%,100 ~ 200 m、200 ~ 500 m 两个文化类型的比例均为 23.6%,聚落海拔的整体变化幅度大约为 36.3%。三个文化时期高程大于 1 000 m 遗址的比例数比较低,值得注意的是裴李岗时期聚落海拔在 500 ~ 1 000 m 的比例是三个文化类型中所占比例最低,比例是 4.4%。

聚落的高程数据显示,仰韶文化聚落集中布局在海拔 100 ~ 500 m 的地理空间,是同期聚落量的 74.3%。反映在地貌上其类型主要是山麓地区的洪积扇地貌或者河流两岸的洪积区和低丘陵山区,是粟等作物的核心分布区。仰韶时期气候温暖湿润,促进了粟作农业的进步,安阳地区有后岗、鲍家堂、大司空等遗址出土的磨制石器(孔昭宸,2002):石斧、石箭镞、石锄、石刀、石镰、石磨盘等用于旱作。从耕作生产条件是否理想和聚落遗址人口规模特征的视角看,仰韶文化期的聚落集中在豫西山区和山前洪积扇地貌类型区,目的是便于进行粟作农业的经营,而仰韶文化时期多雨的气候使东部平原区多湿地沼泽和湖面不利于黍、粟业生产,故而颍河中下游的河南东南部地区的仰韶时期遗址数目较少。

到了龙山时期,大多数聚落所在地的高程小于 50 m 聚落数的比例是 16.4%,100 ~ 200 m 聚落数的比例是 33.2%,远远高于仰韶文化期的 9.4%;200 ~ 500 m 聚落数的比例为 16.9%,显著低于仰韶时期的 26.3%,从龙山时期开始史前聚落的"下山趋势"十分显著。嵩山地区自 8 kaB. P. 以来基本保持了旱地粟作农业的基本特色(Gyong-Ah 等,

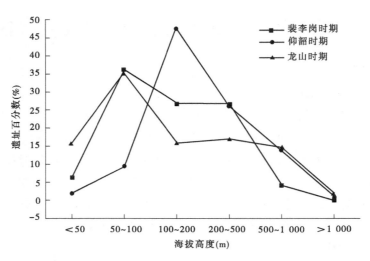

图 3-3　河南新石器时期不同文化类型遗址高程对比

2009），龙山时期聚落从西部的丘陵山地向东部低缓平原区扩张，聚落海拔从高到低的显著变化主要是气候变迁的表现。新密新砦聚落剖面古文化地层氧同位素和碳同位素反映的降水量变化表明（张小虎等，2008），嵩山地区在龙山时期的降水量显著减弱，暖干的古环境是龙山文化时期的主要脉络。在干旱环境下，沙颍河下游以及淮河上游地区的河湖沼泽等地逐渐退化，这样粟作地理空间不断向东部地区拓展空间。与此同时，随着城邑聚落的扩张，人口规模显著增加，自然资源和生态承载指数也需合理升高，人类聚落的地理分布逐渐由豫西地区向豫东南地区扩张和延伸。

图 3-4 显示，河南省 113°E 以东地区新石器遗址的分布在仰韶时期和龙山时期有显著差异，这也与遗址高程分布的变化完全一致，表明了本区从仰韶时期到龙山时期自然环境的巨大变迁和人类社会生产力的水平有了较大提高。

嵩山地区的裴李岗文化聚落的海拔分布与龙山时期比较近似，聚落的高程主要集中在 50 ~ 500 m 的高度空间内，这个地理范围的史前聚落比例占同期总数的 86.4%，遗址高程分布比较适中。本期属于冰后期气温回升期，气候波动大、降水量居于全新世最高时期，原始农业尚待发展，采摘、渔猎仍是先民的主导生产方式，聚落的选址既要考虑可供休憩、渔猎、采摘的山地丘陵，也要满足农业发展向山前低地平原布局聚落的要求。而本期 500 ~ 1 000 m 遗址数的比例是三个文化时期中所占比例最低的事实表明，即便在新石器早期高海拔山区也不是先民生产生活的首选之地。

二、遗址空间分布特征

（一）河南省新石器遗址核心分布区

从图 3-1、图 3-2 河南省新石器聚落分布点状图可以看到，作者把河南省新石器聚落分布按地理区划为七个聚落集中区：三门峡地区、洛阳盆地区、嵩山东南麓区、颍河—汝河下游区、淮河以南区以及豫北地区和南阳盆地等地。不同的文化类型的比例及其分布地理范围的详尽数据可参见表 3-1，而不同文化类型的比例分布可以参看图 3-5。

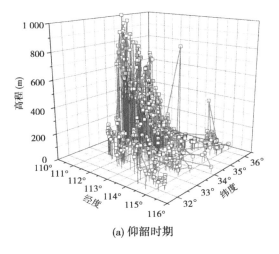

(a) 仰韶时期

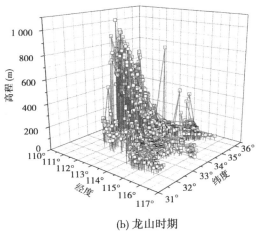

(b) 龙山时期

图 3-4　河南省新石器遗址分布 3D 拟合

表 3-1　河南省不同地区新石器遗址分布数目

文化时期	三门峡地区	洛阳盆地	嵩山 东南麓	颍河— 汝河下游区	淮河以南	豫北	南阳盆地
裴李岗时期	0	11	41	31	4	7	0
仰韶时期	84	204	73	71	9	75	70
龙山时期	64	210	75	356	57	152	63
合计	148	425	189	458	70	234	133

　　从表3-1中不难看出,河南省新石器聚落分布的特征仍然是濒河性:沙颍河的下游、洛阳盆地伊洛河沿岸、豫北、嵩山东南麓和豫西的三门峡地区。图3-5中聚落的地理分布比例表明,嵩山地区新石器中期的聚落分布的核心地理区且主要区位是颍河—汝河下游一带、豫西的洛阳盆地,以及嵩山东南麓地区,其中颍汝下游区的地理空间较为辽阔,但史前时期的聚落密度低于洛阳盆地和嵩山东南麓分布的聚落点数量。本书认为河南省新石器文化聚落的核心区分为洛阳盆地和嵩山东南麓两个文明肇源地,认为环嵩山地区亦即河南省新石器文化的源头区域和创新源地。

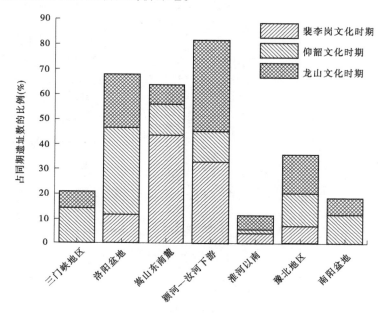

图3-5　河南省新石器时期不同地区聚落比例

(二)河南省新石器聚落空间分布区的类型

　　(1)聚落成长区。从图3-5可见,在河南省北部区和洛阳地区从裴李岗文化期、仰韶文化到龙山文化聚落的绝对量和占总量的比例不断增长,暗示豫北和洛阳地区的农业条件有利于农耕文化的繁荣进步。洛阳地区自北向南布列着瀍河、涧河、洛河和伊河等四条大河,地形特征是西部和北部有山地丘陵,中部和东部是盆地平原,高程范围在 300 ~ 500 m,盆地内气候适宜温和,年积温值 4 100 ~ 4 600 ℃;洛阳地区拥有发展农业生产的灌溉水源,同时由于降水量小于 700 mm,所以罕有严重的洪涝灾害,是发展旱作农业不可多得的重要分布区。黄河以北地区的史前聚落在仰韶时期集中布局在太行山东南麓的丘陵和洪积平原地带,仰韶文化以后的龙山文化时期气候的主题是干旱,曾经的湖泊沼泽变为可开垦的农田,如今天的新乡辉县市一带在仰韶时期都是浅水湖泊,到了龙山时期后均被开辟为农田。

　　(2)聚落萎缩区。这一类型指聚落数目随时间轴出现逐渐减少的地区,被归入聚落萎缩区的聚落数占同期聚落总数的比例特征是不断下降的,图3-5表明,豫西地区、颍河上游和南阳地区均属于聚落萎缩区。豫西地区和南阳地区均没有裴李岗时期聚落,但随着江汉地区的屈家岭文化的北扩和关中地区老官台文化的东拓,豫西和南阳该期的聚落比例分别是14.3%、11.9%,证明这两个地区仍是旱作农业的理想地域。然而,这两个地区在龙山文化期的聚落比例继续萎缩。究其原因大致有二:一是两地农业用水和耕作环境在5.2 kaB.P.降温过程后继续恶化;二是原有聚落为获得更好的农业发展大规模外迁,原有的聚落只是在地理区上改变了区位,在整个大区的聚落规模并未因此而减小,如南阳盆地内有不少来自屈家岭文化的聚落遗存。另外,根据史前食谱资料的研究结果,位于河南地区的史前聚落受5.2 kaB.P.和4.2 kaB.P.的降温过程的影响并不深远,程度也较小,所以这两个聚落萎缩区只是数量上的减小,而在整体规模上仍在扩张。

(3)聚落波动区。从图3-5中可见,颍河中下游地区和淮河上游地区由于处于多个史前文化的过渡地带,各种文化相互交织其聚落数的比例呈波动变化趋势。沙颍河下游和淮河上游地区在地貌上既有平原也有低山丘陵,受全新世大暖期影响,降水量、年均气温升高,在仰韶期的河流流量、沼泽湿地面积广阔,是稻作农业的主要场所;进入龙山文化期气候迅速变为干暖,湖泊沼泽成为农田,大量稻作农业区轮换为旱作农业区。所以,波动型聚落分布区的特征是自然环境的变迁导致了土地性质的变化。

(三)嵩山地区新石器聚落扩散特征

嵩山地区新石器文化的扩散途径如图3-6所示。河南省新石器文化的肇源区域位于环嵩山周边的洛阳盆地和颍河—双洎河上游地区,该区气候和土壤适于粟作农业的发展,裴李岗文化起源于嵩山东南麓,仍属于山地采集–渔猎文化;随着原始农业的发展,文化核心即从嵩山东南麓地区迁移至洛阳盆地,成为仰韶时期粟作农业的核心。文化核心转移的原因可能有二:一是仰韶期气候湿润,东部黄淮平原区湖泽遍布,洪水频繁,不利于人类生存;二是洛阳盆地地势平旷,海拔较高,既可避免洪灾又可发展粟作农业,所以取代嵩山东麓成为新的文化极。

早在仰韶文化时期,洛阳盆地已成为文化聚落的增长极,但嵩山地区南北两侧均是河南史前文化的肇源区:一是嵩山南麓的地形地貌相对和缓,是颍河、双洎河的源头之地,同时是豫东平原到豫西山地的过渡区域,各类生物资源丰富;二是嵩山作为地理屏障可以抵挡来自东南地区和淮河上游地区的外来文化的入侵。从仰韶文化开始,河南地区的史前文化的辐射以洛阳盆地——嵩山周边地区为肇始源头,分别向三门峡、安阳和洛河一带扩散。其中,沿颍河向下游的沙河—汝河快速传播是嵩山地区和洛阳地区新石器文化扩张的主要方向,文化扩张在气候比较干旱的龙山时期最为典型。由于伏牛山天然屏障的阻隔,洛阳地区的新石器文化对南阳地区施加的作用强度比较低。

再者,江汉地区、淮河上游和关中地区的史前文化对河南新石器文化施加了深远的作用:源于湖北京山一带的屈家岭文化对南阳地区和信阳地区的影响十分深远。龙山文化早期(5.0 ~ 4.4 kaB.P.)洛阳地区的龙山文化类型对信阳地区的渗透强度远远弱于屈家岭文化。而屈家岭文化代表了早期稻作文明的符号,在5.1 ~ 4.7 kaB.P.前后在江汉地区、淮河上游和唐白河一带比较流行,无论是文化体系还是经济体系都有很高成就(张绪球,2004),屈家岭时期的南阳地区和信阳地区气候湿润温暖,稻作农业和稻作文化大行

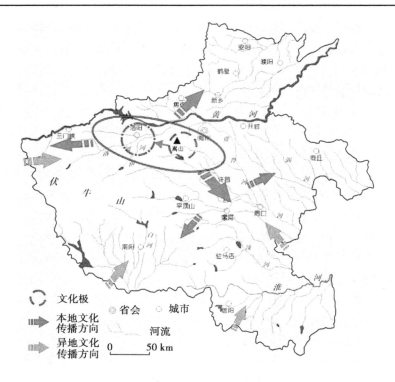

图 3-6　嵩山地区新石器文化的扩散途径

其道,同时由于南阳地区属于江汉流域,襄阳与南阳之间没有地理屏障,所以南来文化快速北上成为屈家岭文化深入幅度最靠北的类型。与屈家岭文化的北拓大致同一时期,来自山东经淮河下游向河南信阳地区渗透的大汶口文化向西推进速度也很快,但影响强度和扩张实力逊色于屈家岭文化,初步推测可能与其旱作农业文化有关,稻作农业与当时的气候特征比较匹配,作物产量高属于较先进的文化类型,而旱作农业并不占优势。可见,豫西南地区、豫西地区的老年型聚落特征可能大概率与外来文化的干扰和生业经济的先进性有关联。而豫北的安阳、鹤壁地区罕有外来文化的侵扰,同时有洛阳、郑州地区的聚落继续北迁,因而豫北仍是青年型成长聚落区。

三、河南省新石器文化变迁的特征

根据对河南省裴李岗、仰韶、龙山和二里头文化聚落时空分布特征的讨论,我们发现嵩山地区不仅是河南史前文化的代表区域,而且是河南省新石器文化的源头。基于前述讨论,对河南省新石器时期的聚落时空格局,我们有以下主要认识:

(1)嵩山南北两侧的洛阳地区和颍河、双洎河上游地区是河南新石器时期人类聚落遗址的主要集中区和发源地。这两个地区均为丘陵山地到平原地区的过渡地带,在生态地理分布特征看属于两种景观的结合部,山地景观和平原景观及其衍生类型显得整体景观十分复杂。这些特征为史前农业生产提供了上佳的自然条件,无论在早期的采集 – 渔猎时期还是后期的农业生产,都有充裕的资源可供先民使用开发。

（2）河南省在裴李岗时期处于末次冰期后的升温阶段,气温和降水有较大的波动起伏。进入仰韶时期后,本区长期处于湿热稳定的气候特征,新石器文化快速发展,遗址数目有了质的飞跃。经过距今五千年前后的降温事件后,河南省在龙山时期延续了温暖的气候特征,差异在于龙山早期降水多于龙山晚期。二里头时期的气候特征则以冷干为主要特征。

（3）基于河南在仰韶、龙山和二里头时期三个文化聚落类型及其数量的比例特征,河南省新石器聚落大体可分为三个亚类:①生长型,如洛阳盆地,本区在仰韶文化期和龙山文化期的聚落数量比例一直保持在18%～21%的高份额;②衰退型,如南阳盆地和豫西地区,究其原因,南阳和豫西地区受到外来文化(主要是屈家岭和老官台文化)影响深远,原有的社会体系和生产体系被严重干扰;③波动型,主要指沙颍河中下游和淮河上游地区。自仰韶文化到龙山文化古环境特征从湿热多雨到干旱温暖的过程直接干扰了旱作农业的类型范围与地理分布格局,同时影响了沙颍河地区在仰韶期聚落稀少而在龙山期聚落陡增的波动型特征。

小　结

本章内容根据裴李岗、仰韶和龙山三个新石器文化遗址在不同地区分布的遗址数量变迁特征,将河南省新石器遗址地理区分为三个类型:①生长型,如洛阳盆地。该类型区水系发达,以高平原和丘陵地貌为主,兼具粟作和躲避自然灾害之便。②衰退型,如南阳盆地。本类型区多处于本地文化与外来文化的过渡带,受外来文化融合作用影响,中原地区的史前文化空间被压缩。③波动型,如颍河—汝河下游地区。本区位于河南东南部淮河流域两岸,地势低平、多洪水之虞,因而区内遗址数量受气候干湿变化影响显著。新石器时期河南地区历经干湿波动(8.5～7.0 kaB.P.)、暖湿(6.8～5.3 kaB.P.)、暖干(4.8～3.8 kaB.P.)的气候过程,直接影响到新石器遗址分布时空特征。但由于独特的水系网络和地貌环境,洛阳盆地和嵩山东南麓始终是河南新石器文化的核心区。嵩山南麓地区的史前文化从仰韶晚期开始进入活跃期并在龙山晚期出现一度繁荣景观,经历四千年前降温事件后,嵩山南麓地区文化渐趋萎缩并有向洛阳盆地的显著趋势。

参 考 文 献

[1] 李中轩,闫慧,吴国玺. 河南省新石器遗址的时空特征及其环境背景[J]. 河南科学,2010,28(7):893-898.

[2] Bevan B W, Rooseveit A C. Geophysical exploration of Guajara, a prehistoric earth mound in Brazil[J]. Geoarchaeology: An International Journal, 2003, 18(3): 287-331.

[3] 夏正楷,杨晓燕,叶茂林. 青海喇家遗址史前灾难事件[J]. 科学通报,2003,48(11):1200-1204.

[4] 朱诚,郑朝贵,马春梅,等. 对长江三角洲和宁绍平原一万年来高海面问题的新认识[J]. 科学通报,2003,48(23):2428-2438.

[5] 周凤琴. 荆江 5000 年洪水位变迁的初步探讨[J]. 历史地理(2 辑),1986:19-23.

[6] 朱诚,于世永,卢春成. 长江三峡及江汉平原地区全新世环境考古与异常洪涝灾害研究[J]. 地理学报, 1997, 52(3):265-277.

[7] 高华中,朱诚,曹光杰. 山东沂沭河流域2000BC 前后古文化兴衰的环境考古[J]. 地理学报,2006,61(3):255-261.

[8] 安成邦,王琳,吉笃学,等. 甘青文化区新石器文化的时空变化和可能的环境动力[J]. 第四纪研究, 2006, 26(6):923-927.

[9] 靳桂云,刘东生. 华北北部中全新世降温事件与古文化变迁[J]. 科学通报, 2001, 46 (20):221-226.

[10] 李世杰. 天山乌鲁木齐河源1 号冰川冰面第一道垄状冰碛成因的初步分析[J]. 冰川冻土, 1985 (4):7-14.

[11] 施少华. 中国全新世高温期中的气候突变事件及其对人类的影响[J]. 海洋地质与第四纪地质, 1993, 13(4):65-73.

[12] 竺可桢. 中国五千年来气候变迁的初步研究[J]. 中国科学, 1973, 16(2):226-256.

[13] 孔昭宸. 山西襄汾陶寺遗址孢粉分析[J]. 考古, 1992 (2):72-79.

[14] 孙雄伟,夏正楷. 河南洛阳寺河南剖面中全新世以来的孢粉分析及环境变化[J]. 北京大学学报(自然科学版), 2005, 41(2):289-294.

[15] 宋豫秦. 河南偃师市二里头遗址的环境信息[J]. 考古, 2002 (12):56-62.

[16] 王星光. 生态环境变迁与黄河中下游地区的农业文明[C]//韩国河,张松林编. 中原地区文明化进程学术研讨会文集. 北京:科学出版社,2006:162-173.

[17] 曹雯,夏正楷. 河南孟津寺河南中全新世湖泊沉积物的易溶盐测定及其古水文意义[J]. 北京大学学报(自然科学版), 2008, 44(6):933-937.

[18] Gyong-Ah L, Gary W C, Liu L, et al. Plants and people from the Early Neolithic to Shang periods in North China[J]. Proceedings of National Academy of Science of USA, 2007, 97(23):1087-1092.

[19] 张小虎,夏正楷,杨晓燕,等. 黄河流域史前经济形态对 4 kaBP 气候事件的响应[J]. 第四纪研究, 2008, 28(6):1061-1069.

第四章 嵩山地区新石器文化的时空分布

第一节 河南地区新石器文化的地理分布

新石器遗址的空间分布是环境考古研究的一个主题,并以遗址的地域变迁与环境的关系的关联性而成为生业经济活动与自然环境的互动关系研究的重要载体。史前人类遗址的时空分布、迁移与动态均衡;人类社会经济活动对全新世极端气候的响应、对自然环境的改造等事件成为我国文明探源研究和全新世人地关系研究的重要切入点。按传统的研究成果,环境因素在中华文明形成中的作用过程中受到了特别的关注,从河南省史前文化演变序列来看,古气候变迁和极端事件对夏商时期文化的发展的确产生了一系列的负面影响,但同时也是本区史前社会树立可持续发展观和文化创新发展的重要时期。

河南省位于我国中部偏东地区,其地形地貌、气候类型、土壤植被、水系流域等地理要素具有东西过渡、南北过渡的地域特征,过渡性的地域特征和适宜的土壤气候条件造就了本区多样、高水平的新石器文化。新仙女木事件以后,我国东部地区的自然环境大致经历了冰后期、大暖期、仰韶晚期和距今四千年降温事件、中世纪暖期和小冰期等阶段。受多次降温事件的影响,长江中下游地区的石家河文化、良渚文化之后出现了不同程度的文化断层,而中原地区的新石器文化从裴李岗文化到二里头时期文化环节前后连贯、序列完整,是极具文化研究价值的地理区域。

前文述及,河南新石器文化序列在嵩山地区类型齐全。但为了了解河南省新石器时期的总体概况,有必要从宏观视角对河南新石器文化的时空进行分析。为此,本节将利用《中国文物地图集·河南卷》中给定的新石器遗址统计数据和 ArcGIS10.0 平台对本区史前人类遗址的时空变迁和环境背景进行探讨并分析人地关系的作用机制。

一、河南地区新石器文化序列及其分布

(一)河南地区新石器文化序列与类型

河南地区仰韶中期文化以来(约 6.0 kaB. P.)即受到来自陕西老官台文化、山东城子崖文化、湖北边畈文化等的冲击和影响,文化类型多元分布地区复杂。但相对连续的新石器文化发源地都在豫西地区,即弘农涧河—涧河谷地和嵩山南麓的颍河、双洎河流域(张居中,2006)。

豫西文化型以罐-瓶器物为文化特征,豫中文化型以鼎-壶陶器为主要特征(张居中,2006),整个新石器时期一直保持这一特征。河南地区的早期文化一般认为是裴李岗文化(8.0 ~ 7.0 ka B. P.),在豫西地区被称为班村文化,豫西类型有陕西老关台文化面

貌;豫中类型本期的标志类型为新郑地区的裴李岗遗址,双洎河下游的遗址数量比较多[见图4-1(a)]。仰韶文化早期(7.0~6.0 kaB. P.)的豫西丘陵以陕州庙底沟类型为标志,豫中地区是以郑州大河村遗址文化为标志,图4-1(b)显示豫西早期文化类型比豫中早期文化更繁荣。仰韶文化中晚期(6.0~5.0 kaB. P.),河南西部的渑池地区的庙底沟文化形成了代表性的仰韶类型,豫中地区在该期继承了大河村文化的文脉。

　仰韶文化晚期,河南一带的气候有变冷趋势(气温仍比现在高),那时的仰韶文化开始向龙山文化类型过渡(5.0~4.6 kaB. P.),而豫西山区则是庙底沟二期文化,豫中地区是禹州西面的谷水河三期文化为标志。进入龙山期以后(4.5~4.1 kaB. P.),三门峡一带的龙山文化类型是三里桥二期、豫中地区属于王湾三期类型,图4-1(c)显示河南的两个主要龙山文化类型十分繁盛。到了二里头文化期(3.8~3.5 kaB. P.)是新石器时期向

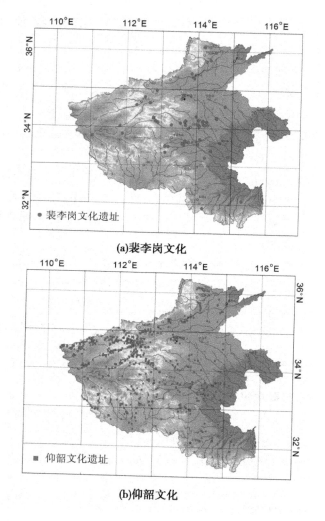

(a)裴李岗文化

(b)仰韶文化

图4-1　河南省新石器遗址分布

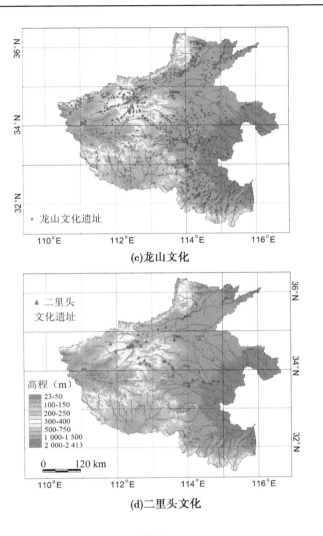

(c)龙山文化

(d)二里头文化

续图 4-1

国家社会过渡转化的文化类型,该文化期的器物、城址、作物、墓葬各方面已形成一定规模,但该时期的遗址数量不多[见图 4-1(d)]。

　　另外,入侵的新石器文化,如源于湖北的屈家岭文化和石家河文化;山西汾河流域的陶寺文化,来自山东的大汶口文化等对本区的新石器文化影响十分深刻。

　　(二)河南省史前遗址的时空格局

　　1.遗址的空间分布

　　图 4-1 是把河南省 DEM 图层和国家文物局编的河南文物地图集数据(国家文化局,2009)用 ArcGIS10.0 软件用文化聚落的坐标叠加,然后就可绘出不同时期聚落的分布图。从图 4-1(a)、(d)可见,河南省的新石器遗址在早期、晚期均以低密度分散分布为特征;其中裴李岗文化、二里头文化聚落的地形分布区均有较高的重合度,即集中分布于三门峡地区的洛河、涧河、伊河河谷以及嵩山东南麓的沙河、颍河、汝河、贾鲁河的沿岸地区。这两

个时代的新石器聚落在地形区域上与其他区域的文化聚落较高的相似度：它们都分布在河流沿岸的二级、三级阶地上。

仰韶文化、龙山文化是河南省新石器文化类型中两个较繁盛的类型，这两个文化聚落与裴李岗文化聚落相比在遗址点总量上都有大幅增加，而且地理分布也从河南西部的山地丘陵、洛阳盆地转向颍河中下游地区迅速扩散，从山地丘陵地形区向豫中南平原拓展。图4-1表明，仰韶文化期和龙山文化期的聚落点总数分别是629处、1 249处（国家文物局，2009），其中仰韶文化聚落集中于洛阳盆地及三门峡地区的涧河流域、伊洛河流域，以及太行山东缘的豫北地区、豫中南地区的驻马店、周口的颍河中下游推进。研究资料认为，仰韶文化期的禹州、登封和汤阴、浚县都是豫西地区庙底沟文化类型的影响区，颍河中游一带则被归为大河村类型区。仰韶期聚落的主要集聚地的地形仍是低山丘陵类型，豫中南的颍河—淮河地区、豫北的安阳地区属于平原和低地类型。龙山文化聚落的地理分布范围更大，并有多个聚落的集聚区域；我们认为多区域的聚落集聚现象可能是外来文化类型如江汉地区的石家河类型、山东西南部的龙山类型以及淮河下游的造律台文化类型等向河南传播有关。

图4-2是仰韶文化、龙山文化聚落密度的三维示意图。从图4-2中可见，仰韶文化时期聚落的集聚区核心是安阳—洛阳—三门峡一线，呈"一"字形而且显示为"洛阳单核"分布。到了龙山时期，其聚落集聚区转化为颍河—淮河地区、豫北地区和洛阳盆地等多个核心区，呈向东开口的"V"字形的安阳—洛阳—漯河—周口的"多核"分布特征。

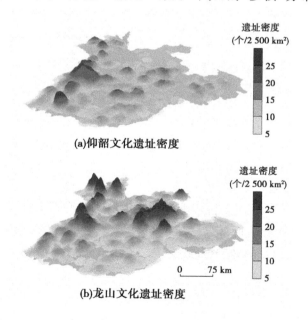

图4-2　河南省仰韶文化遗址密度和龙山文化遗址密度的3D分布

为了描述聚落点地理空间的集聚效应，我们用一定范围内聚落点与该区几何中心遗址点距离均值与区域半径之比的均值描述聚落集聚程度。现在分区讨论聚落分布的空间特征,因而将黄河以北地区划为豫北区,113°E 经线以东的黄河以南划为颍淮区,豫西和南阳盆地则以 34°N 纬线为界(参见图 4-1)。由表 4-1 可见,仰韶文化的颍河—淮河地区聚落的水平集聚度最高(0.554),豫西山区最低(0.511);到了龙山时期,水平集聚度最高值出现在豫北地区(0.660),最低值还是豫西地区(0.528)。这意味着河南史前人类聚落在水平方向上的集聚度表现为东部高于西部,而从集聚度均值的变化分析,仅有豫北区出现了下降,估计与农业生产的自然条件和社会变迁有关。

表 4-1　河南仰韶文化和龙山文化聚落的空间集聚度比较

地区	仰韶文化遗址集聚特征			龙山文化遗址集聚特征		
	水平集聚度	高程集聚度	平均集聚度	水平集聚度	高程集聚度	平均集聚度
豫西山区	0.511	0.588	0.549	0.528	0.582	0.555
颍淮平原	0.554	0.753	0.654	0.507	0.842	0.675
豫北平原	0.524	0.838	0.681	0.660	0.660	0.660
南阳盆地	0.516	0.780	0.648	0.558	0.769	0.664

2.遗址的高程分布

从聚落的高程集中程度来看,仰韶文化时期豫北平原地区聚落遗址的高程集聚度达到最高值(0.838),而龙山文化时期遗址高程的集聚度的最高值则出现在颍河—淮河地区(0.842),这组数据清晰地显示了史前时期人们活动的地理空间集聚度与水平方向的集聚度相似,表现出从山地丘陵地向平原低地迁移的总体趋势,可见史前聚落在区位的高程选择上具有相似的一面(见图 4-3)。

从图 4-3 仰韶文化时期和龙山文化时期两个文化期遗址高程分布图可见,龙山文化时期的较高海拔遗址的比例较仰韶时期有大幅下降,位于 300 m 以下的低平原地区的聚落占 83%,同时,仰韶文化期聚落的集中范围是 200～300 m,而龙山文化期这一范围是 100～200 m。可见,河南中部地区在新石器时期文化的扩散模式特征:从裴李岗时期到仰韶早期的聚落在山区集聚到龙山文化时期向东部平原大面积扩散。

二、河南地区史前聚落分布格局的影响因素

(一)地貌要素对史前聚落选址的影响

为了耕作和居住,史前文化聚落的选址往往考虑两个要素,首先是便于有效地使用和开发居住区的耕地、森林、水系等周边资源;其次,尽可能规避来自自然或周边地区可能与其他部族的冲突风险。在新石器文化早期阶段,聚落社会的特征是人口总量少、打制石器等工具制作粗糙,经济活动的主要内容是采集业和渔猎等较原始的生产活动,比如嵩山东

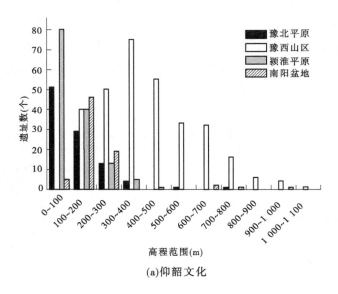

(a)仰韶文化

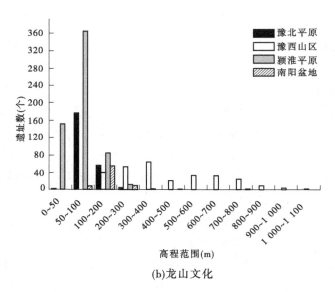

(b)龙山文化

图 4-3　河南省仰韶文化遗址高程分布和龙山遗址高程分布

南麓的裴李岗时期(7.8～5.0 kaB. P.)的史前遗址的选址多位于自然资源丰富、近河的
一、二级平旷的阶地地貌区。用 ArcGIS 软件可以估算水系网络的缓冲区面积,并量化出
每个缓冲区覆盖的聚落数量(见图 4-4)。结果表明,仰韶文化期河南境内的主要水系
1 km、3 km 缓冲地域对聚落的覆盖比例分别是 18.7% 和 47.6%,龙山文化期在缓冲区
1 km、3 km范围内对遗址的遮盖率分别是 16.6% 以及 43.2%。显然,中全新世史前聚落
的选址对聚落的临水这一特色的要求已经不再突出。另外,从仰韶文化的相对集中分布
到龙山文化相对扩散现象可以推测出,河南当时的农业社会的确立对聚落选址影响最为

深远,豫东地区的平原低地区理所当然成为史前时期农业活动的主要方向和地区。

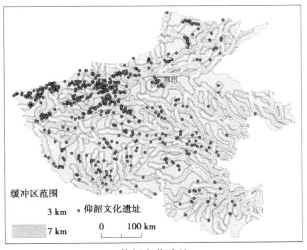

(a)仰韶文化遗址

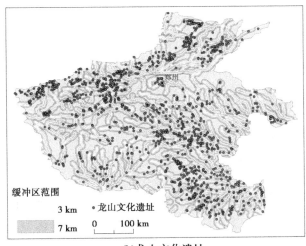

(b)龙山文化遗址

图 4-4　河南省仰韶文化遗址和龙山文化遗址与水系缓冲区的关系

　　文化连续指数是描述区域内现有文化聚落中下伏的早期文化遗址的数目与本区现存遗址数量之比,用它可以描述史前时期文化遗址选址的连续性比例(李水城,2004)。河南境内的仰韶时期遗址对裴李岗文化聚落的连续性比例是 21% ,而龙山文化聚落对仰韶文化的连续性比例上升到 53% ,二里头聚落对龙山遗址的连续性比例则上升到 64% ,这表明逐渐成熟的农业耕作活动巩固了史前社会和聚落区位的连续性。

　　再者,史前文化聚落选址还考虑聚落的近河率(濒河指数)、遮蔽比例、坡向、坡度等参数。本节利用遗址高程的集中比例指数可以对不同时期遗址的地貌特征进行刻画。利用 ArcGIS10. 0 软件以及野外踏勘结果,我们得出了涧河谷地 120 余处史前聚落的阳面坡向比:位于阳坡遗址百分数;缓坡聚落比:遗址分布于坡度≤15°聚落百分比例;遮蔽度:冬季季节的正午12时阳光被遮盖的遗址的比例;近河遗址比例:分布于100 m以内的遗址比例。然后用这几个参数画出调研地区仰韶和龙山两个文化期聚落所在地貌区的倾向指数图(见图4-5)。

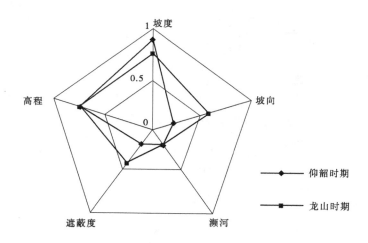

图4-5　涧河河谷新石器遗址的地貌特征指数比较

图4-5表明,龙山和仰韶时期聚落所在地的高程指数、濒河指数在涧河河谷地区非常接近,可能表明两个时期的遗址与所处的特殊地貌有关,因为该地区属于同一地形区。而龙山文化聚落的选址对坡向度比例和遮盖比例要求则相对较高,则与两个时期的气温和降水条件差异相关。龙山文化中晚期的古气候开始转冷趋干,旱作农业必须要有适宜的局地农耕气候。所以,一些高程为300~400 m且朝南向的地貌区以及山之阳面以及河流的北侧阶地往往被开辟为农业区。

(二)中全新世气候变迁对河南新石器聚落分布的影响

河南省新石器文化的繁荣期大体上与全新世中期湿润且温暖的气候是总体相吻合的。竺可桢(1973)的研究成果认为,从仰韶文化的暖湿期(约6.6 kaB. P.)至殷商的干凉期(约3.4 kaB. P.),在这3 000年时间内平均气温大体高于现在2 ℃上下,1月平均气温大约比当下高出3~5 ℃;此外,施雅风(1992)、王绍武(2006)等学者也有类似观点。根据洛阳北郊的孟津县大阳河黄土剖面的古环境数据(董广辉等,2007),孟津地区在7.0~5.6 kaB. P. 和4.6~3.7 kaB. P. 时期是该地区的湖泊形成和土壤建造的时期,当时的气候温暖湿润;在5.6~4.6 kaB. P.,孟津地区经历了显著的气候波动事件,湖泊变为湖沼,古土壤建造也同时中断;3.7~3.0 kaB. P. 湖泊面积缩小、干涸,黄土层重新沉积,气候向冷干发展。另外,豫西的渑池池底附近的古湖泊沉积(郭志永等,2011)、新郑黄土沉积地层(李胜利等,2008)等古环境剖面均记录了高度一致的古环境变迁历程(见图4-6)。

新石器时期河南省的气候并非风平浪静,而是经历了多次的气候波动事件(Bond等,2001),特别是5.4 kaB. P. 和4.0 kaB. P. 的降温事件。同一时期的北大西洋地区存在1~

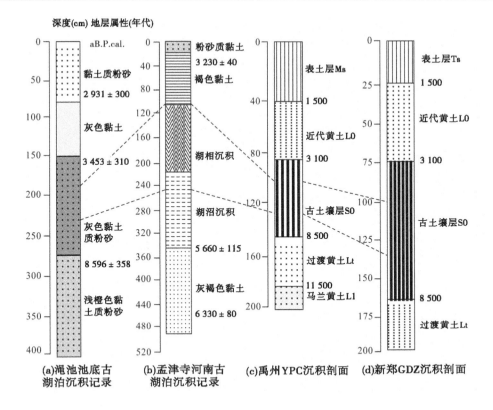

图 4-6 不同地区中全新世沉积剖面对比

2 ℃的广域性降温事件,中东一代则进入了与新仙女木事件类似的最冷干阶段;而且在阿尔卑斯的山区冰川开始大规模的活动等(Cullen 等,2000)。在我国青藏高原,敦德号冰芯的 $\delta^{18}O$ 环境指数(姚檀栋等,1992)在 4.0 kaB. P. 前后测出了一个宽浅的冷谷时代(见图 4-7);深层泥炭(徐海等,2002)和卡斯特溶洞的石笋记录(邵晓华等,2006)都显示,华北地区在 4.2 kaB. P. 前后存在显著的降温过程,该结论基本与孟津寺河南、大阳河两个黄土剖面的孢粉记录和软体动物化石记录有高度的一致性。

古气候变化对史前社会聚落的地理分布的正负面效应可以通过史前时期人们的生业类型、活动区域表现出来。在新石器晚期人们对环境的适应主要是对干冷环境的适应。由于当时的技术水平和生业经济以农业为主,所以农耕活动对降温过程的响应主要是通过聚落的地理迁移实现:要么从山地向低地迁移,要么从寒冷的地区向温暖地带迁移。仰韶文化期的河南地区的史前聚落主要分布于嵩山西北侧的洛阳盆地和涧河谷地、伊河—洛河沿岸平原,海拔为 300~400 m;那时的年均温度高于现在 2~3 ℃,降水量同样高出现在降水量的 10%~15%,为 800~900 mm。而豫西丘陵地区的地形复杂,既有平坦的河谷谷地,也有大面积丛林,自然资源十分丰富,分布在此地的聚落既可抵御夏季酷暑,又可抵御各类洪涝灾害,在这个时期豫西地区先民所拥有的可持续发展条件明显高于地势低平的颍河、淮河地区。

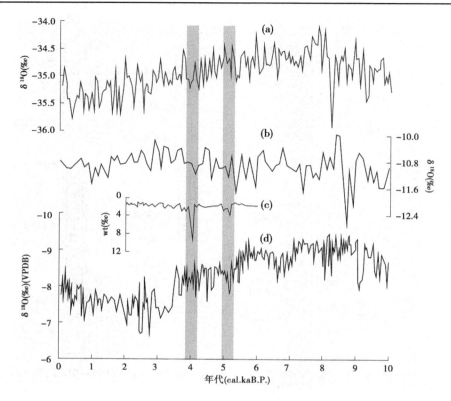

（a）NGRIPδ¹⁸O 曲线（NGICPM,2004）；（b）敦德冰芯 δ¹⁸O 曲线（姚檀栋等,1992）；
（c）Gulf of Oman Core M5 - 422 白云石含量曲线（Bond 等,1997）；
（d）董哥洞石笋 δ¹⁸O 曲线（Wang 等,2005）

图 4-7　中全新世时期的两次气候波动事件

　　再者,史前社会对由于降温导致的生活物资缺乏的适应。仰韶文化晚期在 5.4 kaB.P. 的降温事件动摇了仰韶文化发展的资源根基,当时的耕作业发展很快,但仍以采集和捕捞业维持生计的生业经济难以保证当时社会的健康发展,随后的定居农业快速成为弥补自然资源不足的主要手段。进入龙山文化时期的暖干气候让颍河下游一带从沼泽变为良田,是农业生产的理想区域,从聚落的地理空间变迁看,龙山时期聚落的地理空间开始向河南东部平原、北部平原和东南部平原区域延伸。

（三）史前生业经济与河南地区聚落分布的关系

　　豫西地区的班村遗址提取出的植物种子类型主要有栎属、大叶朴、黄芪、山茱萸、野生大豆和紫苏等（孔昭宸等,1999）,可以发现,在裴李岗时期（8.8 ~ 7.0 kaB.P.）,河南西部地区的生业经济的基本类型仍是果实采集业,这样的植物遗存类型可以反映那时的河南西部地区主要分布着大面积的落叶阔叶林。与此同时期的颍河中游地区,在贾湖遗址发现了大量的稻谷种子（张居中,2003）,根据贾湖遗址出土种子和孢粉组合,可知贾湖附近的沙颍河中游地区遍布着疏林灌丛群落,年均降水量高于河南西部山区。在 8.0 ~ 5.0

kaB. P. 的全新世大暖期内,河南地区在 34°N 以南就是现在的北亚热带气候,而 34°N 以北是暖温带气候,其他聚落如裴李岗、丁庄遗址出土的粟、黍就说明了这一点(孔昭宸,2003)。与此同时,贾湖以及班村遗址出土的各类生产器物中,以狩猎捕捞工具比例最高,达到 50.3%。因此,新石器早期的聚落仍然处于经济技术水平较低的生业经济活动时期,此时仍然以采集业和渔猎等经济活动为主要内容。

全新世大暖期(8.2 ~ 4.2 kaB. P.)的尾闾时期包括仰韶文化晚期(5.8 ~ 5.2 kaB. P.)、龙山文化时期,当时的气候雨热同期,定居式农业快速发展。河南西部的交口遗址、郑州大河遗址,南阳的黄楝树和信阳的凉马台遗址都有水稻种子出土,这显示仰韶文化高峰期的黄河以南大部分地区的水稻种植已经非常普遍,但水稻种植主要集中在南阳地区和信阳地区。根据遗址出土的作物种子和古环境信息,此时北部的安阳濮阳和西部的三门峡地区的降水量和年积温值较低,该区仍是粟、黍等旱作农业。随着仰韶文化晚期至龙山文化时期聚落的快速向东部南部和北部地区的扩张,定居农业已经成为推进河南新石器文化发展的主要动力。

仰韶文化晚期有多次降温事件,河南大多数地区的气候变为凉干特征,河南中南部地区的农业类型开始向旱作类型过渡。如登封王城岗、洛阳高崖、桐树岭遗址和禹州火龙、吴湾遗址在龙山沉积层都发现了大量的粟、黍炭化种子,其他如水稻、大豆等种子仍有发现,只是比例非常低。该时期的南阳、信阳、平顶山气候仍相对湿热,水稻种植业仍然是主要类型。从河南当前春季 ≥10 ℃积温地域分布图可以发现,龙山文化聚落的分布范围大致与 1 080 ℃等积温线基本一致,这一现象表明龙山文化时期的史前聚落地理分布与不同时期旱作农业生产的积温数值有直接关联。

在二里头文化时期(3.8 ~ 3.5 kaB. P.),气候较龙山文化时期温度降低,但降水量却有增加。这一时期仍以旱作农业为主,粟、黍、稻都有发现但以前者为主,表明这一时期仍是旱作农业类型。还有,根据二里头时期动物骨骼中碳、氮同位素含量值分析,二里头时期人类食物中 C_4 植物类型(比如谷子等)比例多于 C_3 植物(比如水稻等)。其他遗址如新密的新砦、偃师的二里头等地,其中的动物骨骼的碳、氮同位素含量表明,驯养的家畜类型(牛、羊、猪等)已经非常普及(见图 4-8)。可以认为,早期人类生业经济的复杂化和定居农业极大地促进了聚落从游荡型生产生活类型向定居型转变。

(四)极端气候灾害对史前聚落分布的限制

史前时期的灾害性气候除洪水和急剧降温性气候外,还有长时期干旱等。在各种气候灾害中,以持续性洪水和大范围长时段的旱灾对史前人类的影响最大。根据王绍武、吴文祥等学者的文献数据,新石器中晚期我国东部地区先后发生过五次大强度的旱灾和洪水事件(见表 4-2),同时文献研究结果认为我国东部地区的降水量与夏季风的强度存在正相关关系。

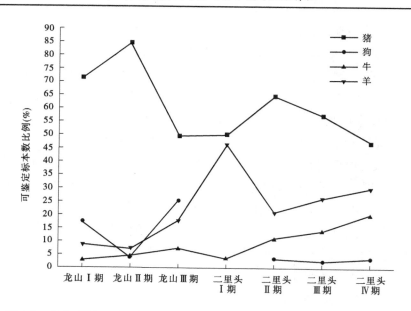

图4-8　龙山时期—二里头时期可鉴定的家养动物标本数比例（赵志军，2007）

表4-2　中全新世我国旱涝灾害序列

灾害类型	干旱	降温	洪水	洪水	降温	干旱	洪水
年代（cal. kaB. P.）	3.9~4.0	3.9~4.1	4.1~4.2	4.6~4.9	5.3~5.5	5.9~6.2	6.4~7.4
持续期（a）	100	200	100	300	200	300	1 000

表4-2显示,仰韶文化早期华北大部分为洪水泛滥期,而且大部分地区为湖泊沼泽,同样河南地区的65%的时期内颍河—淮河的地区属于高湖面时段,而颍河的中下游地区和淮河上游一带大部海拔低于60 m多为湖泊所覆盖,很少有人类聚落存在,这种地理分布与该时期聚落分布的遗址聚落基本一致。到了龙山文化时期(4.0~4.6 kaB. P.),降水量较仰韶文化时期大为降低,豫东地区许多浅水湖面萎缩成为理想的农业地区,因而在龙山文化时期从豫西地区迁来大批的农业聚落,农业规模和生产力水平都有较大幅度的提高。大约在龙山文化晚期(4.2~4.1 kaB. P.),河南地区出现显著降温过程,同时在3.9 kaB. P. 前后出现大范围和高强度洪水过程,但洪水期之后的气候逐渐恢复正常,降水量也有提高。农业生产逐渐恢复到龙山文化中期水平。

另外,诸多社会因素比如文化变迁、部落冲突、社会制度等因素同样会影响史前聚落的集聚扩散和空间分布。显然,聚落的时空分布还应与社会因素综合考虑以获取更为客观、全面的结论。

三、河南省中全新世时期的时空特征

河南省的早期新石器类型是裴李岗文化,该类型聚落遗址主要分布在嵩山东南一带和嵩山西侧的洛阳盆地以及洇河中上游的河谷谷地。此后,仰韶文化出现。本期文化聚落大多集中于洛阳盆地及其周边地区的涧河、洛河、伊河的河谷谷地地域,本期遗址的最大密度区就位于洛阳盆地一带,呈现出显著的单核心特征;到了龙山文化时期,聚落遗址的分布则从洛阳地区、涧河谷地和伊洛河谷地延伸到了安阳地区、颍河中下游和淮河上游地区,此时的高密度聚落区分为洛阳盆地和颍河下游,出现了两个高密度核心。由于距今四千年降温事件的影响,二里头聚落较少而且从河南东南部地区重新退缩回登封盆地与洛阳盆地,分布范围回撤到裴李岗时期的水平。

从地貌分布区的角度看,裴李岗时期以及仰韶早期的聚落形态表现出对自然资源的严重依赖性生业经济特征。那么,早期的聚落大多分布于河南西部山区森林资源和渔猎资源比较丰富的地区,一、二级河流阶地由于便于生活用水和农业灌溉等大多数史前聚落也都分布在这样的地貌区域。当然,仰韶文化早中期气候高温多雨,生物资源十分丰富,聚落对地貌的选择有更大的自由度。从仰韶文化晚期到龙山整个时期,气温降低、降水减少,供采摘和渔猎的资源减少,定居农业开始取代渔猎和采集业,河南东南部的沙颍河下游和淮河上游许多湖面萎缩成为农业耕作的理想区域。所以,龙山时期的聚落对农业耕作条件表现出明显的偏好,影响农业生产的地貌要素如微域坡度、遮盖度、坡面朝向、土壤类型等成为聚落选择的主要关注点。

新石器晚期的河南地区,气候温暖湿润,但仰韶文化晚期和龙山文化晚期的降温事件导致了三个显著的气候灾害:6.4～7.4 kaB.P.、4.1～4.2 kaB.P.的持续性洪水,5.9～6.2 kaB.P.、3.9～4.0 kaB.P.的大旱灾造成河南地区的史前文化出现了四次低谷时期,这促进了豫西地区的史前聚落不断开辟和河南东部及南部的农耕区域,推进了史前人类生业地理空间的扩张。此外,高频率的灾害性气候事件也培养了史前人类认识灾害适应灾害实现区域可持续发展的能力。当地先民,不断丰富和发展早期耕作业的内容以及形式,从仰韶晚期的旱作、稻作农业并存演化为二里头时期的旱作农业为主,同时从西部地区引入了绵羊和黄牛,促进了原始畜牧业的相对繁荣以及史前农业景观的复杂化。

第二节　颍河上游新石器文化的时空特征

史前文化地理分布以及人类活动对全新世环境变迁的响应等问题成为全新世人地关系研究和中华文明探源研究的重点。新仙女木事件后,人类迎来了一个相对稳定的地质历史时期——全新世,其适宜的环境条件推动了史前人类文明的出现和发展。然而,全新世看似相对稳定的环境背景,却存在百年乃至千年范围的气候振荡周期和快速气候变化事件。这些环境背景的变化,影响了史前人类的活动类型和范围。例如,距今四千年的降温事件,一方面,导致了中原周边地区新石器文化的衰落;另一方面,又为中原地区夏文化的出现创造了条件。尽管人类文化的分布与演进有其独特的内在发展规律,但其发展演化都是在一定的地理环境背景的作用下形成的。

史前文化的研究主要集中在极端自然灾害事件对史前文化的影响,史前农业的起源与传播模式,史前人类生产工具和生活器具的演变,史前聚落的形态和空间区位分析,古地形的重建及史前遗址资源域上的研究等。例如：Binford 等（1997）在的的喀喀湖区研究了 Tiwanaka 文明的消失与长时期的极端干旱事件有关；Caballero 等（2002）在墨西哥的 Lerma 盆地，研究了史前人类活动与气候引起的湖面升降的关系；O'Connell 等对爱尔兰地区的史前生态环境的研究表明，当地人类的农业活动对自然环境造成了一定程度的破坏；Stahl（1994）研究了 Ghana 地区的物质文化受到了大西洋经济传播的影响；Berendsen 等（2007）利用 GIS 技术重建了 Rhine-Meuse 三角洲的古环境。

颍河上游地区的史前文化在时间序列上具有连续性，类型上具有复杂性，是中原地区史前文化的重要组成部分。该区从全新世大暖期以来，先后经历了裴李岗文化（8.0～7.0 kaB. P.）、仰韶文化（7.0～4.6 kaB. P.）、龙山文化（4.6～3.8 kaB. P.）和二里头文化（3.8～3.6 kaB. P.）等时期。该地区史前人类文化遗址数目较多，这些史前文化在探索中原文明乃至中华文明起源和和发展的过程中地位独特。本节将基于 GIS 技术对本区史前遗址地理分布进行空间分析，然后根据遗址地层恢复的古环境信息与不同文化类型的农业、手工业进行对比，探讨环境变迁对史前文化的影响内容和方式；另外，结合不同时期遗址变迁特征以求对颍河上游地区史前人类遗址分布区演变有动态认识。

一、区域地理背景

（一）研究区自然地理概况

颍河源于嵩山南麓的少室山，向东流经禹州市、许昌市建安区、临颍县、西华县及周口等地，在安徽阜阳境内注入淮河。颍河上游地区一般是指流经登封市、禹州市境内的长约 88 km 的颍河两岸的广大地区，与中游之间以 200 m 等高线为界。颍河两岸支流较多，且呈羽状，与白沙水库、纸坊水库等水库共同构成颍河水系。本区气候为暖温带季风型，温暖湿润，降水充沛，四季分明，冬冷夏热。地势自西北向东南呈喇叭口状，易于形成降水，年降水量 690 mm 左右。在登封市境内，颍河谷地为嵩山、箕山及其余脉所环抱，形成登封盆地；在禹州市境内，以颍河为界，南（箕山）、北（具茨山）所环抱，形成颍河平原。本区的植被区系以温带植被类型为主，地理位置独特，兼具东、南、西、北的植被类型，过渡性特征明显。土壤类型为棕壤土和褐色土。本节的研究区域如图 4-9 所示。

（二）资料与方法

1. 研究资料

遗址点分布主要根据《中国文物地图集·河南分册》（2009）等文献资料和河南省内的考古资料，同时用吴湾遗址剖面的地层的磁化率和粒度指标结合本相关文献资料对研究取得的古环境进行分析。运用资料统计法和文献资料法整理出不同时期的新石器文化遗址数目，并在此数据的基础上，结合遗址所处的地理环境背景来讨论本区史前文化遗址的时空分布与环境背景的关系。

2. 研究方法

（1）野外实地调查和样品采集：调查典型遗址的地形特点、地貌分布、水文特征、植被覆盖等要素，分析研究典型遗址和遗址所处的地理环境。根据实际观测和了解，确定采样

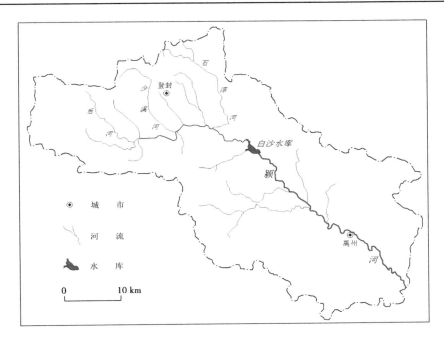

图4-9 颍河上游的地理范围

剖面并采集样品。

(2)资料收集和数据分析:结合相关文献在本区确定的地层年代序列,收集当时的气候、人类活动等方面的相关资料,这些资料来自环境考古专业期刊。

(3)综合分析:依据样品测试数据和对相关资料的分析结果,考证典型遗址史前时期气候干湿状况、人类活动与气候环境变化之间的关系等。

二、颍河上游史前文化序列和遗址分布状况

(一)颍河上游史前文化序列

(1)裴李岗文化(8.2~7.0 kaB.P.)陶器以泥质红陶为主,均为手制,有纹饰的器物较少,多烧制缸、罐、瓮、盆等生活器具。石器以磨制为主,有石磨盘、石斧、石铲等生产工具。生产活动以原始农业、畜禽饲养业和手工业生产为主,渔猎业为辅并且已经开始种植粟类作物。

(2)仰韶文化(7.0~5.0 kaB.P.)承袭了该地区的裴李岗文化,生产工具以磨制石器为主,常见的有石纺轮、石棒、石斧等。早期是以红陶为主且常有彩绘的动植物花纹或几何图案,晚期以灰陶为主,并有少量黑陶。日用陶器有甑、鼎、碗、瓶等且多用手制。农业以旱作农业为主,有少量的稻作农业存在。

(3)龙山文化(4.6~3.8 kaB.P.)早期陶器以灰色为主,多为轮制,纹饰以蓝纹为主,有少量的橙黄陶;晚期以灰陶为主,黑陶数量有所增加。生活用具,主要有瓶、豆、盘、壶等陶器。生产工具常见的有石刀、石斧、石镰等。家庭畜牧业比仰韶文化时期发达,饲养羊、猪、狗、牛等家畜。经济以种植粟类作物等旱作农业为主。

(4)龙山文化(3.8~3.6 kaB. P.)生产和生活工具多为铜器、陶器、骨器和石器。早期的二里头文化以褐陶和黑陶为主,纹饰有蓝纹、细绳纹、方格纹,晚期黑陶数量减少,纹饰以绳纹为主,蓝纹和方格纹较少,并出现了大量的白陶器具。二里头的旱作农业和家庭畜牧业比较发达,栽培作物有粟、稻、谷、麦、豆等,采集和渔猎所占比重较小。

(二)遗址分布状况

1. 裴李岗文化遗址分布

颍河上游地区的裴李岗文化遗址的分布数量较少(见表4-3),仅在禹州市境内的许昌市禹州市楮河乡枣王村的枣王遗址可以看到裴李岗时期的文化地层。

表4-3　颍河上游地区不同时期遗址分布数目

文化时期	颍河上游遗址数(处)	河南省遗址数(处)	颍河上游遗址数与河南省比例(%)
裴李岗	1	94	1
仰韶	12	586	2
龙山	29	977	3
二里头	5	42	12

2. 仰韶文化遗址分布

仰韶文化是颍河上游地区史前文化大发展时期,全区仰韶遗址共12处(见表4-3),颍河上游遗址数占河南省的2%。从颍河上游仰韶文化遗址分布(见图4-10)看,遗址分布的空间地域从颍河上游的登封盆地西北部向禹州境内东南部扩张,从低山丘陵向低地平原迁徙。受到山体走向和河流地貌的影响,仰韶文化遗址主要分布在颍河上游西北部的颍河干流两岸和支流五渡河上游、石淙河和少溪河河谷的一、二级阶地上。

图4-10　颍河上游地区仰韶文化遗址的分布

3.龙山文化遗址分布

龙山文化是颍河上游地区在仰韶文化之后又一个史前文化大发展时期,颍河上游地区的龙山文化是在环嵩山地区的仰韶文化的基础之上发展起来的。在考古发掘中发现龙山文化遗址与仰韶文化遗址重合度很高,充分说明了颍河上游地区龙山文化对仰韶文化的继承性。从已有的资料中整理出颍河上游地区全境遗址共29处,占河南省的3%,相对于河南其他核心区域的龙山文化,颍河上游地区的遗址数量相对较多。气候和农业生产技术进步的影响使得龙山文化的分布范围更加广泛,从颍河上游龙山文化遗址分布图4-11上看,遗址分布的空间地域从登封盆地向禹州市境内快速扩张,从山地丘陵至平原阶地迁徙,主要分布在颍河干流两岸和支流后河、太后庙河、少阳河河谷的一、二级阶梯上。

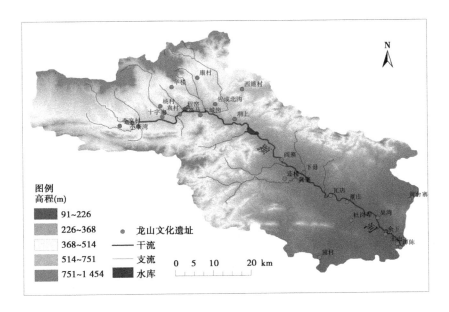

图4-11　颍河上游地区龙山文化遗址的分布

4.二里头文化遗址分布

二里头文化时期,作为国家出现的主要要素都已经基本产生,在手工业、农业、礼制等方面相对龙山文化时期成熟。该时期是史前文明向文明社会的过渡时期,但河南省二里头文化遗址的数目较少(见图4-12)。从已有的资料中整理出颍河上游地区全境遗址共5处,占全省的12%。该地区的二里头文化遗址数目在河南省内所占的比重是四个时期中所占比重最高的。唯有西玉村遗址和袁桥遗址分布在颍河干流左岸的一级阶梯上,其余遗址多分布在登封市境内的低山丘陵地带,且距离颍河及其支流有一定的距离。这表明随着社会生产技术条件的进步,史前人类生产和生活活动对于河流的依赖度降低。

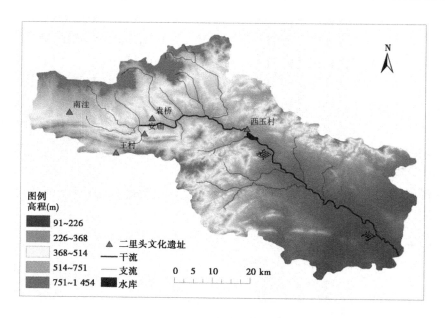

图 4-12 颍河上游地区二里头文化遗址的分布

三、影响遗址分布的环境因素

(一)气候因素

全新世以来,气候处于波动的升温期,中原地区定居的史前文化基本上是在被称为"全球寒冷事件"之后出现的。在此之前,虽然气候变化朝着有利于人类定居的方向发展,但是环境条件仍然比较严峻。随着全新世大暖期的到来,气温和降水量增加,中原地区的农业生产进入初步兴盛的阶段。根据图 4-13 中哈尼泥炭纤维素(洪冰等,2009)[见图 4-13(a)]和董哥洞石笋(Wang 等,2005)氧同位素记录[图 4-13(b)]的全新世古气候信息,推测颍河上游地区的中全新世时期气候波动显著,先后经历了过渡期、暖湿期、温凉期和恢复期。与之对应人类遗址的空间分布和生业模式也相应出现变化,成为新石器遗址时空分布的重要驱动因子。现根据上述四个文化时期的生业和聚落特征归纳各个文化时期的古环境背景如下。

1. 裴李岗文化时期的气候特征

据禹州 YPC 沉积剖面记录在 140 ~ 136 cm 处,颗粒较细,黏粒和细粉粒含量高,Rb 值较高,Sr 值较低、硅铝比(SiO_2/Al_2O_3)值逐渐降低,钾钠比(K_2O/Na_2O)值和残积系数 $(Al_2O_3 + Fe_2O_3)/(CaO + MgO + Na_2O)$ 逐渐升高,磁化率逐渐升高,反映出裴李岗时期,在经历了 8 kaB. P. 的降温事件后,气温逐渐回升,降水量逐渐增加,气候环境较之前有利于人类的生存和发展。

2. 仰韶文化时期的气候特征

全新世中期(8.5 ~ 4 kaB. P.)是一个较现代更为温暖的时期,当时中原地区的气温

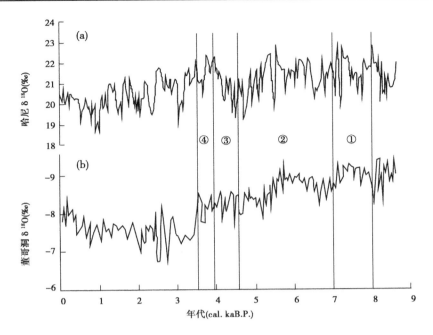

①裴李岗文化;②仰韶文化;③龙山文化;④二里头文化

图 4-13　哈尼泥炭纤维素 $\delta^{18}O$（a）与董哥洞石笋 $\delta^{18}O$（b）记录的
全新世古气候信息的对比

可较现代高出 2～3 ℃,全新世暖期的盛期可能出现在 6 kaB. P. 左右。根据覃嘉铭对桂林石笋记录的全新世环境变化特征的研究,在 6 100～4 200 aB. P. 期间,C_3 植物兴盛,灌木和林木在桂林地区分布广泛,可能反映中全新世雨量较为丰富。李育等对石羊河流域孢粉记录的古气候信息表明,在 6.5～4.5 kaB. P. 期间,云杉花粉浓度和含量较高,表明中全新世本区气候暖湿。从以上文献推测颍河上游地区仰韶文化时期降水丰沛,热量充足,气候暖湿。由裴李岗文化时期的 1 处遗址的发现到仰韶文化时期的 12 处遗址,而且在距离颍河发源地较近的地方发现了面积较大的颍阳遗址,海拔较高,在 350 m 以上的丘陵地带,说明丰富的天然降水资源,已基本上满足史前人类对于生产和生活的需求。

　　另外,仰韶文化时期,由于气温升高,降水增多,而海拔相对较高的环境的气温相对低海拔地区较低,史前人类在海拔较高的地区居住可以在一定程度上规避夏季的高温酷热,而仰韶文化时期的降水较为充沛,在距离河流较近,海拔较低的地区,易受到洪水的侵扰。登封市总体海拔高程要高于禹州市,所以在登封市境内的史前文化遗址要比禹州市境内的数目多。

　　3. 龙山时期的气候特征

　　位于禹州市吴湾村东北颍河南岸的二级阶地面上的吴湾遗址,属于龙山文化类型,该遗址完整地记录了颍河上游地区龙山文化时期的古环境特征。图 4-14 分别是遗址底层的磁化率、总有机碳(TOC)和粒度的变化。龙山文化层的磁化率平均值为 0.103×10^{-8} m^3/kg,TOC 均值为 0.39 mg/L,平均粒径为 54.37 μm;磁化率在深度 60 cm 处达到此阶段较大值之后逐渐递减,平均粒径值达到最高,反映了一次较强的洪水事件。在龙山文化早期(76~106 cm),气候相对龙山文化晚期温暖湿润,降水丰富,植被覆盖率高,生活环境适宜,人类活动频繁,人口规模较大。

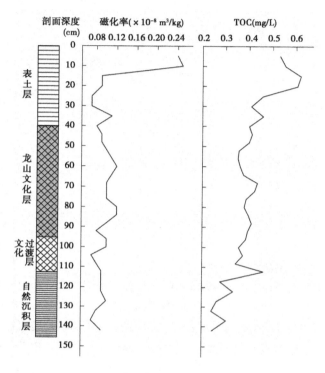

图4-14　吴湾遗址龙山文化时期的古气候指标变化

在龙山文化晚期(42~76 cm),在呈现出短暂的温暖湿润之后,转入干冷时期,期间伴随着若干次洪水过程。龙山文化早期气候相对温暖湿润,而且史前人类面对自然灾害,适应环境变化的生存能力有所提高。随着生产条件的进步,颍河上游地区史前人类的遗址数目达到29个,是该地区遗址数目最多的文化时期。而且随着史前农业生产工具的改进,当时适宜的气候条件,促使了本区龙山文化的繁荣。在4.0 kaB. P. 降温事件后,气候干凉,此时,本区处于龙山文化的晚期,人类生存和发展的环境条件发生了变化,生产和生活的物质来源受到限制。史前人类为了适应气候的变化,需要寻找适合生存和发展的适宜居住区,而低海拔、低纬度地区温度相对比高海拔、高纬度地区的温度要高,这样颍河上游地区位于的低地平原和河流的一、二级阶地成为最佳选择,在禹州市境内的龙山文化遗址数目由仰韶文化时期的4个增加到13个。

4. 二里头时期的气候特征

据孟津寺河南湖沼堆积物剖面记录,二里头文化时期,水生软体动物化石基本上不再出现,陆生蜗牛相对丰富,表明此期间降水较少,气候转为凉干。在4.0 kaB. P. 的降温事件后,中原周边地区的史前文明大多都已衰落,而中原文明却一直延续,直到夏朝的建立。

本区位于中全新世处于温带和北亚热带的过渡带,且处于我国二级阶梯和三级阶梯的过渡带,因此它一方面可以减少干旱和低温对农业生产的打击,另一方面又能很好地规避洪灾的袭扰。这也就解释了中原地区周围地区的文化衰落,而中原地区的文化能够很好地、一脉相承地延续发展。颍河上游地区,此期间的遗址数目较多,在占河南省史前文化期中的比重是最高的,达到12%。

(二)地貌因素

在史前文化时期,由于社会生产力水平有限,生产工具相对落后等多种因素使得史前时期人口规模较小,对于河流水资源的依赖程度较高,因此颍河上游地区史前文化遗址多位于生存资源丰富的河流一、二级阶地上。由于登封市境内的颍河左岸支流多,所以其境内遗址多分布在颍河干流的左岸;禹州市境内颍河右岸的支流多,所以遗址多分布在颍河干流的右岸;而且多分布在颍河支流与干流的交汇地带以及附近。利用 ArcGIS 软件可以得出的颍河上游地区水系网络的缓冲区与不同时期遗址分布的关系如图 4-15 所示。

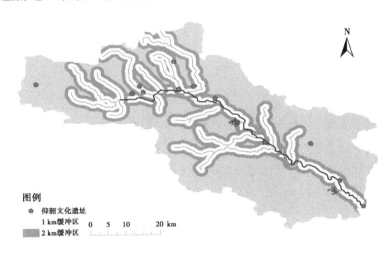

图例
　仰韶文化遗址
　1 km缓冲区
　2 km缓冲区
0　5　10　　20 km

图 4-15　颍河上游干支流的 1 km 缓冲区、2 km 缓冲区与仰韶文化遗址的关系

从图 4-15 中可以看出,颍河上游地区的仰韶文化在河流 1 km 缓冲区的遗址数为 5,覆盖率为 42%。2 km 缓冲区的遗址数为 10,覆盖率为 83%。濒河性是早期先民选址考虑的重要因素,缓冲区的河谷阶地地形平坦开阔,土壤肥沃,林草茂盛,同时靠近水源,这些条件相对于靠近低山丘陵地区来说对于聚落选址更为有利:一方面降低了生存资源的采集难度,节约了采集的时间;另一方面有利于粟、黍农耕活动的开展。说明史前文化早期的濒河性是选址的相对主要因素,人类对河流的依赖程度较高。

龙山文化遗址与颍河干支流缓冲区的关系如图 4-16 所示。图中显示,颍河上游地区的龙山文化在河流 1 km 缓冲区的遗址数为 15,覆盖率为 52%,均是四个文化时期最高。2 km 缓冲区的遗址数为 26,覆盖率为 90%,也是四个文化时期最高。似乎龙山文化时期聚落选址对河流的依赖程度有所增强,事实上,逐渐提高的社会生产力水平和相对进步的农业生产条件扩大了人类的活动范围,亦或许与传说中的禹治理水灾,提高农业生产有关。该地区距离河流远距离的遗址数目由仰韶文化时期的 2 处到该时期的 4 处,而且禹州市境内的遗址数目增加较多。聚落布局在登封盆地和颍河平原的河流阶梯面上比在低山丘陵地区节约了对土地资源的管理和整治时间。

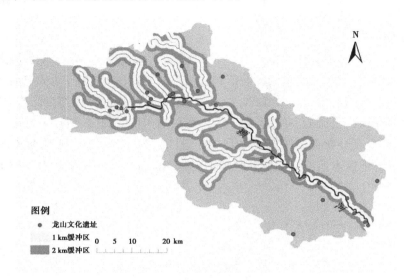

图 4-16　颍河上游干支流的 1 km 缓冲区、2 km 缓冲区与龙山文化遗址的关系

　　二里头时期的史前遗址与缓冲区的关系与上述三个时期有明显差别。从图 4-17 中可知,颍河上游地区的二里头文化遗址在河流 1 km 缓冲区的遗址数为 2,覆盖率为 40%,均是四个文化时期最低。2 km 缓冲区的遗址数仅有 3 处,覆盖率为 60%,是四个文化时期较低的。说明随着农业生产条件的日益成熟,生产工具的改进,手工业制作技术逐渐进步,人们对河流等自然环境条件所提供的生存资料的依赖程度逐渐降低。而且在二里头时期伴随着若干次的洪水事件,人类为了规避洪水灾害的侵扰,减小财产受损程度,选址在地势相对高的地区,所以在地势相对平缓的颍河平原尚未发现二里头文化遗址。

　　不同文化时期文化遗址与颍河干支流缓冲覆盖数目及覆盖率的比较分析如表 4-4、表 4-5 所示。从表中遗址覆盖率可以看出,龙山文化遗址最高,仰韶文化次之,二里头文化最低。仰韶文化时期古人类选址对于濒河性要求较高,而二里头遗址数为三个时期最低。龙山文化时期,缓冲区内的遗址数目最多,遗址覆盖率最高。2 km 缓冲区内仰韶文化遗址和龙山文化遗址数量大体相当,而遗址的覆盖率龙山文化时期比仰韶文化时期高,这与各个时期的其他环境条件有关。而在此区域各个时期的 1 km 缓冲区的遗址覆盖率高达 40% 及其以上,2 km 缓冲区的遗址覆盖率高达 60% 以上,说明濒河性始终影响史前文化时期遗址的选择。另外,地貌等自然环境因素和其他社会环境因素的影响,促使史前聚落由早期的相对集中分布、中期的广域扩散,到晚期的收缩布局。

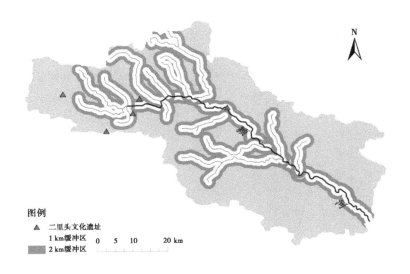

图 4-17　颍河上游干支流的 1 km 缓冲区、2 km 缓冲区与二里头文化遗址的关系

表 4-4　颍河上游干支流 1 km 缓冲区对史前遗址的覆盖率

文化时期	颍河上游遗址数(处)	覆盖遗址数(处)	缓冲区遗址覆盖率(%)
仰韶	12	5	42
龙山	29	15	52
二里头	5	2	40

表 4-5　颍河上游干支流 2 km 缓冲区对史前遗址的覆盖率

文化时期	颍河上游遗址数(处)	覆盖遗址数(处)	缓冲区遗址覆盖率(%)
仰韶	12	10	83
龙山	29	26	90
二里头	5	3	60

(三)高程因素

遗址高程分布表明,仰韶文化时期的遗址主要分布在海拔 250～400 m 的地区,占同时期遗址数的 66.7%,400～450 m 的遗址占同时期的 8.3%(见图 4-18)。仰韶文化时期的气候相对温暖湿润,降水丰富,是以粟、黍农业为主,同时有水稻种植。据登封八方和双庙沟出土的生产工具,有石磨棒、石铲和石斧等,表明仰韶文化时期的粟作农业已经发展

占主导地位,但是还存在采集、狩猎的原始经济活动。仰韶文化时期整体上适宜自然的环境条件,比裴李岗时期的遗址数目多了11处,原始人口数量迅速增加,使得在河谷地带及低山丘陵地带均有遗址的分布,但是大多数遗址分布在低山丘陵地带。例如,在海拔比较低的胡楼先民,可能会从事稻作农业的生产活动。而居住的海拔相对较高的先民,可能从事以粟、黍为主的旱作农业生产活动。

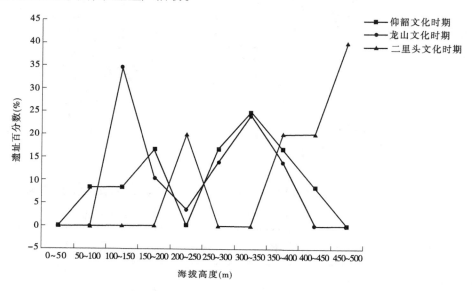

图 4-18　颍河上游地区史前文化时期不同文化类型遗址高程对比

　　龙山文化时期的遗址,主要分布在100～200 m,其中100～150 m的遗址所占比重最高,为34.5%,达到同时期的最大值,而在400 m之上的遗址还未见有分布,同时在各个高程阶段均有遗址的分布,说明颍河上游地区的原始居民在龙山时期向低海拔地区的迁移,在低海拔地区定居的趋势较为明显。龙山文化时期的气候因为5 kaB. P.的降温事件的影响,早期温湿,晚期较为干凉。但是史前人类逐渐进步的生产技术带来的更强的改造和适应能力,能更加有效地应对自然环境变迁甚至自然灾害的发生。龙山文化时期遗址是本地区遗址数目最多的时期,人口的增多,必然带来人均资源量的减少,所以在低海拔的颍河平原的遗址数目比仰韶时期多了9处。龙山时期整体上,天然降水相对较少,一些小型的沼泽、泥潭和湖泊可能会萎缩甚至消失,这为旱作农业提供了较为富足的耕作空间。在吴湾遗址出土的生产工具,有石镰、石斧和石刀等,表明龙山文化时期的原始居民以从事粟、黍为主的旱作农业农事活动,而且居住地布局在较低的河谷阶梯面,距离农业活动区较近,降低了农业劳动的强度,减轻了农业劳动的风险和难度。

　　二里头文化时期遗址数目较少,只有5处遗址,且遗址大多分布在海拔相对较高的地区,主要集中分布在350～500 m,在450～500 m有2处,占到了同时期遗址数目的40%。二里头文化时期,经过4 kaB. P.的降温事件,中原周边地区的史前文化大多衰落,而本区位于嵩山南麓,得天独厚的地理位置,使得史前文明得以延续。虽然数量不多,但是在整个河南省同时期的遗址数目所占比例较高。根据南洼遗址出土的种子组合(韩国河等,2011),整体上看粟和黍所占比重较大,而杂草的比重从早期到晚期逐渐较少,而且存在少量的水稻和小麦遗存。这表明,二里头时期人们以从事旱作农业为主,但水稻种植依然存在,并且已经有意识驯化小麦这样的高产作物,杂草数量的逐渐减少,表明人类活动的足迹在逐渐扩大。海拔较高的台地布局,有利于规避二里头时期多发的洪涝灾害,而且生产工具的进步,使得人类有能力改造灌丛林地,开发成原始农田。

（四）资源因素

自然资源是史前人类赖以生存和发展的基础,尤其是动物资源、植物资源以及水资源。而史前人类早期的经济活动以采集、狩猎的原始经济活动为主,所以对自然资源的依赖程度更高。而随着劳动工具的进步,手工业的发展,人类对于自然资源的需求度会有所降低,但仍然是影响聚落布局的重要因素之一。

仰韶文化时期,主要采集的植物资源为粟、黍、稻、杏,动物资源为家猪、鱼和螺等。聚落主要分布在靠近河岸水资源的河流阶梯面上或是海拔相对较高的山间谷地,利于渔猎活动,获取水生动物资源,同时溯河而上,可方便采集到低山丘陵处的果实类植物资源和捕获到陆生动物资源。

龙山时期主要的植物资源为粟、稻、黍、紫苏、藜种、菊种等。而紫苏、菊种具有药用价值,可能在史前的颍河上游地区先民已经意识到这两种植物特殊的功能。丰富的植被资源,促使了草食动物数量的增长,同时促进了家畜饲养业的发展,增加了家畜的品种和数量,先民的肉类食物来源更加丰富。动物资源(方燕明,2012)为狐、兔、熊、羊等。随着采集狩猎工具的进步,动物资源相比仰韶文化时期要丰富,特别是龙山文化晚期较为凉干的气候特点,促使先民获取陆生动物资源的数量增多,并且随着狩猎工具的改进,有时会捕获一些大型且较为危险的陆生动物。

南洼遗址出土的粟、黍、稻、小麦、大豆和藜科等,表明该地区从二里头文化延续了中国北方的旱作农业传统;动物资源为牛、羊、狗和鹿等(吴文婉等,2014)。二里头文化时期,遗址分布数量较少,获取野生动植物资源对于先民们来说,已经变得不是那么重要,定居式的农业生产以及畜牧业成为维持先民及聚落发展的重要因素。所以,即使生活在海拔相对较高的王村聚落和南洼聚落的先民,也会获取到维持生活的必备资源。野生动植物资源可以作为先民食物来源的补充,而培育驯化野生植物和动物成为二里头先民获取生活资料的重要来源,特别是小麦的出现,表明在南洼先民的食谱中"五谷"成为主食。

（五）经济因素

史前文化是在物质生产达到一定条件后出现的,以采集狩猎业为主的经济活动来获取生活资料,使得先民无法固定在一定的地点进行定居式的生活,而由于自然环境条件在一定阶段的改变增加资源获取的难度,或是先民为了扩大食物的品种结构、增加食品种类,使得先民寻求新的食物来源。

在本区的仰韶文化时期,温暖湿润的气候条件促使该地区人口迅速增加,人们为了寻求更为丰富的食物来源,在河谷地区和低山丘陵地区进行以粟为主的旱作农业的劳作,在靠近河岸的河谷地区开始了便于灌溉的稻谷农业的种植,同时仍然存在着采集狩猎的经济活动。定居式的生活方式节约了农事劳作的时间,人类便有更多的空余时间从事家庭畜牧业和手工业活动。根据颍阳和袁村遗址出土的器物来看,有陶器、石器和骨器,其中以陶器为主且陶器种类较多,纹饰丰富,说明本期制陶工艺水平较高。

在龙山文化时期,相对仰韶文化时期降水较少,所以先民从事旱作农业为主,但是仍然有小比例的稻作农业的存在,而且仍然有辅助性采集狩猎业的存在。畜牧业也是当时的一个重要部门,家畜的数量还比仰韶文化丰富,种类有所增加,如猪、狗、羊、牛(李维明,2004)。龙山时期的陶器制作继承了仰韶文化的某些因素,且造型更为多样,器物更加精美。磨制石器仍然存在,但打制石器有所增多,并出现了一些新的生产工具(玉铲),提高了农业劳动的效率,降低了劳动的难度;陶纺轮和石纺轮的出现促进了纺织手工业的发展。劳动工具的改进和多样化,以及家庭畜牧业的发展,促使龙山时期人口的快速增长,聚落数量达到最高。

据南洼遗址出土炭化植物遗存,粟、黍是二里头时期的主要种植作物,但也有少部分的稻和大豆(秦岭等,2013),且是藜科植物和核桃在该地区可能已经被栽培。而且水井的出现,方便了农业灌溉和生活饮水。家庭畜牧业中猪、狗、牛和羊比较常见,且饲养的规模有所扩大。二里头时期南洼遗址的出土器物有铜器、石器、陶器、骨器、玉器等,可见当时手工业技艺已经达到了很高的水平,尤其是白陶酒礼器可能还会被交换到其他地区的聚落,铜制生产工具的出现,增强了史前人类开发自然资源的力度,扩大了利用的范围。本期由于生产技术的进步,人们对自然环境条件的要求降低,即使在高海拔地区定居的先民,由于精湛手工技艺,也可以用手工艺品交换到所需的食物。

(六)社会文化因素

根据颍阳、袁村和袁桥等遗址面积特征,仰韶时期的聚落规模小且差别不大。龙山时期的聚落规模从大型聚落到小型聚落均有分布,布局呈现"向心式",表明聚落间的等级关系,社会的复杂程度相比仰韶时期出现较大变化,这在王城岗遗址区表现得十分明显。二里头时期,战事频繁,促使部族内部凝聚力和外部扩张力增强,社会组织出现了重新组合;此时,可能由于政治中心迁移至伊洛平原导致本区的二里头遗址规模较小且数量较少,聚落的"向心式"消失。此外,由于受到宗教信仰和外来文化等因素的影响,也会使史前聚落选址及布局形态发生变化。

四、颍河上游地区新石器遗址分布的特征

颍河上游地区地处中原地区中部,得天独厚的自然环境和复杂的社会文化条件造就了该地区史前文化繁荣且文脉相承的新石器发展时期,其文化的先后顺序为:裴李岗文化、仰韶文化、龙山文化、新砦文化和二里头文化。然而,颍河上游地区的裴李岗时期的聚落遗址数量则比较罕见,仅有枣王遗址一处。

(1)仰韶文化时期,气候总体特征是温暖湿润,适宜的气候条件,促使人口数量快速增加,这些因素促进了粟作农业的发展,同时存在少量的稻作农业。仰韶时期的遗址大多

分布在干支流的交汇处和河岸两侧的一、二级阶梯面上,并且登封市境内的一直要比禹州市境内的多,登封市境内的遗址多分布在干流的左岸。

(2)龙山文化早期气候较温湿,晚期气候较为凉干并伴有洪涝事件,但是逐步进步的生产力水平,使得人类面对环境变迁的能力提高,人口迅速增长,遗址数目达到史前最大值,遗址分布也逐渐从登封市境内迅速向禹州市境内扩张,从低山丘陵至平原阶地迁徙,禹州市境内右岸遗址明显增多,在各个高程阶段分布的遗址比较均匀,但以低海拔分布的遗址比例较高。

(3)二里头文化时期,由于气候干冷,遗址数量较少,且向登封市境内收缩,禹州市境内未发现有二里头文化的遗址,登封市境内的遗址出现了本区史前海拔最高的遗址,但是濒河性仍是先民选址的重要因素。随着手工业技艺进步,社会阶层分化的加剧,距离夏文化的出现时间越来越近,该时期的社会文化背景更加复杂。

小　结

本章讨论了河南省史前时期的仰韶文化遗址和龙山文化遗址的空间分布。结果显示,18.8%的仰韶文化时期遗址分布在河流的1 km缓冲区内,而龙山时期遗址只有16.5%,其濒河性呈减弱趋势。遗址密度的三维数据表明,河南地区史前人类活动格局从仰韶期的“单核型”演化为龙山时期的“多核型”。这种空间格局的变化可能与5.4 kaB. P.降温事件相关,而且龙山期的气候特征与仰韶时期相比显得温凉、干燥,加之农业生产技术的进步和人口增加促使史前人类活动核心区从豫西山区向豫东平原和豫北平原地区扩散。同时,4.0 kaB. P.前后河南地区的干旱、洪水、低温等自然灾害频发亦加速了人类活动范围的快速扩展,并且石家河、大汶口、关中等史前文化类型向河南地区的渗透,造成河南龙山文化类型的多元化和空间分布的复杂化。而全新世早期的裴李岗遗址和晚期的二里头遗址数目较少且均匀分布于嵩山两翼,初步推测环嵩山地区是河南史前文化的肇源地区。

第二节讨论了嵩山南麓颍河上游地区聚落的时空分布。仰韶文化(7~4.6 kaB. P.),整体上温暖湿润,以旱作农业为主,遗址分布是从登封市境内向禹州市境内扩张,遗址集中分布在登封市境内,且分布在河岸两侧的一、二级阶梯面上,以登封市境内颍河干流左岸的遗址较多。龙山文化(4.6~3.8 kaB. P.)早期较为温暖湿润,后期较为凉干且伴有若干次的洪水事件,但由于农业和手工业生产条件的进步和家庭畜牧业的发展,本期遗址数目最多,在各个高程阶段分布均匀,但低海拔的遗址数目所占同时期比重较大,从丘陵至平原阶地迁徙的趋势明显,禹州市境内的遗址明显增多,且在颍河干流右岸分布的遗址较多。二里头文化(3.8~3.6 kaB. P.)由于气候冷干,遗址数目较少,遗址分布是从禹州市境内快速收缩到登封市境内,从平原阶梯至低山丘陵迁徙。

参 考 文 献

[1] 侯光良,刘峰贵.青海东部史前文化对气候变化的响应[J].地理学报,2004,59(6):841-846.

[2] 刘峰贵,侯光良,张镱锂,等.中全新世气候突变对青海东北部史前文化的影响[J].地理学报,2005, 60(5):733-741.

[3] 李宜垠,崔海亭,胡金明.西辽河流域古代文明的生态背景分析[J].第四纪研究,2003,23(3):291- 298.

[4] Zhu C,Zheng C G,Ma C M,et al. On the Holocene sea-level highstand along the Yangtze Delta and Ning- shao Plain,East China[J]. Chinese Science Bulletin,2003,48(24):2672-2683.

[5] 竺可桢.中国近五千年来气候变迁的初步研究[J].中国科学,1973,16(2):226-256.

[6] 王绍武,黄建斌.全新世中期的旱涝变化与中华文明的进程[J].自然科学进展,2006,16(10):1238- 1244.

[7] 董广辉,夏正楷,刘德成,等.文明起源时期河南孟津地区人类活动对土壤化学性质的影响[J].兰 州大学学报(自然科学版),2007,43(1):6-10.

[8] 何忠,黄春长,周杰,等.淮河上游全新世黄土及其沉积动力系统研究[J].中国沙漠,2010,30(4): 816-823.

[9] 李胜利,黄春长,庞奖励.黄河泛滥平原全新世沙尘暴活动的历史记录[J].沉积学报,2008,26(1): 144-150.

[10] Bond G,Kromer B,Beer J,et al. Persistent solar influence on North Atlantic climate during the Holocene [J]. Science,2001,294:2130-2136.

[11] Cullen H M,de Menocal P B,Hemming S,et al. Climate change and the collapse of the Akkadian empire: Evidence from the deep sea[J]. Geology,2000,28(4):379-382.

[12] 姚檀栋,施雅风.祁连山敦德冰芯记录的全新世气候变化[C]//施雅风,孔昭宸.中国全新世大暖 期气候与环境.北京:海洋出版社,1992:206-211.

[13] 徐海,洪业汤,林庆华,等.红原泥炭氧同位素指示的距今6 ka温度变化[J].科学通报,2002,47 (15):1181-1186.

[14] 邵晓华,汪永进,程海,等.全新世季风气候演化与干旱事件的湖北神农架石笋记录[J].科学通 报,2006,51(1):80-86.

[15] 梁亮,夏正楷,刘德成.中原地区距今5 000～4 000年间古环境重建的软体动物化石证据[J].北京 大学学报(自然科学版),2003,39 (4):532-537.

[16] North Greenland Ice Core Project Members. High-resolution record of Northern Hemisphere climate exten- ding into the last interglacial period[J]. Nature,2004,431:147-151.

[17] Wang Y J,Cheng H,Lawrence Edwards R,et al. The Holocene Asian Monsoon:Links to solar changes and North Atlantic climate[J]. Science,2005,308:854-857.

[18] 孔昭宸,刘长江,张居中.渑池班村新石器遗址植物遗存及其在人类环境学上的意义[J].人类学 报,1999,18(4):291-295.

[19] 吴文祥,胡莹,周扬.气候突变与古文明衰落[J].古地理学报,2009,11(4):455-463.

［20］吴锡浩,安芷生,王苏民,等.中国全新世气候适宜期东亚季风时空变迁[J].第四纪研究,1994
(1):24-37.

［21］Ann Brower Stahl. Innovation,diffusion,and culture contact:The Holocene archaeology of Ghana[J].
Journal of World Prehistory,1994,81:119-126.

［22］Berendsen H J,Cohen K M. The use of GIS in reconstructing the Holocene palaeogeography of the Rhine-
Meuse delta,The Netherlands[J]. International Journal of Geographical Information Science,2007,215:
1105-1108.

［23］吴文祥,周扬,胡莹.甘青地区全新世环境变迁与新石器文化兴衰[J].中原文物,2009(4):31-37.

［24］洪冰,刘丛强,林庆华,等.哈尼泥炭 δ^{18}O 记录的过去 14000 年温度演变[J].中国科学 D 辑:地球
科学,2009,46(5):626-637.

［25］Wang Y J,Cheng H,Lawrence Edwards R,et al. The Holocene Asian Monsoon:Links to solar changes
and North Atlantic climate[J]. Science,2005,308:854-857.

［26］覃嘉铭,林玉石,张美良,等.桂林全新世石笋高分辨率 δ^{13}C 记录及其古生态意义[J].第四纪研
究,2000,20(2):351-358.

［27］方燕明.河南龙山时代和早期青铜时代考古六十年[J].华夏考古,2012(2):47-67.

［28］吴文婉,张继华,靳桂云.河南登封南洼遗址二里头到汉代聚落农业的植物考古证据[J].中原文
物,2014(1):109-117.

［29］李维明.二里头文化动物资源的利用[J].中原文物,2004(2):40-45.

［30］张松林,刘彦锋,张建华.河南登封县几处新石器时代遗址的调查[J].考古,1995(6):481-496.

第五章　嵩山地区新石器遗址地层研究

环境考古研究中的古环境指标主要源于遗址地层沉积物理化环境指标的分析,因此文化遗址地层研究始终是环境考古研究的主题。遗址研究主要包括:①遗址时空分布;②地层古环境;③生业结构和类型等内容。时空分布主要讨论遗址的集聚与分散的空间模式及其随时间的变化,用于分析自然环境变迁或社会环境更迭导致的聚落的空间迁徙。地层环境分析借助第四纪环境学沉积分析的原理,一般通过地层沉积物的地球物理和化学元素的含量变化,并基于其指示机制对古环境变化进行解译。主要指标是元素化学或地层的物理性质(磁化率、光释光信号、烧失量等)的数据序列对环境进行分析进而获取沉积层的古环境特征,遗址地层的特色在于其参与了人类活动的有用信息。而基于遗址中出土的植物孢粉、作物种子、植物淀粉颗粒、植硅石等载体则可以了解史前人类活动时期的外部环境和植物组合及其社会化经济的基本特征。

第一节　瓦店遗址

本节尝试用瓦店遗址地层中的炭屑密度反推人类活动强度,并借助相关文献研究当时的古环境特征,该方法大致属于植物考古学的范畴。植物考古学(Archaeobotany)是探讨农业起源与传播、认识和了解先民农业活动及其与植物间的相互关系、重建古环境和早期农业经济结构的重要方法。遗址中的植物遗存一般可归为两大类:植物体大化石,如种子、果实、木材等;植物微体化石,如孢粉、植硅体及淀粉粒等。由于有机物质容易腐烂,地层中新鲜的种子及果实受埋藏环境的影响,通常不易保存下来,而经过炭化作用以后,植物种子、果实、木材的化学性质变得非常稳定,受埋藏环境变化影响甚小,能够长久地保存在文化堆积中。有关考古遗址中植物炭化遗存形成原因有多种解释,一般认为它们的形成与火有关,是高温烤焙的结果,但也存在自然脱水炭化的植物遗存。目前,植物炭化过程与原因、温度条件以及形态和结构变化等尚缺乏系统研究。

国外学者对植物环境信息开展多方位研究可以回溯到20世纪60年代,对考古遗址中木炭一般用金相显微镜进行镜下识别和分析比对,根据目前已经发表的各类文献看,木炭分析业已成为重建遗址附近环境植被类型常见耕作作物类型的重要手段。随着扫描电镜技术的进步,根据遗址出土的木炭来恢复研究古遗址的生业模式、作物种类、人类食谱等研究取得快速进步。木炭分析方法目前已经成为遗址考古的古环境恢复的崭新方向。

最近十年我国的植物遗存研究发展很快,如靳桂云、杨晓燕等都取得了不俗成果。但与国外同行的研究成果相比还有差距。国内学者的研究主要集中在出土作物种子的社会意义而非环境意义。这对当前的环境考古研究是负面的,纯粹出于社会文化研究这只是表象,而非社会变迁的内因。张文绪、裴安平(2000)以八十垱聚落出土的炭化水稻为基础载体,从理论上研究了其生物学特征,表明学术界开始对遗址出土的植物遗存的自然科学问题做出反馈。之后,杨青等(2001)曾开展了炭化过程中粟、黍表层结构的亚显微分析研究。不同于 Braadbaart 的成果是,杨青等把炭化温度、炭化时间施加给粟、黍的影响分别进行讨论,还把它与同一遗址的粟、黍做显微结构的分析对比,得出了现代粟和黍在马弗炉252 ℃的高温环境下获取的炭化种子和遗址出土的粟、黍的炭化度与最接近的结论,解译了粟、黍在这个温度下的体积、大小和质地的变化。黍(*Panicum miliaceum*)和粟(*Setaria italica*)是我国北方新石器时期旱作农业的代表性作物,据张居中的研究,其栽培历史可以追溯到距今约一万多年前,并星落分布于南北方新石器时代不同文化期的聚落(如中原地区的裴李岗文化时期、磁山文化时期、仰韶文化时期等,以及西北地区的马家窑文化时期和齐家文化时期)的遗址中。

颍河上游地区既是中原新石器文化的发端区,也是中原文化与外来文化的交流的重要枢纽,如新石器晚期来自江汉地区的石家河文化、来自淮河下游的大汶口文化,在颍河上游地区都有发现。龙山文化晚期(距今约4.3 ka)嵩山南麓地区出现了一批古城邑,如颍河上游的王城岗、瓦店,洧水上游的新砦和古城寨等。龙山晚期的嵩山南麓地区农业取得较大发展,以粟、黍、豆为主的旱作农业发展迅速,暖湿的气候背景下水稻也有小面积种植,加之家庭畜牧业、采集渔猎的补充,先民的生业条件得到极大改善,人口数量增长迅速,社会结构也处于整合的活跃期。因此,物质资料的集聚和社会阶层的分化致使部落之间冲突和部族内部矛盾突出,为了保护部族上层阶级的利益一些大型城邑应运而生。

瓦店遗址位于颍河上游右岸的二级阶地面上,为龙山晚期史前城邑,面积超过10 hm²。根据考古资料,瓦店古城邑拥有完整的矩形城壕,遗址区内出土大量炭化种子、动物骨骼化石和植被炭屑,为恢复颍河上游地区龙山晚期自然环境和农业概况提供了良好素材。本节从遗址出土的植物种子类型、种子数量、植物炭屑的微结构特征探讨颍河上游新石器晚期的农业类型和先民的生业模式,同时借助遗址地层的磁化率、粒度参数和自然剖面的元素特征讨论瓦店古城形成期的古环境背景。

一、区域背景与方法

(一)研究区域背景

瓦店遗址(34°11′14.8″N,113°24′17.8″E)位于颍河上中游的禹州市火龙镇瓦店村东的低缓台地上(见图5-1),颍河呈半包围状从遗址的北面、东面绕过向东南流去。瓦店遗址的文化地层厚度80~110 cm,主要涵盖了从龙山早期、中期、晚期的多个时代,并以龙山晚期遗存为主,是我国已知现存龙山文化晚期遗存中面积较大的史前聚落。2007年9月至2008年1月,北京大学考古文博院联合河南省文物考古研究所共同对瓦店遗址再次进行考古挖掘和资料整理,最终发现该遗址的总面积为1.0×10⁶ m²。瓦店遗址从地貌上看位于颍河中游西南岸的二级阶梯上,颍河在此处急转,河面开阔,水流速度减缓,河漫滩发育,有利于人类在二级阶梯上耕种、活动。本地区属于暖温带季风气候区,雨热同期,热量和雨水都比较充沛。

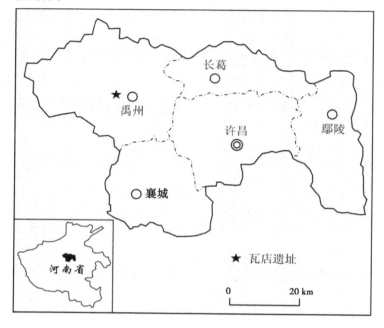

图 5-1　瓦店遗址的地理位置

本研究选取颍河西岸瓦店遗址范围内一处 155 cm 深的剖面(见图 5-2)进行研究。根据土层性质将其分为 5 层:A 层:耕作层(35 cm),人工扰动显著,深褐色土,含大量植物根系;B 层:清代文化层(35~65 cm),深褐色堆积层(壤土),含有交错植物根须和红陶碎屑,夹有青花瓷屑;C 层:自然堆积层(65~95 cm),深棕色黏土堆积层,质地坚硬,偶见钙质结核结构;D 层:龙山文化晚期堆积上层(95~125 cm),浅褐色沙土,质地较松散,含高密度碳粒,其中含灰陶屑;E 层:龙山文化晚期堆积下层(125~155 cm),棕黄色沙土层,夹有红色高温变质土屑,陶片较少。剖面地层结构如图 5-2 所示。

(二)研究材料与方法

本研究在瓦店遗址选取的剖面,自下而上连续采样共采得地层土样 39 份,A 层土样 4 份(编号 A1~A4),B 层土样 10 份(编号 B1~B10),C 层土样 9 份(编号 C1~C9),D 层土样 10 份(编号 D10),E 层土样 6 份(E1~E6)。将采取的土样放置实验室自然风干,然后将样品经过处理之后分别进行粒度和磁化率的测试。

1. 磁化率测试

本次磁化率数据测试使用的是由英国产 MS2 便携式磁化率仪,根据测试要求,将风干土样碾碎呈末状,每个样品取 10 g 左右装入干净的样品盒进行上机测试。

剖面样品全部采用频率磁化率,先测出每个样品的高频磁化率(4.65 kHz)和低频磁化率(0.465 kHz),然后用公式:$\chi_{频率} = (\chi_{低频} - \chi_{高频})/\chi_{低频}$ 计算出频率磁化率值。

2. 粒度分析

每个瓦店遗址文化层样品取 0.8~1.0 g 放入带有编号的烧杯中,测试方法和程序参

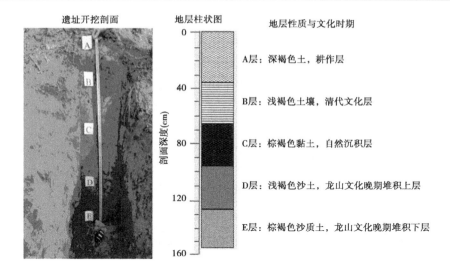

图 5-2　瓦店遗址地层剖面与地层性质

见第一章和第二章相关内容。

3.研究方法

本研究主要采取以下研究方法：

（1）实地勘查法：实地勘查瓦店遗址的地理、地貌和文化堆积层特征，选择理想的地貌部位开挖采集剖面，然后用不等距采样法采集样品。

（2）文献查阅法：收集阅读关于瓦店遗址的考古和环境考古文献，了解瓦店遗址的考古环境和已有的考古成果，尤其是瓦店遗址地层中炭化木屑对古环境的指示信息，以便梳理瓦店的自然背景和地层的文化特征。

（3）比较分析法：综合遗址地层测试数据和文献数据，与颍河上有的王城岗遗址地层做对比分析，讨论瓦店遗址史前农业特征。

二、瓦店遗址的环境因素

（一）炭化种子类型和数量

根据刘昶、方燕明对瓦店遗址出土的植物遗存分析结果，瓦店遗址地层出土的农作物炭化种子类型主要是粟、黍、水稻、大豆和小麦。另外，还有其他可以鉴别的植物种子有禾亚科、豆科、藜科、莎草科、大戟科、葫芦科、蓼科、苋科等常见的杂草类植物种子，它们有的在田间生长，有的在居民区生长，与人们的生产生活密切相关，以及野大豆、紫苏、葡萄、水棘针、酸枣、野山楂、桃等植物种属的种子。还有一些特征不明显的未鉴定的植物种子，图 5-3 是瓦店遗址出土植物种子数量统计图。

图 5-3 显示，瓦店剖面土壤样品用重液法浮选出的植物遗存以粟类种子为最多，总量为 2 256 粒，占该剖面浮选出的作物类种子总量的 51.5%。水稻种子数量达 1 144 粒，位居第二位，显著高于黍的比例，占谷物种子浮选总量的 26.3%。炭化种子黍的出土量较

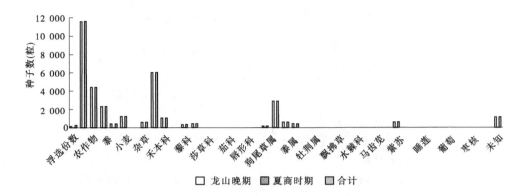

图5-3　瓦店遗址出土植物种子数量统计

少,共385粒,占农作物总数的8.8%。出土的炭化大豆共573粒,占农作物总数的13.1%。而位居第5位的炭化小麦种子仅有9粒,大约占农作物总数的0.2%。瓦店遗址地层浮选出的还有大量非作物类植物种子,其中数量最多的是禾本类,共4 726粒,占出土植物种子总数的40.8%。而禾本类种子中黍亚科种子又占据大部分,共有4 701粒,是所有出土植物种子总量的40.1%。本剖面中,黍亚科种子中以狗尾属、马唐属类的数量较多,此外还有黍属、稗属等类型。

（二）遗址炭屑微结构特征

遗址炭屑微结构特征的研究主要是通过对考古遗址出土木炭的分析,它的优点是能够鉴定植物的种属,而且炭屑来自文化层,是人类活动的结果,与考古文化具有同时代性,可以反映小范围地理圈的地方性水文植被和土壤气候特色,尤其是部分地域性植被的优势种群和建群种类,它们具有较明显的气候指示意义。

王树芝等(2014)对瓦店遗址的木炭分析结果显示,在瓦店遗址灰坑、房址、壕沟和文化层中采集的148份木炭样本,其中直径大于4 mm的1 030块木炭经过鉴定分析,分别属于26种木本植物,其中有1 009块木炭是侧柏、榉属、榆属、栎属、枣属、苹果属、杏属、白蜡树属、柿属、槭属、板栗属、柘属、盐肤木属、杨属、竹亚科、青冈属和8种未鉴定的阔叶树,还有21块炭化果壳分别属于酸枣核和栎属的壳斗。根据文献研究结果(王树芝等,2014),在出土的1 009块木炭中,栎属的百分比为79.5%,占绝对优势;居第二位的是竹,百分比是3.4%;第三是青冈属,占3.1%;第四是枣属,百分比是2.6%;其他树种占的百分比都较少,只有一种针叶树种侧柏,占0.2%。出土的21块炭化果壳中有15粒壳斗和6粒酸枣核。无论在灰坑还是在房址、壕沟和文化层中,栎属都占绝对优势,百分比分别是81.0%、84.1%、84.8%和68.2%。从图中各植物种属所占百分比分析得出:龙山时期瓦店地区的植物类型非常多样,主要是落叶阔叶林、常绿阔叶林和落叶常绿阔叶混交林,主要树种有栎、榆、女贞等,还有部分木樨科、漆科、柏科等树种,这样的植物品种组合表明瓦店地区在龙山文化时期属于暖温带到亚热带的过渡地带,气候温暖而湿润。

（三）遗址地层磁化率特征

磁化率是表征沉积物和土壤中铁磁性矿物含量的指标,通过质量磁化率测算可以粗略讨论沉积物建造时期的风化环境。这是因为,磁化率是沉积物中铁磁矿物含量的表征,磁化率含量高低大体对应风化环境的基本特征。一般来说,在暖湿环境下的地表化学过程比较活跃,钠、钾等轻质元素矿物容易随地表径流流失,造成铁铝矿物沉积物富集,这些矿物随流水等动力沉积下来,因而磁化率高值对风化环境具有显著的指示作用:一般情况下,磁化率值高表明铁磁矿物(主要是赤铁矿和针铁矿)含量高,这与化学风化过程有关,表明气候湿热。相反,干冷环境下的基岩风化较弱,铁磁矿物集聚很少,所以磁化率较低。瓦店遗址剖面地层的高频磁化率和低频磁化率测试结果如表 5-1 所示。

表 5-1 瓦店遗址磁化率测试结果分析

剖面地层	深度 (cm)	测试份数	高频磁化率范围 ($\times 10^{-8}$ m³/kg)	低频磁化率范围 ($\times 10^{-8}$ m³/kg)
A 层	0~35	4	0.36~0.68	-8.63~-8.88
B 层	35~65	10	0.43~0.77	-8.59~-8.75
C 层	65~95	9	0.53~0.72	-8.56~-8.66
D 层	95~125	10	0.61~0.74	-8.51~-8.65
E 层	125~155	6	0.57~0.68	-8.58~-8.64

从表 5-1 的数据结果可以看出:瓦店遗址的高频磁化率和低频磁化率的变化范围相对应,具有一致性,A 层高频磁化率在 $(0.36~0.68) \times 10^{-8}$ m³/kg,低频磁化率在 $(-8.63~-8.88) \times 10^{-8}$ m³/kg,变化比较大,峰值出现在 A 层的下半层,B 层高频磁化率在 $(0.43~0.77) \times 10^{-8}$ m³/kg,低频磁化率在 $(-8.59~-8.75) \times 10^{-8}$ m³/kg,C 层高频磁化率在 $(0.53~0.72) \times 10^{-8}$ m³/kg,低频磁化率在 $(-8.56~-8.66) \times 10^{-8}$ m³/kg,D 层高频磁化率在 $(0.61~0.74) \times 10^{-8}$ m³/kg,低频磁化率在 $(-8.51~-8.65) \times 10^{-8}$ m³/kg,E 层高频磁化率在 $(0.57~0.68) \times 10^{-8}$ m³/kg,低频磁化率在 $(-8.58~-8.64) \times 10^{-8}$ m³/kg。B 层、C 层、D 层和 E 层与 A 层磁化率相比数值都偏低。但是为了较全面、准确地反映遗址剖面的环境特征,引入了体积磁化率指标,$\chi_{频率} = (\chi_{低频} - \chi_{高频}) / \chi_{低频}$,瓦店遗址频率磁化率变化如图 5-4 所示。

通过图 5-4 可以看出,该研究剖面的磁化率在三个阶段出现了不同的变化,具体情况如下:依照地层的沉积顺序划分,第一阶段(80~160 cm)龙山文化晚期上、下层和自然沉积层:磁化率数值整体偏低(均值 0.923%),期间有波动,在 80~110 cm 之间出现小的磁化率峰值,中值粒径和平均粒径在此处与之相对应也出现了峰值,虽有下降,但总体呈上升趋势,说明此时的气候比较湿热,趋向暖湿气候;第二阶段(30~80 cm)清代文化层:磁化率数值整体较前一阶段高,数值整体呈波动上升的趋势,在此期间出现多个峰值,说明此时地层沉积时的气候变暖趋势加强,天气波动较大;第三阶段(0~30 cm)耕作层:磁化

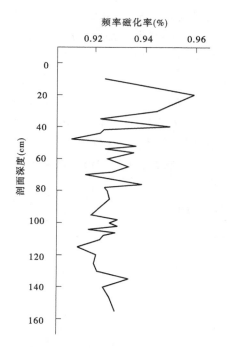

图 5-4　瓦店遗址地层的磁化率变化

率数值经过短时间的低值之后迅速上升,在 20 cm 左右达到了最高值,表示此阶段气候条件进入较温暖湿润的时期。

(四)遗址地层的粒度变化

粒度是研究古气候的一种重要指标,对沉积物粒度的研究分析能够为气候环境的重建提供重要信息。粒度:主要看粒度大小,与风和水的搬运能力有关。高能的载体如洪水、大风能搬运半径较大的土壤颗粒(砂砾),静水环境和弱风环境只能搬运颗粒细微的尘屑。瓦店遗址剖面地层的粒度测试结果如图 5-5 所示。

研究剖面地层的分级粒径百分比变化如图 5-6 所示:沉积物粒径整体偏粗,平均粒径集中分布在 10 ~ 100 μm,主要分组是细砂、砂、粗砂。从图 5-6 中可以看出,不同粒径分组在不同地层(A ~ E)中所占的百分比有较大的变化,具体特征如下:

A 层(0 ~ 35 cm)耕作层中,黏土(< 5 μm)平均含量为 11% 左右,粉砂(5 ~ 10 μm)平均含量为 5%,细砂(10 ~ 50 μm)平均含量为 22% 左右,砂(50 ~ 100 μm)平均含量为 14% 左右,粗砂(> 100 μm)平均含量为 48% 左右。

B 层(35 ~ 65 cm)清代文化层中,黏土平均含量为 14%,粉砂平均含量为 6%,细砂平均含量为 30%,砂平均含量为 11%,粗砂平均含量为 39%。

C 层(65 ~ 95 cm)自然沉积层中,黏土平均含量为 7%,粉砂平均含量为 4%,细砂平均含量为 19%,砂平均含量为 7%,粗砂平均含量为 63%。

D 层(95 ~ 125 cm)龙山文化晚期上层中,黏土平均含量为 5%,粉砂平均含量为 3%,细砂平均含量为 19%,砂平均含量为 1%,粗砂平均含量为 72%。

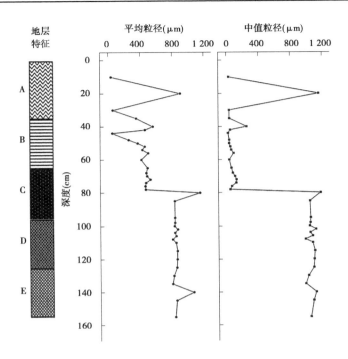

图 5-5　瓦店遗址地层平均粒径和中值粒径变化

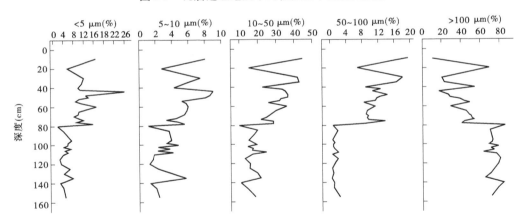

图 5-6　瓦店遗址地层分级粒径变化

E 层(125～155 cm)龙山文化晚期下层中,黏土平均含量 6%,粉砂平均含量 4%,细砂平均含量为 16%,砂平均含量为 1%,粗砂平均含量为 73%。

图 5-6 中所显示出的剖面地层在不同粒径分组中所占比例也不尽相同,表现如下:

黏土(<5 μm)分组中,依据地层沉积顺序,剖面 80～160 cm,黏土含量虽有波动,但总体上较平缓;在 30～80 cm,黏土含量整体增加,在 45 cm 处到达最大值,之后呈迅速递减趋势;在 0～30 cm,黏土含量呈递减趋势,在 20 cm 处达最小值,之后逐渐上升。

粉砂(5～10 μm)分组中,依据地层沉积顺序,剖面在 80～160 cm 之间,粉砂含量在

120～140 cm 处持续上升,131 cm 处达到最大值;在 85～120 cm 中,粉砂含量波动上升,
80 cm 处又迅速降至最低;在 30～80 cm 之间,粉砂含量整体呈波动增加趋势,在 40 cm 处
达到最大值;在 0～30 cm 之间,粉砂含量先迅速下降至最低(20 cm 处),之后迅速上升。

　　细砂(10～50 μm)分组中,依据地层沉积顺序,剖面在 80～160 cm 之间,细砂含量在
140～160 cm 处下降,80～140 cm 又逐渐波动上升;在 30～80 cm 中,细砂含量整体在波
动中上升,在 35 cm 处达到最大;在 0～30 cm 中,细砂含量在 20 cm 处下降至最低值,之
后开始上升。

　　中砂(50～100 μm)分组中,依据地层沉积顺序,剖面在 80～160 cm 之间,中砂含量
在 155 cm 处开始下降,之后至 80 cm 处都比较平缓,整体砂含量最低;30～80 cm 之间,在
80 cm 处,中砂含量迅速上升,至 40 cm 处波动平缓,40 cm 之后又逐渐上升,在 30 cm 处
达最大值,整体砂含量较高;0～30 cm 之间,中砂含量在 20 cm 处降至低值后又逐渐上
升。

　　粗砂(>100 μm)分组中,依据地层沉积顺序,剖面在 80～160 cm 之间,粗砂含量在
155 cm 处上升至最大值,在 140 cm 处又降至低值,之后波动平缓,在 80 cm 处上升至最大
值,整体粗砂含量偏高;在30～80 cm 之间,粗砂含量在 80 cm 处迅速下降,整体含量在波
动中下降,含量偏低;0～30 cm 之间,粗砂含量在 20 cm 处上升至最高值,之后又逐渐
下降。

　　瓦店遗址剖面地层的粒度特征,依据地层沉积顺序,在剖面 80～160 cm 处,黏土(<5
μm)的含量波动平缓,整体含量较低,说明当时处于静水和弱风的较稳定沉积环境;在
30～80 cm 处,黏土含量突然上升,达到最大值后,又逐渐下降,但整体含量较高,说明沉
积环境发生突变,沉积动力增强,风力加强,河流水量逐渐增多;粗砂(>100 μm)的含量
在 80～160 cm 之间波动相对比较平缓,整体粗砂含量偏高,在 30～80 cm 处,整体呈下降
趋势,但在 0～30 cm 之间的 20 cm 处又达到最大值,约占 70%,表明此时剖面地层形成中
的沉积动力不断增强,在 A 层的形成期沉积速度加快,很有可能在这一时期,风力因素加
强,降水增强且集中,洪水发生概率较高,对应的流水动能较高,搬运能力较大。

　　沉积物粒度的频率曲线可以粗略反映沉积物的基本物理特征。频率曲线的峰值区间
是沉积物中值粒径的具体反映,如果出现双峰频率表明沉积动力类型较复杂;如果频率曲
线向细粒一侧偏则表明沉积动力以弱动力为特征,如果频率曲线偏向于粗粒一侧则表明
动力较强而沉积物的分选度较差。

　　图 5-7 是瓦店遗址剖面主要地层(D 层、E 层)沉积物的粒度频率曲线。图 5-7 中显
示出地层沉积物粒径大部分分布在 1 000～1 600 μm,只有少部分在 0～500 μm,通过数
据分析和对瓦店遗址的研究资料的对比分析,可以大致判断出粗砂沉积物在此聚集,表明
沉积动力环境较强,沉积物搬运动能较大,使粗粒沉积物在河漫滩附近堆积,这很可能是
由于风力因素增强,降水增多以致多洪水出现。在 D 层和 E 层的沉积粒度频率曲线
图 5-7 中,D 层和 E 层的每个粒度频率曲线具有相似性。依据地层沉积顺序,在图 5-7(d)
(E2～E6)沉积层中有两个峰值,整体尾部最高峰值在 500～2 000 μm,体积百分比是

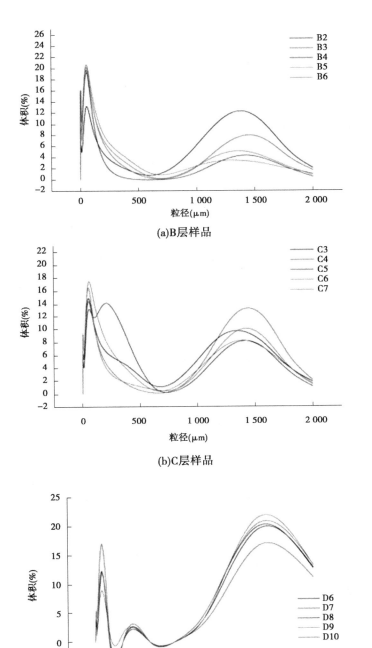

(a)B层样品

(b)C层样品

(c)D层样品

图5-7　瓦店遗址沉积物粒度频率分布

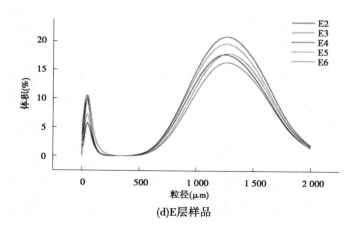

(d)E层样品

续图 5-7

19.5%,低峰值在 0~250 μm,体积百分比是 8.9%;在图 5-7(c)(D6~D10)层中,有两个低峰值,一个高峰值,尾部最高峰值在 550~1 600 μm,体积百分比是 20.6%,低峰值 1 在 200~500 μm,体积百分比是 2.5%,低峰值 2 在 0~100 μm,体积百分比是 12.5%。D层、E层的沉积物粒度频率曲线图,尾部的体积百分比逐渐增加,表明地层沉积的粗颗粒物的含量在不断增大,同时表明地层沉积驱动力逐渐增强,可能此时沉积环境受到环境短暂剧烈变化的影响,降水突增,洪水次数增加。

三、讨论

(一)新石器晚期的农业结构

龙山文化晚期(4~4.3 kaB.P.)瓦店遗址出土炭化植物种子浮选类型和数量的分析结果显示,出土了五种主要农作物,包括粟、黍、稻、小麦和大豆。为了减少误差,更准确地反映出当时农业状况,又结合了种子出土概率的计量方法进行比对分析(见表 5-2)。

表 5-2　瓦店遗址农作物绝对数量和出土概率对比

农作物	龙山文化晚期(70 份样品)	
	绝对数量(粒)	出土概率(%)
粟	2 235	66.19
黍	385	49.64
稻	1 144	61.87
小麦	8	4.32
大豆	573	45.32

通过表 5-2 可以看出,粟的绝对数量和出土概率都占绝对优势,黍的出土概率也是比

较高的,而且伴生的狗尾草属是旱田中较常见的杂草,表明当时是以粟、黍农作物为主的旱作农业。稻的绝对数量和出土概率均为第二位,与粟相当,稻也称为水稻是禾本科热带植物,喜温湿,但是对土壤要求不严,在人为作用下可以适应多种环境,龙山文化晚期的年代与距今(5~4 kaB.P.)的中国全新世大暖期气候波动和缓的亚稳定暖湿期相对应。当时的气候较现代要温暖湿润,而且遗址区就在颍河附近,有充足的灌溉水源,表明在当时的气候条件下能够进行水稻的种植,同时说明在龙山文化时代稻的种植已经出现,并在瓦店地区(龙山晚期)发展到一定的规模和水平。大豆原产于中国,也是重要的粮食作物之一,其栽培是通过野生大豆的长期改良驯化而成的,瓦店遗址出土的炭化大豆经分析鉴定是通过人工栽培种植的,而且数量较多,但仍属于大豆栽培的初期阶段。小麦原产地西亚,由西亚传播到中国,传播路线暂不清楚,在瓦店遗址出土了 8 粒小麦,表明小麦在中原地区已经出现。其出土的绝对数量和出土概率都很低,可能是当时人们并不了解外来植物的生长习性和特点,原本生态环境的差异,还有古代文化因素的限制,因此外来物种不受重视,其发展也受到制约。

综上分析,在龙山文化晚期瓦店遗址区的农业结构趋于复杂多样化,基本形成以粟和稻为代表的农业主体类型,黍、小麦、大豆多品种农作物种植制度。而且在瓦店遗址出土的遗物中以龙山文化晚期层为主,不仅出土了大量精美的陶器、玉器,还出土了很多生产生活用具,有石凿、石镰、石刀、石斧、石铲等石制用具,表明人口规模的扩大对生产生活用品的需求增加。其中,石镰是收割粟、稻的重要生产工具,说明当时的农业种植已经具有较大规模。根据出土的炭化粟、稻种子数量,也能推测瓦店地区当时是以粟、稻为主的旱作农业,而且农业条件优越。

(二)瓦店地区的植被景观

瓦店聚落剖面出土的木本植物种属的数据分析结果显示,栎属的数量多,占 79.5%,具有绝对的优势,表明在当时此地可能是北亚热带的北缘。除栎属外,瓦店一带较多的植被类型是青冈属、槭属等乔木类型,而这些乔木类型的北缘目前是信阳、襄阳至竹溪一线,降水量和年均气温都要高于禹州的瓦店一带,从这个证据判断龙山文化时期的瓦店一带的确有北亚热带气候的属性和特征。所以,龙山时代瓦店地区的植被景观是既有落叶常绿阔叶混交林又有落叶阔叶林。对分散在文化层中木炭的分析,不仅能鉴定植物种属,还能通过植物种属的类别来重建古气候,判断遗址区大致气候类型。前面的分析结果中,植物群落存在不少栎属植物遗存,暗示当时的气候以暖湿为主要特征;其次本遗址文化地层出土大量青冈属、漆属等亚热带植物遗存等类型,组成比较完备的亚热带植物组合体系。此外,瓦店遗址地层还出土了大量竹子的炭化遗存,竹子属于广域性植物类型,可以在亚热带、暖温带等多个气候带内生长。竹子的发现结合前述的亚热带植物品种可以推断,当时本区属于北亚热带和暖温带的过渡区,这样的气候条件为人类定居和农业发展提供了良好的环境条件。

(三)瓦店地区的自然景观

根据瓦店遗址地层剖面磁化率、粒度的测试结果对比分析如图 5-8 所示。

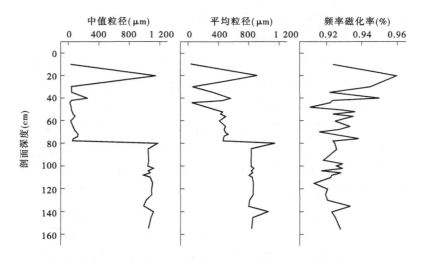

图 5-8　瓦店遗址地层中值粒径、平均粒径和频率磁化率的变化

在图 5-8 中,粒度测试的中值粒径指占 50% 体积的沉积物的粒径,从图 5-8 中可以看出,它和平均粒径的变化曲线基本上一致,可以看出它与平均粒径类似。

第一阶段:中值粒径和平均粒径曲线变化较一致,波动都比较平缓,中值粒径的值大部分在 1 000 μm 左右,平均粒径的值大部分在 800 μm 左右,是三个阶段中最大值,说明此时地层沉积驱动力很强,河流水量大,流速快,冬季风较强;频率磁化率变化在 0.90% ~ 0.94%,相对较高,表明气候湿润。结合两项指标,推测当时气候较湿润,降水多,地层沉积动力强。

第二阶段:中值粒径迅速下降至最低值,在整个阶段都较平缓,数值为 0 ~ 400 μm,是三阶段中最低值,平均粒径在此阶段也迅速下降,但数值总体较中值粒径高,为 0 ~ 600 μm,与一阶段相比,平均粒径有所降低,说明沉积动力有所减弱,河流水量减少,冬季风减弱;频率磁化率变化在 0.89% ~ 0.95%,相比前一阶段变化不大,表明此时气候有所变干但还是较为温暖湿润。

第三阶段:中值粒径数值为 0 ~ 1 200 μm,平均粒径为 0 ~ 900 μm,中值粒径和平均粒径开始都快速增加至最大值,之后又迅速下降,说明此阶段出现一次强流水沉积事件;频率磁化率为 0.92% ~ 0.96%,在 20 cm 处达到最大值后又迅速降低,说明此时气候经过一次大的波动后又快速回归,气候虽有变干趋势但整体呈暖湿特征。

综上所述,整个研究时期中间虽有短暂变干但气候特征仍较温暖湿润,在 30 ~ 80 cm 阶段气候出现短暂的干旱期,随后在 0 ~ 30 cm 期间磁化率和平均粒径及中值粒径值都快速上升,气候又转化为暖湿特征。依据瓦店遗址地层剖面特征,并结合相关文献及研究资料得出:剖面在 65 ~ 95 cm 是自然沉积层(第二阶段);95 ~ 125 cm 是瓦店遗址龙山文化晚期上层(第二阶段);125 ~ 155 cm 是龙山文化晚期下层沉积(第二阶段)。在龙山文化晚期地层,磁化率、中值粒径和平均粒径值一直保持较高,而且期间波动小,气候暖湿特征在此阶段比较稳定,地层沉积动力强,可能常伴随大的洪水和强劲的冬季风。

四、对瓦店遗址古环境的认识

根据瓦店遗址出土炭化植物种子类型和数量、炭屑微结构特征以及对遗址地层剖面磁化率和粒度的分析结果表明：

根据炭屑微结构特征，以栎属为主的松、械、竹等多种木本植物的炭屑比例较高，综合地层磁化率和粒度特征表明，瓦店地区在龙山文化晚期的气候环境适宜人类的居住和农业发展。瓦店地区在龙山文化晚期（4～4.2 kaB.P.）的气候较温暖湿润，适宜农业的发展，在遗址区形成了以粟、黍、稻、小麦和大豆为主体类型的多种谷物种植的制度，使农业结构趋于复杂化。稻的大量出土也表明瓦店地区较为开放，接受不同类型文化，稻作文化与本地土著文化旱作农业相结合，促进早期农业结构的多样化发展，为人类文明的发展提供稳定的物质基础。

瓦店遗址的西侧和南侧分别有长达近 500 m 的城壕遗迹，城壕以及东北部的颍河将瓦店遗址包围起来，形成人工和天然的护城河。根据考古发掘估算，城壕的深度一般小于 3 m，这样的城壕的防御意义不大，而这两条城壕与颍河相连接，其功能应是为灌溉周边的农作物而修建。根据城壕底部的高程可粗略判断出当时颍河的平水期水位低于现代二级阶地面的 3.5～4 m，高于现代颍河平水期水位 1.1～1.6 m。表明瓦店文化时期的颍河河床较现代高，这可能与鸠山—灵井一线的隐伏断层抬升有关。

第二节　王城岗遗址

近 20 年来，国内学者在区域性环境考古研究方面取得了不少成就。如夏正楷、朱诚、靳桂云、安成邦等人分别利用孢粉、同位素化学、植硅体和地球化学元素、淡水介形虫壳体等载体对华北地区、长三角地区、胶东地区和西北地区的古人类遗址进行研究，探讨了新石器时期的人类活动在很大程度上受制于自然环境的变迁的耦合关系，如 4 kaB.P. 的干旱时期导致红山文化人类聚居区的萎缩和山东大汶口文化的南迁，而全新世大暖期极大促进了仰韶文化的繁荣；史前灾害性事件如海啸引起的海面上涨可能导致了苏州地区崧泽文化的衰亡，表明新石器时期的人类活动在很大程度上受自然环境的影响十分显著。1996 年以来，由科技部推动，李学勤教授主持，多所高校和研究所参与的《中华文明探源工程》先后开展了三期，在理论、技术和方法上极大促进了我国环境考古学的发展。

国外环境考古的研究在区域上集中于中美洲、西亚和北非，在方法上重视理化测试的量化数据的意义，在思路上侧重全球变化背景下人类活动特征。根据研究对象的不同，国际上通常把环境考古分为四个领域，包括地学考古、动物考古、植物考古和分子生物考古。用于环境考古的证据主要有动物的骨骼、木头、花粉和孢子、植物硅酸体、生物分子、土壤微生物形态学、粒度分析等。19 世纪西方的考古界开始关注遗址的空间分布的研究，20 世纪 70 年代环境考古学诞生。近几年，国外学者分别基于一些著名的古人类活动遗址开展环境考古研究，如 Jason 等研究了玛雅文化遗址，Hodell，Michael 等分别研究了尤卡坦地区和玻利维亚的湖积物,表明人类文明的兴衰与自然环境的变迁有着密切关系。

中全新世时期(本书指 5.0 ~ 4.0 kaB.P.)我国的古环境有两个特征:一是气候从温暖湿润向干旱温凉过渡,二是人类活动因素对地球系统的影响日渐突出,因此两种因素的相互作用机制和响应结果是全新世环境演变研究的重要内容。Butzer(1964)曾把中全新世环境考古研究的任务解读为古人类活动对遗址地貌的改造,在相当长时期内影响了环境考古的发展方向;丁仲礼也认为刻画古人类活动与环境变迁的过程机制以及社会因子与环境要素之间的胁迫响应关系是第四纪环境学研究的重要方向之一。距今 4 ka 前后,嵩山南麓地区的新石器文化进入了后龙山文化时期,其中以王城岗和二里头文化遗址为代表遗留了众多的古人类活动遗址,为多角度、多方法、跨区域、跨学科开展环境考古创造了良好的基础条件。

20 世纪 90 年代以来,莫多闻教授牵头的中华文明探源工程在嵩山地区的研究工作先后开展了三期,取得了丰富的研究成果。位于登封告成的王城岗遗址是河南龙山文化晚期(4.2 ~ 4.0 kaB.P.)的文化遗址,遗址出土的夯土基址、奠基坑、青铜器残片和文字等引起学术界的关注和重视。1996 年,"夏商周断代工程——早期夏文化研究"专题组在王城岗遗址内发掘采样,经过考古学、地球化学和古生物学等多指标研究,表明该遗址对于研究中华文明起源课题有深远的学术价值。

本节旨在通过对告成王城岗遗址剖面样品的粒度、磁化率测试,并与已有成果进行对比分析,探讨全新世中晚期本区的环境变迁与人类活动的相互关系,进而探讨自然环境对河南新石器文化演变的影响,以及人类活动对灾变性环境的适应,并尝试解释环境在文明起源中的作用。

一、王城岗地区概况

(一)自然地理

王城岗遗址位于河南省登封市告成镇西部、颍河与五渡河交汇的台地上,是登封中部的小型河谷盆地。颍河发源于嵩山太室山南麓,自西向东流,为淮河主要支流之一。五渡河发源于太室山东侧,自北向南流,是颍河上游的二级支流。王城岗遗址东边是五渡河,南面是颍河,西边是八方村,向北 9 km 是太室山,优越的地理位置使这里成为史前时期重要人类聚集区,遗址面积达 50 hm²。

遗址地坐标为东经 112°56′ ~ 113°11′,北纬 34°23′ ~ 34°35′(见图 5-9),地处暖温带与亚热带过渡区域,属于季风型大陆性暖温带气候。本区的植物区系成分以温带为主,由于其特殊的地理位置,南方系和北方系植物类型并存,具有山地植物系统的复杂性特征。本区的主要土壤类型是褐色土和棕色森林土。

(二)研究剖面特征

剖面位于王城岗遗址区东部边缘,五渡河西岸,西南距八方村 1 km,东距告成镇 0.6 km,地理坐标(34°24′N, 113°07′E)。本区地形属于颍河谷地,北面是低山丘陵,地层建造为山前洪积和颍河冲积过程共同作用产物。地表沉积物为全新世晚期粉砂质黄土堆积。

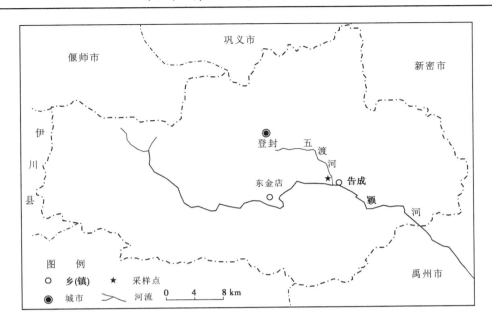

图 5-9　王城岗遗址在登封市的位置

考古工作者曾于 1977 年在登封王城岗发现东、西并列的小城址,东城被五渡河冲断,而采样剖面在五渡河西岸,因此断定剖面属于为王城岗的小城遗址,据夏商周断代研究文献中关于王城岗龙山文化层的 ^{14}C 测年结果,此剖面在时代上属于龙山文化二期,即 4 100 aB. P. 。剖面以下部分为自然沉积层(生土层)。

该剖面深度 2.9 m,但由于缺乏辅助器材,本次采样仅为剖面下部 1.7 m,上部 1.2 m 为黄土层,将 1.2 m 作为 0 点自上向下不等距采样共 18 个,根据剖面土层性质将剖面分为浅褐色砂质黏土层(A)、浅褐黄色砂质黏土层(B)、褐黄色黏土质粉砂土层(C)、黄褐色粉砂质土层(D)、浅褐色粉砂质土层(E)。各地层形状特征见图 5-10 所示,地层样品土质描述如下:

A 层,厚 0 ~ 40 cm,浅褐色,砂质黏土层,土质坚硬,无红陶屑。

B 层,厚 40 ~ 80 cm,浅褐黄色,砂质黏土层,土质坚硬,夹少量灰陶片,偶见红陶屑。

C 层,厚 80 ~ 110 cm,褐黄色,黏土质粉砂土层,土质较坚硬,偶见红陶片,夹大量灰陶片。

D 层,厚 110 ~ 140 cm,黄褐色,粉砂质土层,土质松软,含灰陶片,含 3 成炭屑。

E 层,厚 140 ~ 170 cm,浅褐色,粉砂质土层,土质松软,含少量少陶片和红烧土粒。

二、研究方法

(一)粒度分析

古土壤剖面中粒度是恢复古环境的重要指标之一,是一个比较成熟的古环境指标,近年来被广泛地应用于各种沉积环境研究中,它具有易于采样、前处理过程相对简单、测定速度快、物理意义明确、对气候变化比较敏感的特点。沉积物粒度特征可以通过累积概率

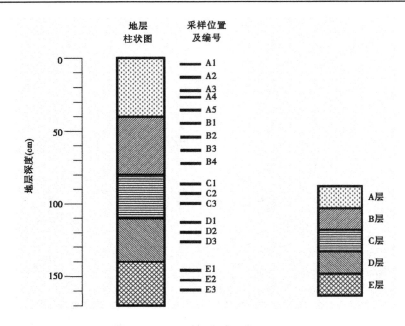

图 5-10　王城岗遗址地层土壤剖面图

曲线、频率分布曲线、沉积物偏度和尖度等参数进行表达,尤其是频率曲线的峰值分布及其对应的粒度大小可以判断沉积环境的动力环境特征。概率分布曲线可以识别出沉积物搬运动力的悬移组分、推移组分和跳跃组分的比例,同时可以根据沉积组分的类型和比例判断沉积物的搬运动力类型,因为冬季风力、流水和海边风力所搬运沉积物的概率曲线在形式上有显著不同。

(二)磁化率分析

磁化率是第四纪环境分析中常用的环境指示指标。磁化率值的变化往往对应夏季风的强弱或黏土类矿物的形成比例。因为磁化率不仅和磁性矿物的含量有关,而且和土壤的粒度有直接关系,研究认为湿热环境下的土壤化过程和黏土矿物的类型与磁化率值有正相关关系。所以,磁化率成为指示古湿热环境、黏土组分和成土过程的重要指标,甚至人为因素火的使用也可使磁化率值升高等。

本研究拟从登封王城岗遗址入手,寻找史前和历史时期环境演变与人类活动之间的互动影响关系,反映出各种古环境信息。研究的技术路线及思路如下:

野外实地调查和样品采集:调查小流域的地形、地貌、水文、植被和土质等要素,分析研究遗址和遗址所处的地理环境。根据实际情况,选择适合的剖面,科学的采集测试样品。

资料收集:结合相关文献在本区确定的地层年代序列,收集当时的气候、人类活动等方面的相关资料,这些资料来自环境考古专业期刊。

依据样品测试数据和对相关资料的分析结果,考证王城岗遗址在龙山文化时期以来气候干湿状况、人类活动与气候环境变化之间的关系等。

三、样品采集与测试

(一)样品采集与测试

本次采样选择的剖面深度为 1.7 m,采样共获取土壤样品 18 个,其中 A 层采样 5 个(编号 A1～A5),B 层采样 4 个(编号 B1～B4),C 层采样 3 个(编号 C1～C3),D 层采样 3 个(编号 D1～D3),E 层采样 3 个(编号 E1～E3)。样品经过处理后分别在实验室做了粒度测试和磁化率测试。

粒度测试和磁化率测试的详细方法见前述第一、第二章。本次粒度测试选取了 6 个样品,见表 5-3。

表 5-3　王城岗遗址样品粒度参数统计

分层	深度(cm)	柱状图	地层岩性描述	样品编号	采样深度(cm)	平均粒径(μm)
A	0~40		浅褐色砂质黏土层	A3	18	52.253
				A5	35	45.269
B	40~80		浅褐黄色砂质黏土层	B3	65	61.062
C	80~110		褐黄色黏土质粉砂土层	C3	110	35.032
D	110~140		黄褐色粉砂质土层	D2	130	28.948
E	140~170		浅褐色粉砂质土层	E2	160	29.636

(二)粒度和磁化率测试结果

1. 粒度特征

粒度结构特征和频率曲线可以识别沉积物的搬运动力,单峰频率和多峰频率就是纯粹动力和非纯粹动力的具体表现,前者表现为搬运动力动能的均一性,而多峰频率则是混合动能组合的表现。

为了详细考查沉积物粒度的多元特征,可以把沉积物分为粗砂、细砂、黏土等多个级别,以便分析沉积物的多级组合。然后,根据更详细的指标将沉积物分为粗砂(粒径大于 63 μm)、细砂(粒径介于 30～63 μm)、粉砂(粒径介于 20～30 μm)、粉砂质黏土(粒径2～

20 μm)和黏土(粒径 < 2 μm)五个粒组等级,见图 5-11。在王城岗遗址各剖面粒度分析百分比含量中,可以看出该剖面不同层位的粒度分布,具有以下特征:A 层(0 ~ 40 cm)黏土(粒径 < 2 μm)含量从上到下逐渐减少,粉砂质黏土(粒径 2 ~ 20 μm)含量逐渐增加,并在 35 cm 处出现峰值,即黏土含量最低,为 5.9% ,粉砂质黏土含量最高,达到 28.5% 。B 层(40 ~ 80 cm)中粗砂含量最高,最高值在 65 cm 处,含量达到 32% ,同样 65 cm 处粉砂质黏土含量出现最低值,含量为 24.5% 。C 层(80 ~ 110 cm)、D 层(110 ~ 140 cm)、E 层(140 ~ 170 cm)中各粒度值变化较平缓,大体表现为砂粒物质从上到下逐渐减少,黏土质、粉砂质黏土和粉砂含量逐渐增多。

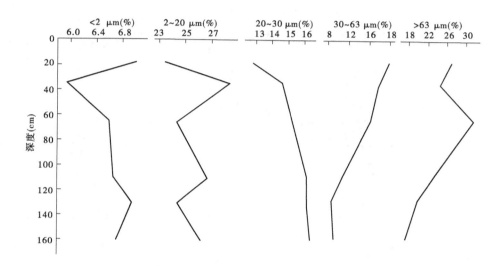

图 5-11　王城岗遗址地层分级粒径组成

由图 5-12 平均粒度分布可清晰地看出,A 层中从上到下粒度值渐次变小,在剖面的 35 cm 层位样品的平均粒度达到较低的 45 μm,之后平均粒径出现快速增加。沉积物 B 层约 65 cm 层位的粗砂含量达到最高位,其高峰值为 62.5 μm,这表明沉积物形成于拥有较大动能沉积环境。沉积物在 C 层、D 层和 E 层中的沉积物平均粒径由大变小,但变化幅度波动较小(均值 32 μm),这样的粒度值反映了典型的弱动力沉积环境。

粒度能够反映剖面的沉积物质或者描述土壤的宏观相态特征,且与形成环境及搬运动力条件具有密切关系。对照古气候资料与粒度数据特征分析得出:A 层黏土和粉砂质黏土含量较多,粗砂含量减少,表明该时期沉积动力小;B 层中粗砂含量较高,占 32% ,黏土占 6.6% ,表明在该时期(3 800 ~ 3 700 aB. P.)气候出现了急剧变化,发生过洪水现象;B、C、D 层粒度变化不大,反映这些层沉积环境属于低能级的沉积动力特征。

2. 磁化率特征

磁化率反映沉积物磁铁类矿物的种类、含量并与沉积物的表生化学过程有密切关系,常用于沉积物物源分析和古环境背景研究。一般认为,磁化率高值与暖湿环境有较为直

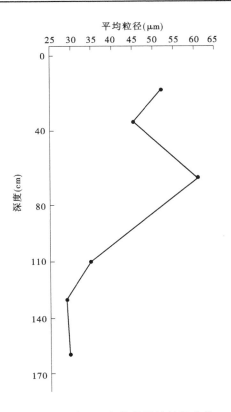

图 5-12　地层沉积物的平均粒径变化

接的正相关对应关系,即高磁化率值代表了较为暖湿的生产环节。另外,沉积物的粒度和沉积环境的暖湿状况亦与磁化率大小相关。因而,磁化率间接地反映了一定程度上干湿的更替,除去一些人为的特殊环境,如用火活动、积肥活动和生活废弃物的堆积等与之相关的人类活动对磁化率有一定的影响。

表 5-4 和图 5-13 显示,王城岗遗址剖面磁化率为$(18 \sim 58) \times 10^{-8} \mathrm{m}^3/\mathrm{kg}$。A 层磁化率为$(32 \sim 56) \times 10^{-8} \mathrm{m}^3/\mathrm{kg}$,平均值为 $44.4 \times 10^{-8} \mathrm{m}^3/\mathrm{kg}$。B 层磁化率为$(38 \sim 58) \times 10^{-8} \mathrm{m}^3/\mathrm{kg}$。峰值出现在 C 层,磁化率为$(42 \sim 51) \times 10^{-8} \mathrm{m}^3/\mathrm{kg}$,平均值为 $51.3 \times 10^{-8} \mathrm{m}^3/\mathrm{kg}$,这表明,在 C 层形成时气候温暖湿润,成壤作用强烈。D 层磁化率为$(18 \sim 46) \times 10^{-8} \mathrm{m}^3/\mathrm{kg}$,平均值为 $33 \times 10^{-8} \mathrm{m}^3/\mathrm{kg}$,成壤环境相对干旱。E 层磁化率为$(36 \sim 50) \times 10^{-8} \mathrm{m}^3/\mathrm{kg}$,平均值为 $45 \times 10^{-8} \mathrm{m}^3/\mathrm{kg}$,成壤环境介于 C、D 层之间。

另外,文化地层中的废弃物多、用火过程集中以及一些陶器碎屑等存在,磁化率会出现异常高值。另外,文化层中的 B、C 和 D 层均含有大量陶片碎屑和类似火烧土粒碎屑,推测古人类烧制陶器、生活燃料等活动有可能影响到地层中磁化率的异常表现。虽然研究地层的成土作用、气候条件制约着剖面磁化率背景变化,但综合分析表明制陶、冶炼等人类活动对剖面磁化率分布有显著影响。

表5-4　王城岗遗址磁化率统计分析

地层	深度(cm)	样品数 (个)	磁化率(×10⁻⁸ m³/kg)	
			范围	平均值
A 层	0 ~ 40	5	32 ~ 56	44.4
B 层	40 ~ 80	4	38 ~ 58	46
C 层	80 ~ 110	3	42 ~ 51	51.3
D 层	110 ~ 140	3	18 ~ 46	33
E 层	140 ~ 170	3	36 ~ 50	45

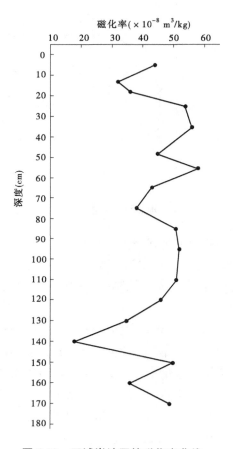

图 5-13　王城岗地层的磁化率曲线

四、王城岗遗址地层的沉积特征与人类活动特征

(一)剖面的沉积环境

图 5-14 是沉积物的不同粒级的频率分布曲线,图 5-14 显示沉积物粒度体积峰值主要分布在 40 ~ 70 μm,另外 A、B、C 三层的粒度在 500 ~ 1 000 μm 出现次峰值。表明研究剖

面沉积物为混合动力沉积而成,根据研究剖面处于箕山山脚附近,初步判断频率分布次峰值可能与附近山洪堆积物有关。由图5-14可以推测出在D、E两层沉积物的沉积动力较单一。而A、B、C三层形成时处于相对暖湿的成壤环境,联系该时期的平均粒径特征可以推测B层在65 cm处沉积物为明显的古洪水所致。

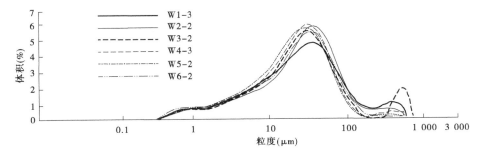

图5-14　沉积物粒度体积频率分布

　　另外,从王城岗遗址地层沉积物粒度的累积百分数看,测试的6个地层均为三段式分布,表明该地层为河流沉积物堆积,暗示王城岗时期该采样点属于五渡河的河道地段或河漫滩地区。从沉积物的不同组分看,粗粒组分<4Φ,为使不同粒径分布均匀,此处将粒径由μm转为Φ)小于10%,跃移质组分(3Φ~7Φ)约为70%左右,悬移质组分(7Φ~11Φ)小于20%。该沉积地层沉积物的累积百分数曲线特征基本类似,三种沉积物比例和斜率相差不大,都应属于河流沉积过程所致(见图5-15)。

(二)剖面的土壤沉积环境

根据上述粒度和磁化率数据,本书将研究剖面分为两个时期:

(1)寒冷干燥期(110~170 cm,4 100~3 900 aB. P.):即剖面的D、E两层。其平均粒径均在35 μm以下,各粒度值变化较平缓,大体表现为砂粒物质从上到下逐渐减少,表明该时期水动力弱;D层磁化率为(18~46)×10^{-8} m³/kg,平均值为33×10^{-8} m³/kg,E层

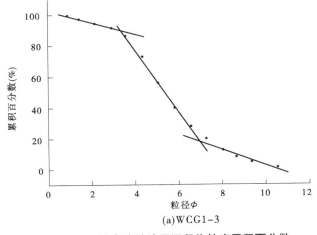

(a)WCG1-3

图5-15　王城岗遗址地层沉积物粒度累积百分数

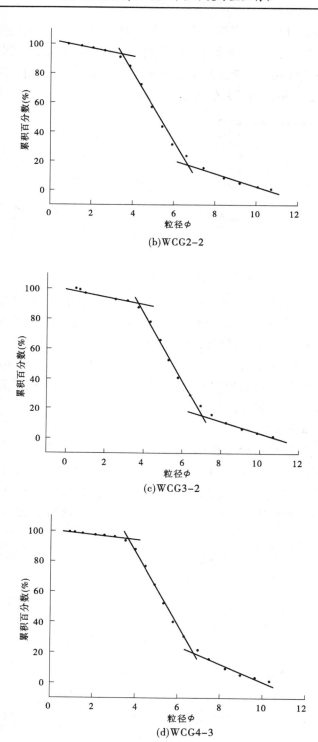

(b)WCG2-2

(c)WCG3-2

(d)WCG4-3

续图 5-15

磁化率为 $(36 \sim 50) \times 10^{-8}$ m³/kg,平均值为 45×10^{-8} m³/kg,这两层磁化率数值变化大,出现低峰值,表明 D、E 层形成时气候趋于干旱,植被减少,沙尘堆积旺盛,成壤作用较弱,可推断出气候寒冷干燥,D、E 层交界处出现了低峰值,因为该时期大致在距今四千年前后,结合我国东部地区中全新世古环境特征,可以认为在嵩山南麓地区存在较为明显的四千年降温事件。

（2）暖湿波动期（0 ~ 110 cm,3 900 ~ 3 600 aB. P.）：即剖面的 A、B、C 三层。C 层平均粒径为 35 μm,B 层平均粒径为 61 μm,A 层平均粒径为 52 μm,平均粒径逐渐增大,在剖面 B 层中细粒物质急剧减少、粗砂急剧增加并在 65 cm 处达到峰值,之后又逐渐减小,表明在 65 cm 处 3 800 ~ 3 700 aB. P. 时期出现了突发洪水事件;磁化率数值为 $(32 \sim 58) \times 10^{-8}$ m³/kg,平均值为 46.6×10^{-8} m³/kg,A、B、C 层磁化率数值偏高,表明该时期气候温暖湿润,B 层中 65 cm 处出现了高值,与洪水事件对应,C 层磁化率变化较平缓,说明气候相对稳定。数据分析表明该时期气温升高,降水增加,气候温暖湿润,成壤作用强烈,并发生过洪水事件。

（3）剖面地层反映的古人类活动。

龙山晚期的颍河中上游地区形成数十座大型城邑,王城岗就是其中之一。根据王城岗遗址遗存的城垣特征和规模,考古文献研究成果和多数专家认为王城岗遗址大概率是禹都阳城。当时王城人口众多,人们为了生存需要在北面的箕山大量开垦土地,从而对植被造成了严重破坏,致使水土流失严重。另外,该时期处于由冷干向暖湿气候过渡时期,洪涝灾害频繁,在本剖面中与 B 层的 65 cm（约 3.7 kaB. P.）基本一致,而在之后的洛阳盆地的二里头以及附近的新密新砦等地在四千年降温事件后快速崛起。

王城岗遗址北靠箕山,南临颍水、西濒五渡河,这里地形得天独厚,地势高平,坐北向南,既不会受到洪水的直接威胁,又不存在人们饮用水的困难,同时与发生洪水的伊洛河流域遥相呼应,所以大禹治水后在此选择了再次建都,说明王城岗遗址区受洪水灾害并不频繁。2002 ~ 2005 年河南省文物考古所联合北京大学考古系在对王城岗遗址的考古挖掘中,出土了陶豆、陶鬲、陶簋等而且有级别较高的祭祀台等夯土建筑遗存,表明王城岗城址在龙山晚期属于较高级别的部族中心。显然,王城岗遗址区在三千多年前已经是中原地区较为重要的古人类聚集地之一。

五、王城岗遗址的古环境概况

本书通过对王城岗遗址地层样品的粒度和磁化率数据分析,将研究剖面分为下层寒冷干燥期（110 ~ 170 cm）和上层暖湿波动期（0 ~ 110 cm）,从成壤条件看遗址区经历了气候由干冷向暖湿转变的过程。在寒冷干燥期（4 100 ~ 3 900 aB. P.）,沉积动力为较单一的河流沉积,气候趋于干旱,成壤作用较弱,气候寒冷干燥;在暖湿波动期（3 900 ~ 3 600 aB. P.）,沉积动力为河流动力和源于箕山的洪积动力,这个时期气温升高,降水增加,成壤作用强烈,气候变暖,在大约 3.7 kaB. P. 前后出现一次显著的古洪水泛滥期。

根据史料记载和剖面的沉积环境资料,王城岗地区的古人类为了生存对植被造成了破坏,致使水土流失严重,这与后来发生的洪水事件有一定联系。但由于王城岗遗址区的地理位置优势,这里的古人类受到洪水的影响并不大,手工业发展相对繁荣,这在本研究剖面的 B、C 层含有大量的灰陶屑得到证实。

第三节　南洼遗址

史前人类生产力水平低下,社会发展受环境条件的束缚较为突出,生活所形成的文化形式与环境的变化有密切的联系,因此通过对遗址地层自然剖面环境指标的研究,可以部分地恢复人类遗址的古环境,进而恢复早期人类社会的某些特征。地理学的核心研究目标是人地关系的协调性,因此对于古文化与古环境的重建,开展环境考古研究工作就显得十分重要。

研究古环境的变迁过程,依靠文物与文献资料远远不够,因为古代文献记载的内容不过几千年,可以获得的信息极其有限。当前,自然科学理论及技术方法已在环境考古研究中得到了广泛的应用。除了孢粉分析手段,动物化石、遗骨以及微体古生物的鉴定也是环境考古的研究手段。此外,很多科学家也采用多项环境指标(粒度分析、孢粉分析、磁化率)来重建古人类的生活环境。目前,已不是单纯地使用一种分析手段来研究遗址的古环境,而是用考古学、地层学、沉积学、年代学、地球化学等学科交叉方法和多种现代分析测试手段为古环境研究服务。

嵩山南麓地区是中原地区史前文化的重要组成部分,该地区史前人类文化遗址数目较多,而全新世以来的古遗址中地层堆积成因复杂,一个地区的文化层就是该地区古代环境变迁和沉积基面相对升降的最好记录,通过详细分析堆积物粒度特征和磁化率特征等,并结合考古发掘获得的其他文化信息和资料,能够揭示遗址的形成过程、环境条件、聚落生存活动,以及古环境及文化之间的关系等。

南洼遗址地处嵩山西南麓,位于白降河右岸,是一处二里头至东周时期的古遗址,其中以二里头文化为主,兼有殷墟、东周等时期的文化遗存。根据考古资料在遗址中有较为丰富的二里头文化时期的灰坑、墓葬和文化层堆积。在地理位置上南洼遗址位于颍河谷地和洛阳盆地之间,是夏王朝人类活动的中心区域。此外,该遗址发现的二里头至四期文化遗存正是研究夏文化、中华文明探源的主要实物资料,同时对进一步探索二里头文化的形成与演变过程都具有重要价值。本节通过对登封南洼新石器晚期遗址地层研究,利用遗址地层的剖面资料,分析该古遗址剖面的地层特征,同时借助遗址地层的磁化率、粒度变化和自然剖面的重金属元素特征分析南洼遗址的古环境特征,探讨二里头时期古人的生产生活环境,丰富夏代早期古环境记录研究的基础资料。

一、南洼遗址的地理概况

南洼遗址位于河南省登封市西南约 20 km 的嵩山南麓(见图 5-16),白降河东岸的二级阶地面上。该遗址北依少室山,南望伏牛山余脉,东部为一道南北向丘陵,向西地势开

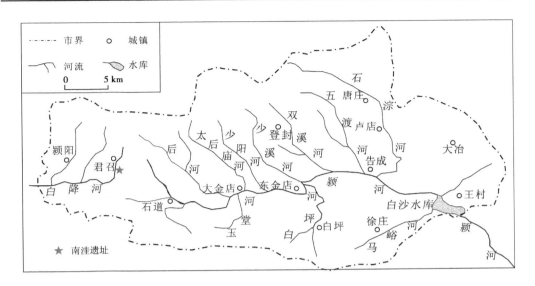

图 5-16　登封市南洼遗址的地理位置

阔,有河水自东北向西南穿过,后西折汇入伊河支流白降河。本地区属于暖温带大陆性季风气候,四季分明,雨热同期,热量和雨水都比较充沛。2004 年,郑州大学考古系和郑州市文物考古研究所联合对南洼遗址进行了调查、勘察与试掘,确定南洼遗址的分布面积达 30 hm²,有丰富的二里头文化时期的灰坑、墓葬和文化层堆积。

二、材料与方法

(一)剖面概况

本研究选取白降河右岸南洼遗址范围内一处 182 cm 深的剖面(见图 5-17)进行研究。根据土层性质将其分为 5 层:A 层:耕作层(0 ~ 34 cm),人工扰动显著,深褐色土,含大量植物根系;B 层:明清文化层(34 ~ 63 cm),深棕色黏土层,含炭化植物根系和红烧土颗粒,含少量炭屑;C 层:明清文化层(63 ~ 84 cm),棕褐色土,泥质化姜石屑,含红烧土屑和炭屑;D 层:二里头文化层(84 ~ 130 cm),棕褐色泥质化姜石土层,炭屑罕见;E 层:仰韶文化晚期层(130 ~ 182 cm),人类活动层,暗褐色硬质黏土层,土质坚硬,姜石集聚,当为钙质结核层。剖面地层结构如图 5-17 所示。

(二)研究方法

本研究在南洼遗址选取的剖面,自下而上连续采样共采得地层土样 45 份,A 层土样 5 份(编号 A1 ~ A5),B 层土样 7 份(编号 B1 ~ B7),C 层土样 5 份(编号 C1 ~ C5),D 层土样 10 份(编号 D1 ~ D10),E 层土样 18 份(E1 ~ E18)。将采取的土样放置实验室自然风干,然后将剩余的土壤样品分别经过处理之后进行粒度、磁化率和重金属的测试。

1. 粒度和磁化率分析

粒度和磁化率测试方法请参见第二章第二节相关介绍。由于剖面样品全部采用频率磁化率,频率磁化率的测算方法是:先测出每个样品的高频磁化率(4.65 kHz)和低频磁

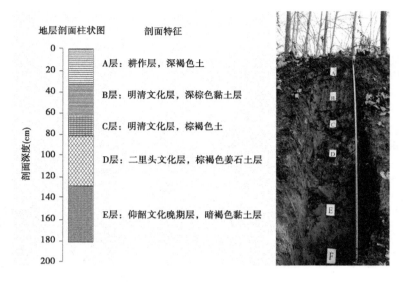

图 5-17　研究剖面的地层结构

化率(0.465 kHz),然后用公式:$\chi_{频率} = (\chi_{低频} - \chi_{高频})/\chi_{低频}$ 计算出频率磁化率值。

2. 重金属元素测试

重金属元素试验使用的是重金属检测仪器(Thermo Scientific Niton XL3t 手持式元素分析仪),根据测试要求,将采集的土壤样品自然风干,剔除砾石、木屑、动植物残体等异物,之后过筛,然后将每个样品装入干净的样品盒进行上机测试。

三、测试结果

(一)遗址剖面样品的粒度分析

粒度是研究古环境的一种代用指标,对沉积物粒度的分析能够为沉积动力环境的重建提供重要信息。一般认为,沉积物粒径大小与风和水的搬运能力有关。高能的载体如洪水、大风能搬运半径较大的土壤颗粒(砂砾),静水环境和弱风环境只能搬运颗粒细微的尘屑。南洼遗址剖面地层的粒度测试结果如图 5-17 所示:沉积物粒径整体偏粗,平均粒径主要集中分布在 10 ~ 100 μm。从图 5-17 中可以看出:大体可分为表层、上层、中层、下层 4 个部分,基本对应野外划分的 5 个文化层:表层部分(耕作层)主要为深褐色粗砂,上层部分(明清晚期层)主要为深棕色粗砂,中层部分(明清早期层和二里头层)表现为深褐色砂土,下层部分(仰韶文化地层)表现为暗褐色粗砂。

沉积物的粒度频率曲线除了能反映沉积物的粒度分布特征,还能间接地指示出沉积环境和沉积物的搬运介质状况,图 5-18、图 5-19 是南洼遗址剖面主要地层(D 层、E 层)沉积物的粒度频率曲线。图中显示出地层沉积物粒径大部分分布在 10 ~ 1 000 μm,只有 E 层少部分在 1 000 ~ 3 000 μm,通过数据分析和对南洼遗址的研究资料的对比分析,可以大致判断出粗砂沉积物在此聚集,表明沉积动力环境较强,沉积物搬运动能较大,使粗粒沉积物在河漫滩附近堆积,这很可能是由于风力因素增强,降水增多以致多洪水出现。在

D 层和 E 层的沉积粒度频率曲线图 5-18、图 5-19 中,D 层和 E 层的每个粒度频率曲线具有相似性。依据地层沉积顺序,在图 5-19(E1～E11)沉积层中有两个低峰值,一个高峰值,整体尾部最高峰值在 1 000～3 000 μm,体积百分比是 9.2%,低峰值 1 在 10～100 μm,体积百分比是 7%,低峰值在 10～1 000 μm,体积百分比是 0.5%;在图 5-18(D6～D10)层中,有两个峰值,整体尾部最高峰值在 10～100 μm,体积百分比是 8.7%,低峰值在 100～1 000 μm,体积百分比是 3.5%。D 层、E 层的沉积物粒度频率曲线图 5-18、图 5-19,尾部的体积百分比逐渐增加,表明地层沉积的粗颗粒物的含量在不断增大,同时表明地层沉积驱动力逐渐增强,可能此时沉积环境受到环境短暂剧烈变化的影响,降水突增,较大流量的洪水特征十分明显。

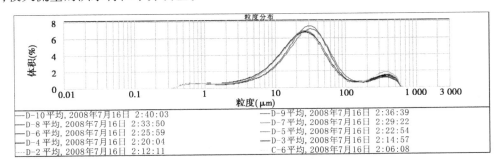

图 5-18　南洼剖面 D 层样品的粒度分布频率

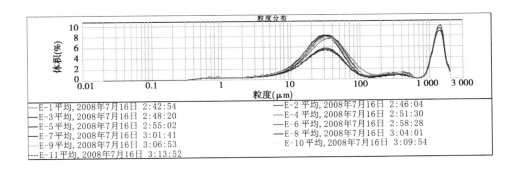

图 5-19　南洼剖面 E 层样品的粒度分布频率

(二)遗址剖面样品的磁化率特征

磁化率用来恢复讨论地层沉积物在沉积时期所处的古环境信息,这是因为磁化率值的大小与磁铁矿物含量有关系。而磁铁矿的多寡除特殊的矿物,如针铁矿、磁铁矿等矿物外,主要取决于地表风化强度,风化强度大,钠、铝、镁等轻质元素及其化合物首先淋失,而磁铁类矿物在暖湿环境下大量集聚。磁化率对环境的指示特征是:一般情况下,磁化率值高表明铁磁矿物(主要是赤铁矿和针铁矿)含量高,这与化学风化过程有关,表明气候湿热。相反,干冷环境下的基岩风化较弱,铁磁矿物集聚很少,所以磁化率较低。南洼遗址剖面地层的高频磁化率和低频磁化率测试结果如表 5-5 所示。

表5-5　南洼遗址磁化率测试结果分析

剖面地层	深度（cm）	测试份数	低频磁化率（×10^{-8} m^3/kg）	高频磁化率（×10^{-8} m^3/kg）
A 层	0～34	5	554.0～560.4	35～42
B 层	34～63	7	548.8～567.4	34～48
C 层	63～84	5	538.0～557.5	20～39
D 层	84～130	10	539.4～565.1	21～47
E 层	130～182	18	522.5～533.2	4～13

从表5-5 的数据结果看:南洼遗址的高频磁化率和低频磁化率的变化范围相对应,具有一致性,A 层低频磁化率为(554.0～560.4)×10^{-8} m^3/kg,高频磁化率为(35～42)×10^{-8} m^3/kg,B 层低频磁化率为(548.8～567.4)×10^{-8} m^3/kg,高频磁化率为(34～48)×10^{-8} m^3/kg,C 层低频磁化率为(538.0～557.5)×10^{-8} m^3/kg,高频磁化率为 20～39 m^3/kg,在 B、C 层磁化率变化比较大,峰值出现在 C 层的上半层,D 层低频磁化率为(539.4～565.1)×10^{-8} m^3/kg,高频磁化率为(21～47)×10^{-8} m^3/kg,E 层低频磁化率为(522.5～533.2)×10^{-8} m^3/kg,高频磁化率为(4～13)×10^{-8} m^3/kg,变化不大。A 层与 B 层和 C 层、D 层、E 层磁化率相比数值都偏低。但是为了较全面准确地反映遗址剖面的环境特征,引入了频率磁化率指标,$\chi_{频率} = (\chi_{低频} - \chi_{高频})/\chi_{低频}$,南洼遗址频率磁化率变化如图5-20 所示。

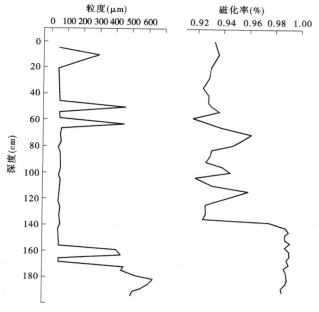

图5-20　南洼遗址地层平均粒径和磁化率曲线对比

通过图 5-20 可以看出,该研究剖面的磁化率在三个阶段出现了不同的变化,具体情况如下:依照地层的沉积顺序划分,第一阶段(130～180 cm)仰韶文化晚期层:磁化率数值整体偏高,期间数值变化极小,趋于平缓,说明在此阶段属于温暖湿润的时期;第二阶段(30～130 cm)二里头文化层和明清文化层下段:磁化率数值整体较前一阶段磁化率数值降低,数值整体呈波动下降的趋势,在此期间出现多个峰值,说明此时地层沉积环境特征是气候变干变冷趋势明显,气候变化较大,但仍保持较湿润的气候状态;第三阶段(0～30 cm)耕作层:磁化率数值经过一段时间的上升之后下降,在 12 cm 左右达到了耕作层的最高值,数值虽有上升,但总体呈下降趋势,说明此时气候趋于干冷。

(三)粒度与磁化率的比较分析

根据南洼遗址地层剖面磁化率、粒度的测试结果对比分析如图 5-20 所示。

第一阶段(130～180 cm):沉积物平均粒径为 0～500 μm,之后平均粒径开始快速增加至最大值,然后迅速下降,说明此阶段堆积层的沉积动力发生显著变化,说明当时该地层沉积驱动力很强,河流水量大,流速快,冬季风较强;频率磁化率均值为 0.988%,是整个剖面中的高磁化率区间,表明该文化期的铁磁矿物集聚度较高,属于化学风化活跃期。所以,结合两项指标都对应暖湿气候特征,可以推测出当时气候湿润,降水丰富。

第二阶段(30～130 cm):沉积物平均粒径迅速下降到 50 μm 左右,保持了长时间的稳定值突然有了两次大的变化,然后又迅速降到低值,说明在该阶段可能有过几次小的气候变化,但整个阶段相对比较平缓,数值为 0～120 μm,与一阶段相比,平均粒径降低,说明沉积动力有所减弱,河流水量减少,冬季风减弱;频率磁化率均值为 0.934×10^{-6} m³/ kg,较仰韶文化层降低了 5.6%,表明本时期化学风化减弱,此时气候趋于干凉,但仍保持较湿润的气候特征。

第三阶段(0～30 cm):沉积物平均粒径为 50～350 μm,平均粒径快速增加至该阶段的最大值,之后又快速下降,说明此阶段出现一次流水沉积事件;频率磁化率为 $(0.93～0.95) \times 10^{-6}$ m³/ kg,出现较小的高峰值,但相对比较平缓,说明此时气候经过一次小的波动后又快速回归,气候趋于寒冷干燥。

综上所述,整个研究时期气候是从温暖湿润到寒冷干燥,在 30～130 cm 阶段气候开始趋于干凉,整个过程一直波动变化期,随后在 0～30 cm 期间磁化率和平均粒径都出现了一个小的高峰值,但总体来说气候更趋于寒冷干燥。依据南洼遗址地层剖面特征,并结合相关文献及研究资料得出:剖面在 90～130 cm 是二里头时期地层;130～180 cm 是仰韶文化晚期地层。在仰韶文化晚期地层,磁化率和平均粒径值一直保持比较高,且期间波动较大,说明地层沉积动力强,可能常伴随大的洪水和强劲的冬季风,化学风化作用活跃,对应暖湿气候特征;在明清文化早期和二里头文化晚期地层,磁化率和平均粒径值比较稳定,期间伴有小波动,较于仰韶文化层,气候有所变干变冷,但还是相对比较温暖湿润。

四、南洼遗址地层反映的古环境信息

(一)剖面记录的古环境特征

根据遗址剖面样品所测得的土壤粒度和磁化率的数据,本节将研究的遗址剖面的地层年代分为 3 个阶段:

第一阶段:温暖湿润期(130～180 cm;仰韶文化晚期层):即剖面 E 层,其平均粒径为 0～500 μm,表明该时期水动力较强,具有周期性;频率磁化率平均值为 0.988%,频率磁化率较高,数值变化较小,出现高峰期,流水沉积作用较强。图 5-20 显示本期频率磁化率变化非常巨大,平均值从 0.986%降低到 0.917%,表明这个时期的气候波动大,联系我国中全新世经历的主要时间可以推测这个变化大概率是四千年降温事件。

第二阶段:波动变化期(30～130 cm;二里头文化层和明清文化层):二里头文化层变化比较平稳,其平均粒径在 50 μm,在明清文化层平均粒度有明显变化,相对应地在这个阶段磁化率值也有小的波动变化,表明在该阶段可能有过几次小的气候变化,但整个阶段相对比较平缓;频率磁化率平均值为 0.934%,没有前一阶段高,说明数流水沉积作用有所减弱,化学风化作用减弱。

第三阶段:寒冷干燥期(0～30 cm,耕作层):即剖面 A 层,在 0～30 cm 的沉积粒径曲线中粒径的平均值出现了明显波动,沉积物粒径可达 300 μm 左右,表明此时剖面地层的沉积环境为较强动力搬运所致,较大粒径的沉积物地层暗示沉积动力为洪水搬运所致,对应沉积物的频率磁化率在这一地层也出现了较小的峰值,但相对比较平缓,说明此时气候经过一次小的波动后又快速回归,气候趋于寒冷干燥。

(二)剖面地层记录的古人类活动

根据考古资料显示,先民在南洼遗址这里繁衍生息,从二里头文化时期开始,历经殷墟、春秋直至唐宋,从公元前 2000 年到公元 1000 年,先民曾在这里生息 3 000 年之久。在 2004～2006 年南洼遗址炭化植物遗存种子分选结果显示,二里头文化至汉代本区是以粟、黍为主要内容的旱作农业,出土中的种子数量二里头时期的多大于其他时期,种子多为农作物和杂草类,有少量的块茎和果类,主要农作物种子以粟为主,其次为黍,有少量的水稻、小麦和大豆。与农作物同出的果类遗存中有桃核,说明人类在当时已经采集甚至栽培了这种植物,用来作为辅食。从二里头时期到殷墟时期粟、黍等农作物与杂草的出土比例逐渐降低,可以看出南洼先民的中耕除草技术有了很大的进步。初步推测是由于仰韶文化晚期以后,我国北方地区趋于干凉,影响了作物的产量和果实的采集量,所以在二里头时期引进了小麦这种旱田作物,但仍难以消除由于气候变化导致的粮食低产带来的饥荒,先民不得不通过改进农业生产方式,来提高粮食产量,辅以渔猎和采集业。

由考古挖掘出土的陶器和铜器等器物可知,在该遗址出土了大量白陶器和少量铜器,其中有大量在其他二里头遗址没有的陶器种类,说明该遗址白陶种类齐全,在二里头时期手工业很发达,对应的土壤中重金属 Pb 和 Cu 元素的含量变化(见图 5-21)也能说明这一点,虽然 Pb 元素含量的整体是比较稳定的,但是在 80～182 cm 间能明显地看出 Cu 元素

的含量是呈上升趋势的,特别是在靠近 80 cm 处,Cu 元素含量达到了最大值,对应出土的铜器,说明在二里头时期青铜器开始发展,手工业正稳步发展。而在该地层里 Zn 元素的含量的变化可以分为三个阶段:第一阶段仰韶文化晚期层(130～182 cm),Zn 元素含量虽波动变化,但较稳定;第二阶段二里头文化层(80～130 cm),Zn 元素含量先快速增长,在 110 cm 左右达到最大值,之后又迅速下降在 105 cm 处达到最小值,之后又恢复到稳定值,对应出土中的大量网坠,说明当时渔猎业在南洼人的生活中还占有较大的比重,在该时期人们为了让渔猎业的发展更好,捕杀了大量的鱼类和牲畜,所以在 110 cm 处之后 Zn 元素的含量才会下降得如此迅速,并且在地层深度 105 cm 左右处,三种土壤重金属元素含量的值都较低,推测在当时可能由于农业和手工业比较发达,先民不得不砍伐树木建造更多的房屋或生产生活用品来使用,由此造成的水土流失。

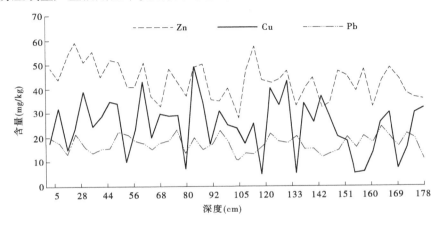

图 5-21　登封南洼遗址地层中的重金属 Pb、Zn、Cu 元素含量变化

(三)古环境变迁与社会文化背景的影响

据考古从遗址出土遗物中可以看出,二里头文化时期先民的生产工具分为铜器、石器、陶器、骨器和蚌器这五大类。主要以石斧、石刀、石镰等收获工具为主,虽然在二里头文化时期出现了青铜的生产工具,但数量少,并没有取代石器成为当时主要的生产工具,青铜器的产生也并没有使当时的社会生产力发生显著的变化。由此可见,大量的收割类石器和少量的铜器表明了这一时期农业生产有了长足的发展,也标志着二里头时期是新石器时代进入青铜时代的过渡时期。

根据考古资料显示南洼遗址有一个突出特点就是其有丰富的白陶遗存,种类多样,根据出土的白陶制品来看,既有被用作酒礼器的瓠、鬶、爵、盉,也有日常生活用的陶罐、项饰等,这类日常生活用品在其他遗址还暂未有发现,相反酒礼器这种多为贵族使用的器具却在其他二里头遗址有被发现,所以推测南洼遗址为二里头文化时期的一个白陶制作地,而白陶一般是作为礼器来用的,所以制作的酒礼器多用来进贡或是供社会等级较高的官员或贵族使用,由此可以说明礼制已在当时的社会初露端倪,同时反映出当时社会不同聚落之间的分工及相互关系。丰富的白陶器遗存暗示南洼聚落当时具有先进的社会生产力水平,代表着史前及夏商时代陶器制作技术的最高技术。

五、南洼遗址的古环境

结合上述对南洼遗址土壤剖面的古环境指标的讨论,考虑到土壤粒度和频率磁化率的变化趋势,可以得到下述基本认识:

根据南洼剖面地层粒度和磁化率的测试结果以及对二里头文化层重金属分布特征的分析,结合该遗址的地层年代信息,讨论了白降河上游东岸二里头文化时期,南洼遗址地区的气候状况、农业结构、自然环境及其对社会文化结构的影响。结果表明,遗址地层磁化率和粒度指标显示南洼遗址在二里头文化时期和仰韶文化晚期两个时期,虽然气候存在波动但仍保持着温暖湿润的气候特征,根据出土器物以及地层重金属元素含量,表明当时的手工业水平和社会生产力有较大发展。另外,沉积物粒度的几次波动及重金属元素的变化特征表明,尽管二里头文化时期社会生产力水平较高,但原始生态环境已遭不同程度的破坏。

南洼剖面由下层温暖湿润期(130～180 cm)和中层暖湿波动期(30～130 cm)以及上层寒冷干燥期(0～30 cm)组成,表明遗址经历了由暖湿到干冷的整个过程。南洼遗址剖面与沉积特征相关的主要因素是沉积动力条件,即水动力条件的变化,与气候变化相对应。在温暖湿润期沉积动力较强,气候比较湿润,成壤作用强,在寒冷干燥期沉积作用减弱,这个时期气温降低,降水减少,成壤作用较弱,此阶段平均粒径出现显著波动,推测是一次异常气候变化。

通过历史资料和遗址剖面研究,初步推断在二里头文化时期,当时的手工业和农业比较发达,人类为了生活生产,破坏了大量植被,造成了严重的水土流失,与后来发生的异常气候变化有一定联系。

第四节　吴湾遗址

2012 年 PAGES 第一期的主题是:中世纪暖期环境变迁与人类活动的关系,表明环境变迁对人类社会的影响日益受到古环境研究者的重视。中全新世时期,尤其是 4 ka 降温事件对人类活动影响以及人类活动对环境演变的自适应性研究已经成为研究热点。处于中原地区的河南省新石器文化在龙山时期异常繁荣,而且该文化的传播方向有复杂化趋势,其中最主要的传播方向是沿颍河两岸向淮河干流延伸,并与来自下游的大汶口文化在颍河中下游交汇。该时期的环境与人类活动的相互关系研究就成为古人地关系研究的重要课题。

禹州市吴湾遗址位于吴湾村东北颍河南岸的二级阶地面上,属于龙山文化类型。从取样剖面看,文化地层特征明显,其中夹有大量陶片、红烧土,且含有少量动物骨骼化石。根据先前的考古挖掘资料可知,借助沉积学指标和地球化学指标有可能重建颍河中游地区 4 ka 前的环境特征,进而结合考古资料讨论该地区的环境变迁与文化嬗变的内在机制,对于古人地关系和文明探源研究有理论价值和现实意义。

本书将在国内外有关本选题研究的动态进行收集整理,在归纳分析的基础上为本书提供理论支撑。同时,结合实地调查与样品测试法,到禹州市实地勘查吴湾遗址区域并采取样品,经过处理后做测试:包括粒度测试、磁化率测试以及 TOC 测试等获取的数据资料。最后,根据样品测试的结果和收集的资料讨论分析吴湾遗址地层的古环境演变特征,讨论人类活动与环境变迁的关系。本书从禹州市褚河乡吴湾遗址地层特征入手,用粒度、磁化率和 TOC 三项指标来探求史前的环境演变以及其与人类活动的互动影响。基本研究思路如下:

野外实地勘察及样品采集:通过到吴湾遗址以及附近的河流进行实地调查,了解遗址的自然地理状况、水文特征、沿岸的植被覆盖以及附近颍河的具体变化,并根据实际观察和了解,确定采样地点并采取样品。阅读文献和资料收集:对国内外有关的课题及研究环境考古学研究的动态进行收集、整理、阅读,以自然地理区域结合遗址范围为研究单元,收集当地的地质、地貌、生态、气候等方面的相关资料。考古遗址资料的统计,即统计考古遗址的地理位置、气候特征、人类活动特征和出土文物描述等方面资料。

一、区域与研究剖面概况

(一)研究区域

禹州市位于 113°02′E ~ 113°38′E 与 33°58′N ~ 34°10′N,属于河南中部地区,在地形上位于伏牛山与豫中平原的过渡地貌区,颍河从西北到东南流经该市的中部地区。禹州市地形西南高东部低,最高处为花石乡的大鸿寨(海拔 1 201 m),最低处为褚河乡(海拔 71 m)。全市平原区占 41.2%,平缓岗地占 31.5%,丘陵面积约 13.6%,山区面积占 12.8%,而且有水库面积约 4.6 km²。气候上属于暖温带大陆性气候,冬冷夏热,适宜发展旱作农业。

禹州地区的土壤类型以河南省北部比较典型的褐土及其衍生类型,如以褐黄土、红黄土、沙黄土为主,通过细化以后土类又可以分为 12 亚类;禹州北部地区的土壤种类主要是次生黄土、次生黄褐土,河滩地的褐潮土等 22 个种类。

(二)吴湾遗址概况

吴湾遗址坐落于禹州市褚河乡吴湾村东北颍河南岸的二级阶地面上(见图 5-22、图 5-23),颍河绕过遗址的西、北折向东南流去。这里的文化遗存主要分布在紧临河岸的第一级台地上。发掘面积共计 140 m²,清理出房基、灰坑、生产工具和生活用具等遗迹和遗物。台地西部是仰韶文化遗存;东部是龙山文化遗存、二里头文化遗存;此外,还有西周晚期的墓葬。当地农民在遗址的东部起土时,曾挖出西周晚期的青铜器。一般文化堆积层厚度为 1.44 ~ 4.69 m。地层是龙山文化晚期,上层为龙山文化、春秋战国、二里头文化。在龙山文化晚期,生产工具主要有石斧、石凿、陶纺轮,陶纺轮分为泥质红陶和泥质灰陶两种。日常生活中的陶器有砂陶、鼎、罐、瓮、盆、带流盆、鬶等,夹砂陶器的胎内多羼有大量蚌壳粉末与砂粒。器表除素面与磨光者外,多饰横蓝纹。方格纹次之,还有少量细绳纹和附加堆纹,陶器的制法多为轮制兼手制。罐分为四式:系棕色夹砂陶、棕色夹砂陶、夹砂灰色陶、夹砂棕色陶。豆分为两式:系泥质黑陶、泥质黑陶。碗有泥质灰黑陶、泥质灰陶。可见当时的手工业有了一定程度的发展。在二里头文化时期和春秋战国时期有陶片、近代的瓷片、红烧土、残破石器和蚌壳等,可见当时的陶瓷业的发达程度。

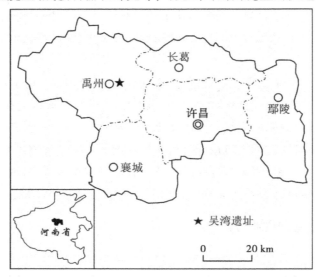

图 5-22　吴湾遗址的地理位置

图 5-23　吴湾遗址地层开挖剖面

（三）剖面地层特征

本次采样的吴湾剖面深 150 cm,自上而下不等距采样共获取土壤样品 32 个（见图 5-23）,根据剖面的土层性质将剖面分为 A 层、B 层、C 层、D 层（见图 5-24）。

A 层(0～40 cm):浅棕色黄土堆积,质地坚硬,含少量红烧土粒和陶屑。植物根系包含物较多,为龙山文化层的过渡地层。(采样数:8)

B 层(41 ~ 93 cm):属于龙山文化层,该层剖面呈灰褐色,含大量陶片,红烧土和炭屑,并有动物骨骼化石出土。出土的陶片多为蓝纹和布纹,根据残缺陶片形制特征可以断定这些陶片应为鬲、豆、簋和盘等。(采样数:13)

C 层(93 ~ 112 cm):浅黄色黄土堆积层,偶见陶片和炭屑,属于龙山文化层的下伏地层。(采样数:5)

D 层(112 ~ 145 cm):浅棕色土层,土质坚硬均一,罕见有人类扰动。(采样数:6)

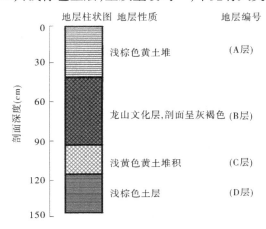

图 5-24　吴湾遗址剖面文化分层示意图

二、材料与样品测试

吴湾遗址地层的剖面 A 层采样 8 个(编号 A1 ~ A8),B 层采样 13 个(编号 B1 ~ B13),C 层采样 5 个(编号 C1 ~ C5),D 层采样 6 个(编号 D1 ~ D6)。样品经过相应的处理后分别在实验室做了磁化率测试、粒度测试和 TOC 测试。

(一)样品测试

(1)磁化率测试和粒度测试。这两个指标的测试方法详见第一章和第二章内容。

(2)TOC 测试。本次试验是在许昌学院城市与环境学院的沉积环境实验室完成,测试仪器为 Shimadzu 公司产的 TOC - L,技术指标为:测定范围测试标准差≤0.1%。根据试验要求,取 10 g 土样按照水土 4:1 的比例加入 40 mL 的水搅拌均匀后过滤 5 遍后,将滤液上机测试。

(二)数据测试结果

1. 吴湾遗址剖面的磁化率特征

磁化率是表征沉积物和土壤中铁磁性矿物含量的指标,尤其是对沉积物建造期的风化环境有敏感的指示功能。一般认为,暖湿气候背景下的风化物以化学风化过程为主,轻质元素组成的矿物如钠、钾等化合物容易被淋失,而重金属元素的化合物多数难以淋溶,其中铁元素的氧化物就是化学风化过程的残留沉积,造成磁化率值的升高。所以,在暖湿气候下磁化率值较高而在气候干冷期则相反。吴湾遗址的质量磁化率如表5-6所示。

表 5-6　吴湾遗址磁化率统计分析

地层	深度(cm)	样品数	磁化范围(×10⁻⁸ m³/kg)	平均值 (×10⁻⁸ m³/kg)
A 层	0 ~ 40	8	93 ~ 134	107.94
B 层	40 ~ 93	13	84 ~ 117	95.5
C 层	93 ~ 112	5	75 ~ 90	81.7
D 层	112 ~ 145	6	74 ~ 101	73.17

测试结果,如表 5-6 所示,吴湾遗址剖面的磁化率为(74 ~ 134) ×10⁻⁸ m³/kg。剖面磁化率数值波动变化很大,A 层的磁化率变化为 (93 ~ 134) ×10⁻⁸ m³/kg,变化比较大,平均值是 107.94 ×10⁻⁸ m³/kg,峰值出现在 A 中间上半层,说明在 A 中间靠上部分层形成时,气候湿润,成壤作用强。B 层的磁化率数值为(84 ~ 117) ×10⁻⁸ m³/kg,平均值是 95.5 ×10⁻⁸ m³/kg。C 层的磁化率数值为(75 ~ 90) ×10⁻⁸ m³/kg。D 层的磁化率数值为(74 ~ 101) ×10⁻⁸ m³/kg,平均值是 73.17 ×10⁻⁸ m³/kg。其中,A 层中间下半部和 C 层、D 层三部分磁化率较低,说明这三部分形成时气候较干燥,成壤作用弱。根据上述数据绘出磁化率变化示意图如图 5-25 所示。

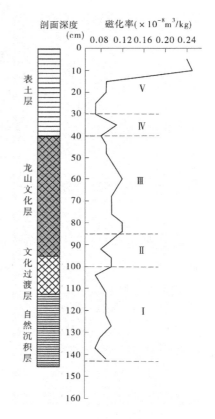

图 5-25　吴湾遗址地层磁化变化与环境变迁的阶段

从图 5-25 中可以看出:该剖面的磁化率在五个不同阶段存在差异,具体状况如下:

(1)阶段 I (100 ~ 145 cm):磁化率整体数值较低,期间有波动,依照地层的沉积顺序,磁化率出现逐渐增加的趋势,但在 130 ~ 140 cm 处和 100 ~ 110 cm 处突然降低,说明在此阶段气候较冷,降水量少,期间出现了短暂的更干、更冷的时期,但很快就恢复往常。

(2)阶段 II (87 ~ 100 cm):依照地层的沉积顺序,磁化率的整体数值相对于前一阶段来说逐渐出现增加的趋势,但数值波动较大,说明此阶段地层沉积形成时气候已经出现变暖湿的趋势,天气波动大,不稳定,也出现了变干的时期,此阶段气候为过渡时期。

（3）阶段Ⅲ（40～87 cm）：磁化率数值较前两个阶段稍高，但从整体来看还是稍低，持续时间长，数值波动不太大。图5-25表明：磁化率高域值范围宽、持续时间久，较高域值与地层中丰富的碎陶片、灰坑、房基、动物骨骼、红烧土、炭屑等人类活动现象频频出现相对应，如此阶段的地层，说明此阶段的地层沉积形成时气候条件转向温暖湿润，降水量增加，比较适宜人类居住。

（4）阶段Ⅳ（32～40 cm）：磁化率处于低值，呈现出短暂的较大的波动，数值升高又回落，有增长的趋势，此阶段的地层沉积形成的天气条件干燥，期间有短暂的向湿的天气波动后回落，出现由干向湿的趋势。

（5）阶段Ⅴ（0～32 cm）：磁化率数值经过短暂的低值之后快速的升高，此阶段磁化率在10 cm左右达到了峰值，表明气候条件转为温暖湿润，降水增多。

从图5-25磁化率数据和遗址出土的器物来看，在人类活动频繁的文化地层，出现磁化率高值，初步断定这与用火有关，剖面的B层有大量的红烧土，说明史前人类在烧制陶器时焚烧杂草、清理地面、日常生活用火过程等会直接导致土层磁筹的空间排列的一致性造成磁化率值的升高。因此，文化遗址剖面中包含人类活动的文化地层中往往含有陶片、黏土和火烧等痕迹，这就使得人类活动遗址地层中磁化率有明显升高的趋势。

2. 粒度数据分析

粒度是研究古气候一种代用指标之一，沉积物的粒度特点是沉积物的重要特征，在史前环境的研究分析和重建中占据着非常重要的位置，所以近年来被广泛应用于河流沉积、黄土沉积、湖泊沉积、海洋沉积等研究中。河流阶地及其沉积物的组成记录着第四纪沉积环境的重要陆相沉积特征，沉积物的冲击地层包含内陆和陆缘区史前气候演变的重要信息。

图5-26是研究剖面的分级粒径曲线，沉积物粒径总体上偏粗，平均粒径集中分布在30～65 μm，最主要的组分为中粗砂、细砂和粉砂。同时，从图5-26和表5-7可见，不同地层（A～D层）在不同粒径组分中所占比例有很大变化，具体特征描述如下：

A层（0～40 cm）中粗砂（＞63 μm）平均含量为48.35%，细砂（30～63 μm）平均含量为21.65%，粉砂（20～30 μm）平均含量为10.3%，黏粒（＜2 μm）平均含量为3.25%。

B层（40～93 cm）中粗砂平均含量为17.75%，细砂平均含量为31.375%，粉砂平均含量为14.23%，黏粒平均含量为6.075%。

C层（93～112 cm）中粗砂平均含量为13.6%，细砂平均含量为34.53%，粉砂平均含量为16.2%，黏粒平均含量为5.93%。

底层D层（112～145 cm）中粗砂平均含量为13.67%，细砂平均含量为33.48%，粉砂平均含量为17.9%，黏粒平均含量为5.49%。

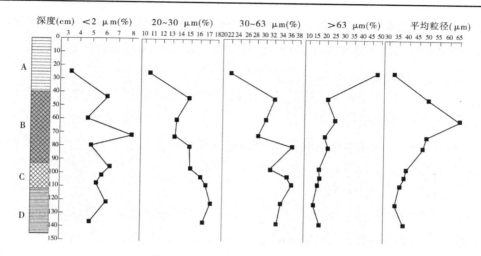

图 5-26　吴湾遗址地层分级粒度特征

表 5-7　吴湾遗址样品粒度参数统计

分层	深度 (cm)	柱状图	地层岩性 描述	样品 编号	采样深度 (cm)	平均粒径 (μm)	中值粒径 (μm)
A	0		浅棕色 堆积	A5	23	32.173	56.236
	40			B1	43	49.461	31.426
B			灰褐色 土层	B5	53	64.868	33.784
				B8	58	48.74	27.47
	93			B10	68	47.119	34.705
C			浅黄色黄 土堆积层	C1	96	38.492	27.684
				C3	106	37.696	30.689
	112			C5	111	35.266	30.584
D			浅棕色土层	D2	122	33.12	27.493
	145			D5	138	37.43	29.339

图 5-26 显示,不同地层在不同的粒径组分中所占的比例也不同,具体如下:在黏粒(<2 μm)的组分中,图 5-26 显示在剖面 80～145 cm 处,依照地层顺序,黏粒的含量在 5%、6% 左右波动变化,在 65～80 cm 处,依照地层沉积顺序,黏粒的含量非常大,在 73 cm 处

达到了最大值,但整体含量依然很小,然后往上开始呈递减的趋势,在 0 ~ 65 cm 处,依照地层顺序,含量呈波动递减趋势,在 25 cm 处达到最小值。在粉砂(20 ~ 30 μm)的组分中,如图 5-26 显示在剖面 123 ~ 145 cm 处,依据地层顺序,粉砂的含量一直在上升,在 123 cm 处达到了最大值,在 60 ~ 123 cm 中,依照地层顺序,粉砂的含量逐渐递减,在 0 ~ 60 cm 处,依照地层沉积顺序,含量开始逐渐上升,到深度 45 cm 后开始下降,在 25 cm 处达到最小值。

在细砂(30 ~ 63 μm)的组分中,如图 5-26 显示在剖面 80 ~ 145 cm 处,依照顺序,细砂的含量波动上升,先上升后下降再上升,在 80 cm、106 cm 处达到最大值,在 0 ~ 80 cm 处,含量趋于波动下降,依照地层顺序,先下降至 70 cm 处后上升,至 44 cm 处之后下降,在 25 cm 处达到最低值。在中粗砂(> 63 μm)的组分中,如图 5-26 显示在剖面 108 ~ 145 cm 处,中粗砂含量处于低值,依照地层沉积顺序,在 122 cm 处达到最低值,之后开始上升,在 0 ~ 108 cm 中,含量开始逐渐增多,在 25 cm 处达到最大值。在平均粒径的组分中,如图 5-26 所示,在 60 ~ 145 cm 处,依照地层顺序,平均粒径的比例逐渐增多,在 60 cm 处达到最大值,在 0 ~ 60 cm 处,依照地层顺序,平均粒径的比例逐渐减小,在 25 cm 处达到最小值,整体含量较多。

吴湾遗址地层粒度特征,依照地层顺序,剖面深度 80 ~ 150 cm 处,黏粒(< 2 μm)的含量变化不大,说明沉积环境比较稳定,在 60 ~ 80 cm 处,黏粒的含量突然增大,达到最大值,之后逐渐减少,说明沉积动力突然减弱,河水减少,气候出现了短暂的变干的情况;粉砂(20 ~ 30 μm)地层顺序整体呈现出递减的顺序,细砂(30 ~ 63 μm)和粉砂的变化趋势基本相同,但是中粗砂依照地层沉积顺序呈现出递增的趋势。说明此剖面地层的形成过程中沉积动力逐渐增强,在 A 层形成时速度逐渐加快,最高达到了 48.23%,有可能是水动力增强,降水增多且集中或者是洪水更加频繁。

图 5-27 和图 5-28 是吴湾遗址剖面的粒级分布状况和粒度参数的变化曲线,图中显示大多数沉积粒径主要分布在 30 ~ 50 μm,还有一部分在 600 ~ 900 μm,经过数据分析和对照此地研究资料的记录,可以初步判断黏土物质集聚地层说明沉积动力属于较弱的沉积动力环境。粗粒沉积物比重增大,说明沉积物动力增强,使粗粒沉积物堆积在河漫滩附近,说明降水量增多或者出现洪水。

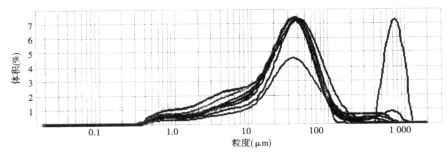

图 5-27　吴湾遗址地层沉积物粒度分布曲线

沉积物粒度特征主要决定于沉积物的物源与沉积环境,沉积环境对沉积物粒度性质的改变主要反映在频率曲线层部的变化上,而沉积物的粒度分布以粗端与细端部分对搬运介质的机械作用反映最为灵敏,而偏度与尖度正是反映频率曲线的尾部变化。依照地

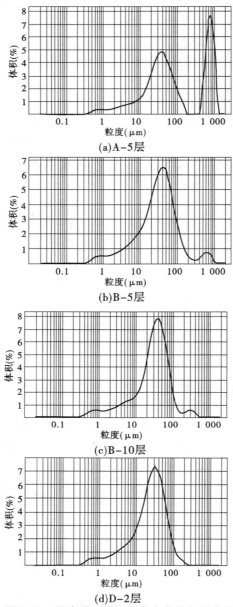

图 5-28　吴湾遗址地层粒度分布的频率曲线

层顺序,从 D-2 层尾部的在 1 000~3 000 μm 的体积接近 0,B-10 层尾部的体积的百分比为 0.7%,在 200~600 μm,在 B-5 层尾部体积百分数为 0.85%,在图 5-28 中对 A-5,该沉积层有两个峰值,在 A-5 层中,尾部最高值(体积百分比为 7.6%)在 400~1 000 μm,另一个峰值(体积百分比为 4.87%)出现在 10~100 μm,说明沉积的粗颗粒的含量在不断增大,表明沉积动力逐渐变强,可以推测在地层沉积过程中受到了环境变迁的影响,沉积动力可能是洪水沉积。

3.吴湾遗址地层的 TOC 含量特征

TOC（total organic carbon）是英文总有机碳的简写形式，这里的总有机碳主要指溶液中的 TOC，它包括溶解性碳和悬浮物两种形式的碳，TOC 仪可以测到这两种形式碳的含量。通过测试水中碳的浓度，可以反映出水中氧化的有机化合物的含量，间接指示出当时的气候状况。土壤中的 TOC 含量是反映生长在土壤中的植被的丰茂程度的重要指标，进而反映沉积地层形成时环境的干湿状况。吴湾遗址地层的含量如图 5-29 所示。

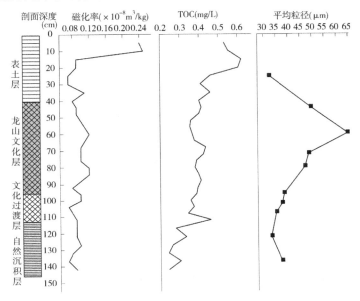

图 5-29 吴湾遗址古环境代用指标（磁化率、TOC 和粒度）的综合比较

从图 5-29 中可以看出：依照地层顺序该剖面的 TOC 整体呈波动上升趋势，在三个不同阶段出现了不同的变化，具体状况如下：

（1）阶段Ⅰ（115～145 cm）TOC 整体数值较低，为 0.458～0.62 mg/L，平均值为 0.554 mg/L。期间有波动，最低值在 145 cm 和 132 cm 处，最高值在 115 cm 处，依照地层顺序，整体呈上升趋势。说明在此阶段地表植被覆盖率低，土壤贫瘠，不适宜植物生长。

（2）阶段Ⅱ（25～115 cm）TOC 整体数值较阶段Ⅰ稍高，为 0.279～0.462 mg/L，平均值为 0.389 mg/L。依照地层顺序，数值整体呈上升趋势，在 113 cm 处出现最高值，在 50～66 cm 处出现低值。说明此阶段植被覆盖率增加。

（3）阶段Ⅲ（0～25 cm）TOC 整体数值较高，为 0.245～0.334 mg/L，平均值为 0.278 mg/L。依照地层顺序，在 35 cm 处持续升高 17 cm 处达到最高值后开始下降。说明此阶段植被覆盖率高，气候条件适宜植被生长。

三、吴湾地区的古环境特征

（一）吴湾遗址龙山文化时期的环境背景

依据剖面人类活动残积物的分布，结合吴湾遗址的 TOC、磁化率、平均粒度的测试结果，综合对比分析如图 5-29 所示。

根据图 5-29 中磁化率、TOC 含量和粒度曲线的变化，结合该遗址古文化时期特征现

将该遗址地层分为五个阶段,现分述如下:

阶段 I:TOC 值为 0.245 ~ 0.462 mg/L,平均值为 0.309 mg/L,为最低值,说明植被覆盖率低,气候条件不适宜植物生长;磁化率变化介于(0.07 ~ 0.1) × 10^{-8} m³/kg,平均值为 0.073 7 × 10^{-8} m³/kg,比较低,也指示出的环境比较干;平均粒径为 35.27 μm,粒度体积百分比为:中粗砂含量变化 12.34% ~ 15.56%,细砂含量变化为 33.45% ~ 36.78%,粉砂含量变化为 16.26% ~ 17.36%,黏粒含量变化为 4.67% ~ 6.13%,粉砂含量较大,说明沉积动力比较弱,河流水量减少。综合三项指标表明,气候特征干旱少雨,沉积动力较弱。

阶段 II:TOC 的值介于 0.375 ~ 0.41 mg/L,平均值为 0.386 mg/L,相对于阶段I有所增加,说明植被覆盖率增加;磁化率的变化在(0.07 ~ 0.12) × 10^{-8} m³/kg,平均值为 0.098 × 10^{-8} m³/kg,相比前一阶段有所增加;平均粒径为 40.46 μm,粒度体积百分比为:中粗砂含量为 16.34% ~ 23.56%,细砂含量为 31.39% ~ 36.57%,粉砂含量为 15.12% ~ 16.24%,黏粒含量为 5.17% ~ 6.72%,平均粒径为 42.56 μm。相对于阶段 I,中粗砂的含量增多,平均粒径也有所增加,河流动力逐渐增强,本期气候特征趋于暖湿。

阶段 III:TOC 均值为 0.39 mg/L,比前两阶段含量增加,介于 0.353 ~ 0.436 mg/L,数值波动较大,表明植被覆盖率增加但处于波动期;本期的磁化率值平均为 0.103 × 10^{-8} m³/kg,介于(0.09 ~ 0.12) × 10^{-8} m³/kg,在深度 60 cm 处达到较大值之后逐渐递减,而平均粒径达到最高 64.9 μm,之后开始递减,平均粒径为 54.37 μm,中粗砂的体积含量介于 22.34% ~ 27.67%,反映了一次较强的流水沉积事件。表明本期气候特征再次进入凉干期,沉积动力强,同时伴随洪涝过程。

阶段 IV:TOC 含量平均为 0.423 mg/L,介于 0.401 ~ 0.46 mg/L;磁化率值介于(0.07 ~ 0.08) × 10^{-8} m³/kg,平均值为 0.087 × 10^{-8} m³/kg;粒径的平均值为 43.58 μm,粒度体积百分比为:中粗砂体积介于 23.2% ~ 45.6%,细砂介于 22.7% ~ 31.6%,粉砂在 10.9% ~ 14.5%,黏粒在 3.6% ~ 6.3%,总有机碳含量增多,中粗砂的体积含量增大,天气状况为短暂的气候波动期,呈明显的暖湿趋势。

阶段 V:TOC 的值介于 0.458 ~ 0.62 mg/L,平均值为 0.554 mg/L,达到整个剖面的最高值,表明植被覆盖率很高;磁化率值介于(0.07 ~ 0.25) × 10^{-8} m³/kg,平均值为 0.148 × 10^{-8} m³/kg,也达到最高值,说明气候湿润;平均粒径为 32.173 μm,中粗砂的体积平均含量为 48.52%,细砂体积含量平均值为 21.23%,粉砂体积含量平均为 10.51%,黏粒的体积含量平均值为 3.4%,磁化率和 TOC 的值都较大,地层形成时环境为暖湿气候。

综上可知,整个研究时期呈现温凉的气候特征,但在 110 cm、66 cm 出现了显著的暖湿波动期,经过 20 ~ 30 cm 的短暂凉干期后,在剖面上层(0 ~ 40 cm)磁化率和 TOC 值快速增加,气候转化为暖湿特征。

依据吴湾剖面的特征,结合相关文献的考证的结果可知,剖面 106 ~ 150 cm 为自然沉积层,76 ~ 106 cm 为吴湾地区龙山文化早期的沉积层,42 ~ 76 cm 为龙山文化晚期的沉积层。

本剖面的自然沉积层磁化率均值、TOC 均值、平均粒径指标都处于低值期,气候大致表现为冷、干特征,该期的植被覆盖率低,颍河的流水沉积动力较弱。在龙山文化早期地层,磁化率均值、TOC 均值、平均粒径增加,气候状况趋向温暖,降水增多,植被覆盖率增加,河流水量增大,流水沉积动力变强。

在龙山文化晚期,磁化率均值、TOC均值、平均粒径依然较高,但是期间波动很大,气候特征此阶段湿润之后进入干旱期,期间沉积动力强,推测期间伴随洪涝过程,植被覆盖率到后期明显减少。这与汪永进等通过董哥洞石笋的氧同位素(Wang,2001)恢复的全新世干湿变化中在龙山文化早期和龙山文化晚期极端气候事件基本吻合。另外,我国历史上传说的大禹治水有可能发生在4 ka事件前后,即龙山文化晚期与二里头文化的过渡时期。

(二)吴湾遗址人类活动与自然环境关系

在剖面自然沉积形成时由于气候状况干冷、少雨,河流水量很小,流水沉积动力很弱,人类生存的环境条件比较差,在此居住的人类比较少,人类活动比较弱。剖面特征呈浅棕色土层,土质坚硬均一,罕见有人类扰动。

龙山文化早期,气候特征温暖湿润,降水丰富,植被覆盖率高,生活环境适宜,人类活动频繁,人口规模增大。本期出土的生产工具有石铲、石斧、石凿、玉铲、石纺轮、陶纺轮、石镰、石球、石镞、石刀等。其中,石镰是收割粟的工具,说明当时的农业种植已经有了一定的规模,鉴于本区降水量和积温特征,推测当时吴湾一带应是以粟作农业为主,因为7.0 kaB.P.黄河流域已经普遍种植粟,使用时在镰身后部捆绑竖柄,人们一手把地里的粟秸攥成一束,一手持柄挥镰割断成束的粟秸,可见农业生产条件优越。石球、石镞、石斧、石刀这些捕杀、砍伐的工具的出现,说明了当时人们已经开始对大自然造成破坏。陶纺轮和石纺轮等用来纺织的工具的出现,说明当时的纺织业的发展有了一定规模的。在日常生活中广泛用到的生活工具有砂陶、鼎、罐、瓮、盆、带流盆、鬶、豆、杯、石环、古簪等,泥质陶器的质地细腻,陶泥多经淘洗。出土器物表示除素面与磨光者外,多饰横蓝纹。方格纹次之,还有少量细绳纹和附加堆纹,陶器的制法多为轮制兼手工艺,表明当时的手工业发展较快。

在龙山文化晚期,气候特征呈现出短暂的温暖湿润之后出现波动,再次进入干冷时期,洪水发生次数增多,依照地层顺序剖面红烧土、陶片等人类活动的遗迹急剧减少。人口规模的扩大,对食物和生活用品需求的扩大,导致砍伐过量,植被破坏,动物种类和数量减少威胁着人们赖以生存的自然环境,导致气候的突变和洪水的增加。

人类活动与环境变迁的相互作用大体可以分为正向适应与反向的不适应两种情况。正向适应是指当环境出现逆向变化比如大幅度降温、持续性干旱或大规模持续性洪水等将造成农业生产或人类集聚区的严重破坏。此时的人们可以通过迁徙、制造先进的生产工具应对自然环境的逆向变迁,基于技术手段抵消气候负面效应的影响。另外,可以通过改变农业类型和作物引进新品种等方式适应环境变化的影响。当人口不断扩张的时候,人们对自然资源的需求量也同步增加,于是通过破坏生态环境开辟用于种植农作物的土地资源,并未考虑由于生态破坏而造成的负面影响。类似的人类活动可能造成生态破坏,导致各类自然灾害如洪水、干旱、土地沙化等灾害性气候过程等。这种生业活动完全是反向的不适应过程,造成自然环境的恶化和人类生存空间的萎缩。

四、吴湾遗址古环境与文化间的关系

根据遗址地层中粒度、磁化率、TOC 三项古环境指标和考古器物类型,可以归纳出龙山时期吴湾遗址附近的古环境特征:

(1)龙山文化早期 TOC 的值介于 0.375~0.411 mg/L,平均值为 0.386 mg/L;质量磁化率的变化在(0.07~0.12)×10^{-8} m^3/kg,平均值为 0.098×10^{-8} m^3/kg;平均粒径为 40.46 μm,平均粒径体积为 42.56%。根据上述古环境待用指标可知,本期气候特征趋于暖湿,降水增多,植被覆盖率增加,河流水量增大,流水沉积动力变强。

(2)龙山文化晚期剖面地层的 TOC 均值为 0.39 mg/L,介于 0.353~0.436 mg/L;磁化率值平均为 0.103×10^{-8} m^3/kg,介于(0.09~0.12)×10^{-8} m^3/kg,在深度 60 cm 处达到较大值之后逐渐递减,而平均粒径达到最高 64.9 μm 之后开始递减,中粗砂的体积含量介于 22.34%~27.67%,反映了一次较强的流水沉积事件,表明本期气候特征再次进入凉干期,沉积动力强,同时伴随洪涝过程。

(3)禹州吴湾遗址出土了大量龙山时期的石镰、石斧、石镞等生产工具以及生活器具如鼎、簋、鬶等陶器,反映了当时遗址区的人类活动相对繁荣。另外,史前文化的繁荣往往与适宜的自然环境相一致,这与本书基于磁化率、粒度和 TOC 指标恢复的环境特征与本时期的环境特征基本吻合。但是人类对自然环境的干扰和破坏对人类生存环境也产生了不少负面影响,如龙山文化末期的大洪水事件可能与人类活动干扰密切相关。

第五节　石固遗址

石固遗址位于颍河中游的支流石梁河左岸,具茨山的南麓,在行政区上属于长葛市,时代上属于新石器中期文化类型。从大区域而言,嵩山南麓地区的颍河上游和双洎河上游地区遗址密度均较大,但在长葛市境内的新石器早期的遗址相对较少,缺乏还原本区新石器早期气候波动期的环境载体。而石固遗址是为数不多的包含裴李岗文化、仰韶文化和部分二里头文化的复合型遗址,其文化叠加的地层不仅出土有各时期的石器和陶器,而且在仰韶时期地层中含有一个连续的炭屑层,对于揭示石梁河流域的古环境变迁具有独特意义。

一、遗址概况与研究意义

(一)研究区域自然地理概况

长葛位于河南省中部地区(见图 5-30),北临黄河,西依嵩山,东南是广阔的黄淮平原。西部山地丘陵为黄河与淮河的分水岭。主要山脉嵩山,由于强烈的块状抬升,相对高度甚大。东部和南部的平原主要是在地壳不断下降的情况下,由黄河和淮河冲积而成,以黄河冲积平原为主体。

本区的地理坐标为东经 113°34′~114°08′,北纬 34°09′~34°20′。气候类型属于暖温带大陆性季风气候,日光充足,地热丰富,四季分明,年均气温 14.3 ℃,年均降水量 711.1 mm,无霜期 217 d。长葛市水资源丰富,水系多发源于西部山区,双洎河、清潩河、汶河、石

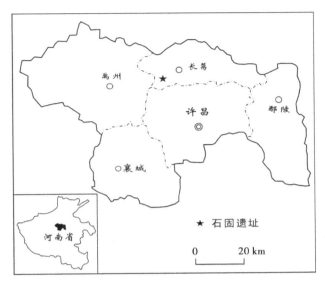

图 5-30　石固遗址的地理位置

梁河等过境河流 28 条。

　　本区的土壤有明显的地区分异性,由东向西逐渐由潮土过渡到棕壤、褐土。植被主要以华北区系植物为主,属于暖温带落叶阔叶林区。大体以京广铁路为界,以东为黄淮平原栽培植物区,以西为伏牛山北坡、太行山丘陵、台地落叶阔叶林植被区。

　　（二）石固遗址的研究意义

　　环境考古学主要揭示史前时期自然灾害成因和发生规律,因此对史前古文化与古环境关系的重建是最关键的部分。国内已经有一些学者认为,环境考古研究领域包括古气候的重建、古地形地貌的重建、沉积学与土壤学、植物考古及动物考古等五个部分。我国考古学最初就有动物考古学的尝试,之后也有植物孢粉学的运用,通过这些可以重建古人类生存的古环境,探讨环境对人类活动的影响。粒度分析可以用于重建古代的沉积环境,结合对磁化率的分析,可以推断古环境突变事件,如洪水和火灾。

　　嵩山南麓地区是中华文明起源的核心地区,其中长葛市石固岗河遗址于 1987 年发掘,环境考古学研究探索性的成果比较丰富,但以往的研究文献多关注该遗址的器物和文化分析。而本节则利用环境考古学方法,对石固遗址的环境考古做一个系统的研究,以探讨自然环境与古代文化的相互关系。

二、研究方法与材料

　　（1）质量磁化率测试。土壤磁化率表示土壤中磁性物质种类、含量、颗粒大小等性质,可作为土壤发育程度、古气候的风化环境、植被和环境污染的代用指标。影响土壤磁化率垂向变化的主要因素有成土过程、人为因素等。磁化率测试方法和仪器见第二章相关内容。

　　（2）粒度测试与分析。沉积物粒度目前被广泛地应用于各种沉积环境研究中,其特点为测定简单、快速、经济、物理意义明确、对气候变化敏感等。沉积物粒度研究发现,当搬运介质和搬运方式一定并且介质动力大小稳定时,它所搬运的沉积物粒度总体是一个单因子控制的单组分分布。但是大多沉积物均受一种或几种不同的搬运方式、动力类型控制,因而会产生多组分、多模态粒度分布特征,在频率曲线上表现为多峰光滑曲线。粒度测试方法见第二章中有关叙述。

本节试图从石梁河流域的石固遗址入手,寻找史前和历史时期环境演变与人类活动之间的互动影响,反映出各种古环境信息。

(3)野外实地调查。①实地勘查:调查研究区域的地形、地貌、水文、植被和土质等要素,分析研究遗址和遗址所处的地理环境。根据实际情况,选择适合的剖面,科学地采集测试样品。②资料收集:以自然地理区域结合遗址范围为研究单元,收集当地的地质、地貌、生态、气候等方面的相关资料。开展考古遗址资料统计,即统计考古遗址的地理位置、气候特征、人类活动特征等方面资料。各种资料一部分来源于野外调查所得的资料,一部分来自环境考古专业期刊的发表资料。考证历史时期以来气候干湿状况、人类活动与气候环境变化之间的关系等。

三、样品采集与数据分析

(一)石固遗址地理概况与地层剖面的特征

石固遗址位于长葛市石固村东南 0.5 km 的台地上。面积约 4 hm²,包括居住遗址和墓葬。考古发掘的面积约 1 500 m²,内含裴李岗和仰韶两期文化遗存,清理出房基、窖穴和灰坑等重要遗迹和遗物。一般文化层堆积 1.3～1.7 m。底层为裴李岗文化,上层为仰韶文化。裴李岗时期,人们主要使用石料和骨料制作的工具,用于粮食加工的石磨盘和石磨盘棒是裴李岗文化特征。当时的农业经济已有一定的发展,在日常生活中广泛使用陶器。碗、钵陶器口缘上已出现红彩宽带纹,是裴李岗文化较晚期的一个重要发现。遗址的氏族墓地,为单人竖穴土坑墓,葬式仰身肢为主。经科学测定,其年代距今约 7 000 多年。为探索中原地区新石器中期文化的起源与发展,提供了新资料。本次采样剖面位于石固镇东南石梁河北岸的一级阶地坡面。仰韶文化是距今 5 000～7 000 年中国新石器时代的一种文化。仰韶文化时期,生产工具以较发达的磨制石器为主,常见的有刀、斧、锛、凿、箭头、纺织用的石纺轮等。骨器也相当精致。有较发达的农业,作物为粟和黍。饲养家畜主要是猪,并有狗。也从事狩猎、捕鱼和采集。

石固剖面深度为 2.1 m,自下而上不等距采样共获取土壤样品 43 个,根据剖面土层性质将剖面分为耕作层(A)、砂质土层(B)、砂质黏土层(C)、浅色砂质黏土层(D)和砂质层(E)。根据剖面人类活动残积物分布和本遗址 ¹⁴C 测年结果和黄土堆积与古土壤堆积的基本规律,初步推断认为 E 层年代为 8～9 kaB. P.,属于前裴李岗时期,由于气候偏冷,D 层年代为 5～7 kaB. P.,属于仰韶文化时期人类活动地层堆积,C 层含有大量炭屑和陶片等人类活动残留物,且与 B 层相邻分布,应为中世纪暖期时期,年代为 1.2～1.8 kaB. P.,鉴于 B 层为松散的黄土堆积物,联系到历史时期的小冰期(0.3～0.6 kaB. P.),而最上面的 A 层为耕作层(见图 5-31)。各地层的形状特征如图 5-32 所示。

地层样品土质描述:

A 层,厚 0～40 cm,黄棕色,黏土质粉砂土层,土质坚硬,属耕作土层,富含根系等有

(a) 研究剖面的位置　　　　　(b) 采样剖面和地层划分

图 5-31　石固遗址位置和剖面照片

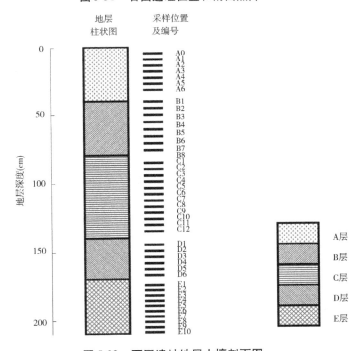

图 5-32　石固遗址地层土壤剖面图

机质。

B 层,厚 40~80 cm,黄棕色,黏土质粉砂土层,土质坚硬,含有红烧陶碎片和炭屑。

C 层,厚 80~140 cm,暗红褐色,砂质黏土层,土质较坚硬,含有少量陶片以及炭屑。

D 层,厚 140~170 cm,浅红褐色,砂质黏土层,土质松软,属过渡层。

E 层,厚 170~210 cm,淡黄色,砂质土层,土质松软,富含水分。

(二)材料与样品测试

本次采样选择的剖面深度为 2.1 m,采样共获取土壤样品 43 个,其中 A 层采样 7 个

（编号 A0～A6），B 层采样 8 个（编号 B1～B8），C 层采样 12 个（编号 C1～C12），D 层采样 6 个（编号 D1～D6），E 层采样 10 个（编号 E1～E10）。样品经过处理后分别在实验室做了磁化率测试和粒度测试。具体磁化率和粒度测试方法可参考前述各节，本遗址地层的粒度测试结果见表 5-8。

表 5-8　石固遗址样品粒度参数统计

分层	深度 (cm)	柱状图	地层岩性描述	样品编号	采样深度 (cm)	平均粒径 (μm)	中值粒径 (μm)
A	0 40		耕作层	A7	23	14.728	28.474
B	40 80		淡黄色砂质土层	B4	60	14.187	31.69
C	80		暗褐色砂质黏土层	C2	90	16.654	39.752
				C6	110	18.689	49.866
	140			C11	135	16.901	42.04
D	140 170		浅褐色砂质黏土层	D3	155	70.379	16.226
E	170		黄色砂质层	E5	190	65.49	20.625
	210			E9	206	84.261	33.609

四、数据分析与讨论

（一）磁化率数据分析

磁化率可以半定量地指示剖面沉积时期的古环境特征，特别是风化环境。因为暖湿的风化背景可以促进铁磁矿物的形成和集聚，如赤铁矿、针铁矿等会随着轻质矿物的淋失而在原地集聚，因而造成的磁化率值的升高。反之，如果气候干旱寒冷，物理风化为主要特征，缺乏磁性矿物的沉积物中基本不含铁磁矿物，沉积层的磁化率值就偏低。这样的沉积物磁化率高低的形成机制就可以通过磁化率变化反推古环境特征。

测试结果如表 5-9 所示，石固遗址剖面的磁化率为（3～76）×10^{-8} m^3/kg。剖面中磁化率数值波动变化，A 层的磁化率变化在（12～76）×10^{-8} m^3/kg，变化较大，平均值为 48.57×10^{-8} m^3/kg。峰值出现在 B 层，平均值为 54.5×10^{-8} m^3/kg，这表明，在 B 层形成时,气候温暖湿润,成壤作用强烈。C 层的磁化率为 $(10 \sim 48) \times 10^{-8}$ m^3/kg,平均值为 21.75×10^{-8} m^3/kg。而在 D 层和 E 层中磁化率较低。D 层中的磁化率变化在 $(3 \sim 12) \times 10^{-8}$ m^3/kg,平均值为 7.33×10^{-8} m^3/kg。E 层的磁化率变化在 $(4 \sim 9) \times 10^{-8}$ m^3/kg,平均值为 7×10^{-8} m^3/kg。磁化率变化幅度较低,暗示 D 层和 E 层在沉积时期以物理风化作用过程为主。

表 5-9　石固遗址样品的质量磁化率统计

地层	深度(cm)	样品数	磁化率($\times 10^{-8}$ m^3/kg)	
			范围	平均值
A 层	0 ~ 40	7	12 ~ 76	48.57
B 层	40 ~ 80	8	38 ~ 66	54.5
C 层	80 ~ 140	12	10 ~ 48	21.75
D 层	140 ~ 170	6	3 ~ 12	7.33
E 层	170 ~ 210	10	4 ~ 9	7

石固遗址剖面的磁化率曲线图还显示出从 C 层向 B 层数值持续增加,似乎表现出由冷向暖是渐变的过程。从图 5-33 中我们也可以看出:整个研究剖面的磁化率高值区间范围大,持续时期较长;磁化率低值区间分布较为狭窄,持续时段较短。而且,高磁化率值区间刚好与人类活动地层相吻合,该地层中含有丰富人类活动遗存:陶屑、作物种子堆积、垃圾灰坑、手工业作坊、室内居住空间等人类活动的各类遗址和遗存等。如石固聚落的遗址剖面的 A 层、B 层就是如此,磁化率低值区间与石固聚落遗址的 D 层沉积物和 E 层沉积对应。根据石固地层的考古研究成果,从仰韶文化晚期至龙山文化晚期,一直到夏商时期人类在本区的活动都处于活跃时期,尤其是龙山文化晚期,颍河上游地区形成了多处大型聚落,如瓦店遗址、吴湾遗址和登封阳城遗址等。人类活跃期的大型城邑的出现不仅是经济发展、农业繁荣的体现,也是生产力进步,生产工具有大

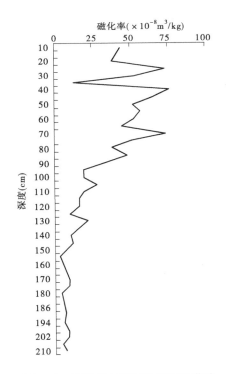

图 5-33　石固遗址剖面的磁化率曲线

幅提高的时期。从这个意义上看,该时期的人类活跃期恰好是对上述磁化率高值的一系列证据。

在人类活动的频繁阶段,屡次出现磁化率异常高值,初步断定磁化率高值区间可能与史前人类活动的用火过程有关,包括烧制陶器时用火规模、范围的扩大,焚烧杂草清理地面、生活用燃料的增加等行为。用火过程中,高温过程可以对周围的土壤颗粒的磁筹排列产生一致性控制,从而提高土壤颗粒的磁性特征。

（二）粒度数据分析

从石固遗址地层的粒度分析的百分含量分布(见图 5-34)中,可以看出,该剖面不同层位的粒度分布,具有以下特征:A 层(0 ~ 40 cm)中粗砂(> 63 μm)平均含量为17.587%,细砂(30 ~ 63 μm)平均含量为 30.395%,粉砂(20 ~ 30 μm)平均含量为14.079%,黏粒(< 2 μm)平均含量为 5.295%。B 层(40 ~ 80 cm)中粗砂平均含量为19.281%,细砂平均含量为32.964%,粉砂平均含量为 13.823%,黏粒平均含量为5.699%。C 层(80 ~ 140 cm)粗砂平均含量为32.068%,细砂平均含量为32.257%,粉砂平均含量为9.591%,黏粒平均含量为 3.79%。D 层(140 ~ 170 cm)中粗砂平均含量为43.045%,细砂平均含量为 31.428%,粉砂平均含量为8.11%,黏粒平均含量为2.344%。底部 E 层中(170 ~ 210 cm)中粗砂平均含量为 48.173%,细砂平均含量为24.135%,粉砂平均含量为7.22%,黏粒平均含量为2.89%。

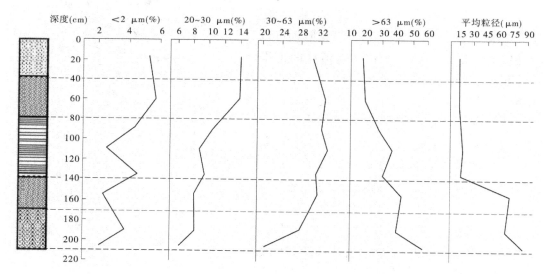

图 5-34　石固遗址地层土壤粒度分级含量百分数

粒度能够反映剖面的沉积物质或者描述土壤的宏观相态特征,且与形成环境及搬运的动力条件具有密切的关系。对照古气候资料与地层粒度特征,E 层中样品 E9 的粗砂含量较高,占 56.72%,黏粒占 2.02%,在全新世早期(11.5 ~ 8.5 kaB. P.),气候开始由冷干向暖湿过渡,但降水较少,仍然干燥。而样品 E5 的粗砂含量为 39.63%,黏粒含量为3.71%,粗砂含量降低。全新世中期(6.5 ~ 5.0 kaB. P.)是最温暖湿润的时期,也被称为大暖期。早期气候为半湿润,随后气温升高,降水增加,成壤作用加强,粗砂含量逐步降低,同时,黏粒含量逐步升高。全新世晚期(约 3.0 kaB.P.)气候逐步转为干旱,降水量减少,植被退化,成土作用减弱。C、B 层中各样品的变化幅度揭示了当时气候变率增大,同时受到人来活动的影响,水土流失导致河水的泛滥频率增加。

（三）沉积动力分析

分析石固遗址剖面粒级分布状况和粒度参数的变化曲线见图 5-35。图 5-35 显示,粒度最大的主要分布在 30 ~ 63 μm,另外还有一部分分布在 1 000 ~ 2 000 μm 之间。经过数据分析和对照此地研究资料的记录,可以初步判断:沉积物为细小的颗粒时,说明此处沉积环境主要是受到河流动力和风动力的交替影响所成,在气候干冷的环境下,河水的动力减弱,风的动力增强;沉积物为粒径较大的颗粒时,说明堆积动力增强,如河流在洪水期时的堆积特征,巨大的搬运动力使粗粒沉积物堆积在河漫滩附近,因此可以断定当时的气候特征是温湿的,降水增加,洪水泛滥频繁等。

沉积物粒度特征主要决定于沉积物的物源与沉积环境,沉积环境对沉积物粒度性质的改变主要反映在频率曲线层部的变化上,而沉积物的粒度分布以粗端与细端部分对搬运介质的机械作用反映最为灵敏,而偏度与尖度正是反映频率曲线的尾部变化。在图 5-35 中可以看出,B – 4 层的粒度频率曲线的最高峰值(体积百分比为 7.1%)为 50 ~ 60 μm,C – 6 的最高峰值(体积百分比为 8.8%)为 60 ~ 70 μm,最低值和 B – 4 层接近,而 C – 6 层中的细砂体积比 B – 4 层高,说明 C – 6 层在沉积过程中的动力相似或者略大,对比磁化率的分析我们可以看出,原因可能与气候突然变化有关。对比 D – 3 层和 E – 9 层,我们发现这两个沉积层都有两个高峰,在 D – 3 层中,最高峰值(体积百分比为 7.8%)出现在 70 ~ 80 μm,另一个峰值(体积百分比为 3.9%)出现在 2 000 μm 左右,而在 E – 9 层中,最高的峰值(体积百分比为 10.6%)出现在 2 000 μm 左右,另一个峰值(体积百分比为 5%)出现在 70 ~ 80 μm。集合以上资料的分析,由此可以推测 D – 3 层和 E – 9 层在沉积过程中受到了环境变迁的影响,沉积物可能是洪水沉积。

（四）人类活动与环境变迁的关系

全新世大暖期前和大暖期后的 1 ka 都是气候波动期,前者是末次冰期向大暖期转变的过渡期,冷暖交替存在大幅度的振荡现象。而在 5.4 kaB.P. 前后大暖期进入尾声时同样在暖湿气候过程中伴随着剧烈的降温事件。而在这个过程中,人类社会经历了新石器早期的裴李岗时期,暖湿期的仰韶文化迅速崛起奠定了早期农业的发展基础,生业经济不断发展在龙山文化中期形成了较为完善的农耕文化体系,包括河南在内的广大地区均经历了气候波动期,但这些波动从逆向环境的角度的促进作用提高了人类适应环境变迁的能力。当然,也要看到在裴李岗文化早期的黄河流域,时间段在 8.0 ~ 7.5 kaB.P.,存在大范围的文化空白期,显然是剧烈的气候波动造成人类生存环境恶化而导致了人类活动的缺失,这一时期从性质上与距今四千年的降温时期高度相似。进入新石器最适宜期(7.2 ~ 6.0 kaB.P.)的仰韶文化快速发展文化体系也随之建立,这两个实例可以说明人类活动的活跃或萧条与气候变化相关。

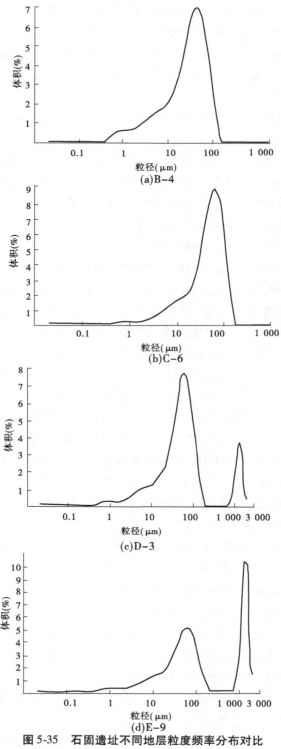

图 5-35　石固遗址不同地层粒度频率分布对比

从上述的讨论可以看出,全新世时期的气候特征总体是温暖湿润、适宜农耕文化的发展。即便是存在大幅度的气候波动,尤其是8.7 kaB.P.、6.2 kaB.P.、5.4 kaB.P.等的大幅度降温事件都对人类生存环境造成了负面影响。当然,降温事件给先民的生业经济造成很大的障碍,无论是生产力还是生产关系都受到重创,但这些恶劣环境也可以激发人类的创造精神,从生产工具到社会制度抑或部族文化都会有开创性的进步。一旦有气候环境的改善,生业经济就会迎来快速发展,比如裴李岗文化时期到仰韶文化时期的跨越以及从仰韶文化时期到龙山文化时期的大发展。甚至在距今四千年的大降温过程后,二里头文化同样是快速崛起成为夏代文化主要内核。

五、石固遗址地层古环境特征

依据剖面人类活动残积物分布和本遗址^{14}C测年结果,结合黄土堆积与古土壤堆积的基本规律,石固遗址剖面地层磁化率、粒度综合对比研究表明:

全新世早期(9 000~8 500 aB.P.)的遗址地层磁化率变化在(4~9)×10^{-8} m^3/kg,平均值为7.0×10^{-8} m^3/kg;平均粒径为84.261~65.49 μm,粒度体积百分比为:粗砂含量变化在56.72%~39.63%,细砂含量变化在20.63%~27.64%,粉砂含量变化在6.02%~8.23%,黏粒含量变化在2.07%~3.71%,粗大颗粒含量逐渐减少,与此相对应的是细小颗粒的含量逐渐增大。数据表明,该时期的气候开始由冷干向暖湿过渡,仍然较为干燥,沉积环境不稳定,既有风积动力也有洪积动力,而后者的作用更加明显。

全新世中期(6 500~3 100 aB.P.)地层磁化率变化在(3~12)×10^{-8} m^3/kg,平均值为7.33×10^{-8} m^3/kg;平均粒径为70.38 μm,粒度体积百分比为:粗砂平均含量为43.05%,细砂平均含量为31.43%,粉砂平均含量为8.11%,黏粒平均含量为2.34%。粗砂含量逐步降低,同时黏粒含量逐步升高,由此可以推断此时的古环境为相对干旱、洪水频发的时间段,成壤作用较弱。

全新世晚期(3 000~0 aB.P.)地层的磁化率平均值在(21.75~54.55)×10^{-8} m^3/kg,波动较大;平均粒径为16.23 μm,粒度体积百分比变化是粗砂含量降低,黏粒含量升高,结合资料综合研究推断当时的气候开始趋于暖湿,降水量增加,植被增加,成土作用增强,同时地层的磁化率特征可能暗示了人类活动过程有明显增强,如焚林开荒等过程。

石固遗址位于颍河北岸地势较高的地区(平均海拔74.6 m),仰韶文化时期虽然颍河南岸的瓦店一带为低洼沼泽区,但石固一带属于平原森林景观,仍然保持湿热环境下的成壤过程。但由于遗址地层靠近石梁河北岸,遗址地层有多期河流型粗砂质搬运沉积,表明石梁河经历了若干次洪水过程,尤其是在新砦和二里头时期这一特征尤其明显,该时段粗砂的含量达到了43.05%。这一时段的洪水过程与新砦城址、瓦店城址的衰落在时间段上大致对应,初步判断本期为夏代早期的古洪水泛滥时期。而全新世晚期地层无论是从磁化率还是粒度分布都表现出暖湿的外部风化环境,从竺可桢近五千年中国气候变迁曲线可大致推知本期应属于中世纪暖期(MWP)。可见,石固剖面是颍河中游地区地层时段相对完整的文化地层剖面,该剖面古环境信息的提取有利于本区新石器时期古文化和生业经济发展的研究。

小　结

　　颍河上游地区既是中原新石器文化的发端区,也是中原文化与外来文化的交流的重要枢纽,如新石器晚期来自江汉地区的石家河文化、来自淮河下游的大汶口文化,在本区都有发现。龙山文化晚期(距今约 4.3 ka)嵩山南麓地区出现了一批古城邑,如颍河上游的王城岗、瓦店,洧水上游的新砦和古城寨等。此时,史前农业取得较大发展,以粟、黍、豆为主的旱作农业发展迅速,暖湿的气候背景下水稻也有小面积种植,加之家庭畜牧业、采集渔猎的补充,先民的生业条件得到极大改善,人口数量增长迅速,社会结构也处于整合的活跃期。

　　根据瓦店遗址地层中炭化植物种子、炭屑微结构特征的分析结果以及对遗址地层粒度和磁化率的测试分析结果,来讨论颍河中游龙山文化晚期瓦店遗址区的气候状况、作物种类对早期古城农业结构、植被状况、自然环境以及形成时期社会文化背景的影响。结果表明,粟、稻炭化种子数量差不多占出土植物种子数量的绝对优势,其次是黍、大豆占有较高比例,小麦也开始出现,遗址地层磁化率和粒度变化特征也指示出遗址区当时气候波动稳定较温暖湿润,而且研究遗址濒临颍河,有充足的水源为农业灌溉提供有利条件,农业得到较大发展,以粟、黍、大豆为主的旱作农业发展迅速,暖湿气候条件下水稻也有小面积种植,渐形成以粟、黍为代表的粟作和以水稻为代表的稻作农业成为瓦店遗址龙山文化时期农业的主体类型,多种谷物混合种植的制度。

　　位于登封告成的王城岗遗址是河南龙山文化晚期(4 200 ~ 4 000 aB. P.)文化遗址,遗址出土的夯土基址、城垣和夯土遗迹等,经过考古学、地球化学和古生物学等多指标研究,表明该遗址对于研究中华文明起源课题有深远的学术价值。本章内容测试了登封市王城岗遗址龙山文化时期的地层剖面的磁化率和粒度指标。通过对遗址地层磁化率、平均粒径、粒度体积百分比等指标的分析和归纳,结合考古研究过程中获取的 ^{14}C 测年数据,重点探讨了王城岗地区龙山晚期时代的古环境变化特征及其与人类活动的基本特征。数据显示,王城岗地层剖面在全新世中晚期经历了两个明显的气候渐变阶段:①110 ~ 170 cm(4 100 ~ 3 900 aB. P.),平均粒径均在 35 μm 以下,平均磁化率为 39×10^{-8} m³/kg,属于寒冷干燥期。②0 ~ 110 cm(3 900 ~ 3 600 aB. P.),平均粒径约为 50 μm,平均磁化率为 46.6×10^{-8} m³/kg,属于温暖湿润期。本书数据显示,四千年前后寒冷事件后气候渐趋暖湿,气温和降水指标更加适于早期农业和手工业,为中原地区文明嬗变创造了良好条件。

　　南洼遗址地处嵩山腹地,位于颍河上游右岸的二级阶地面上,是夏商至唐宋时期的古遗址,是一处以二里头文化为主,兼有殷墟、东周等时期的文化遗存。根据考古资料在遗址中有较为丰富的二里头文化时期的灰坑、墓葬和文化层堆积。根据南洼遗址地层粒度和磁化率的测试结果以及对二里头文化层重金属分布特征的分布,结合该遗址的地层年代信息,讨论了白降河上游东岸二里头文化时期南洼遗址地区的气候状况、农业结构、自然环境及其对社会文化结构的影响。结果表明,遗址地层磁化率和粒度指标显示南洼遗址在二里头文化时期和仰韶文化晚期两个时期,虽然气候存在波动但仍保持着温暖湿润的气候特征,根据出土器物以及地层重金属元素含量,表明当时的手工业水平和社会生产力有较大发展。另外,沉积物粒度的几次波动及重金属元素的变化特征表明,尽管二里头文化时期社会生产力水平较高,但原始生态环境却遭到了破坏。

吴湾遗址的古环境可以分为五个阶段:①阶段 I (105 ~ 145 cm)TOC 平均值为 0.309 mg/L,磁化率平均值为 0.737×10^{-8} m³/kg,平均粒径为 35.27 μm。②阶段 II (76 ~ 105 cm):TOC 平均值为 0.386 mg/L,磁化率平均值为 0.098×10^{-8} m³/kg,平均粒径为 40.46 μm。③阶段 III (43 ~ 76 cm):TOC 平均值为 0.39 mg/L,磁化率平均值为 0.103×10^{-8} m³/kg,平均粒径为 54.37 μm。④阶段 IV (23 ~ 43 cm):TOC 含量平均为 0.423 mg/L,磁化率平均值为 0.087×10^{-8} m³/kg,粒径的平均值为 43.58 μm。⑤阶段 V (0 ~ 23 cm):TOC 平均值为 0.554 mg/L,磁化率平均值为 0.148×10^{-8} m³/kg 达到最高,平均粒径为 32.173 μm。其中阶段 III 为龙山文化繁荣时期,根据该遗址出土器物类型和人类活动遗存推知气候温暖湿润,降水增多,植被覆盖率大,河流水量大,流水沉积动力强,自然环境有利于农业和手工业的发展。

第五节讨论了许昌长葛市石固遗址仰韶文化时期的地层剖面的磁化率和粒度指标,通过遗址地层磁化率、平均粒径、粒度体积百分比等指标的综合分析,结合相关文献在本区确定的地层年代序列,探讨了该地区的在中全新世时期黄土沉积的古环境以及古环境与人类活动的相互影响。分析表明,本区在中全新世时期经历了三个明显的气候渐变阶段:①9.0 ~ 8.5 kaB.P. 是全新世早期,气候由冷干转变为暖湿;②6 500 ~ 3 100 aB.P. 是全新世大暖期,③3.1 ~ 2.0 kaB.P. 气温先是下降,近代开始升温。

参 考 文 献

[1] 科林·伦福儒,保罗·巴恩.考古学理论、方法与实践[M].北京:文物出版社,2004.

[2] 李小强,周新郢,张宏宾,等.考古生物指标记录的中国西北地区 5 000 a BP 水稻遗存[J].科学通报,2007,52:673-678.

[3] 赵志军.植物考古学的学科定位与研究内容[J].考古,2001(7):55-61.

[4] 刘长江,靳桂云,孔昭宸.植物考古:种子和果实研究[M].北京:科学出版社,2008.

[5] 赵志军.有关农业起源和文明起源的植物考古学研究[J].社会科学管理与评论,2005(2):82-91.

[6] 赵志军.植物考古学及其新进展[J].考古,2005(7):42-49.

[7] 刘长江,李月丛.宣化辽墓出土植物遗存的鉴定[C]//河北省文物考古研究所编.宣化辽墓(上).北京:文物出版社,2001,347-351.

[8] Jiang H E, Li X, Zhao Y X, et al. A new insight into Cannabis sativa (Cannabaceae) utilization from 2 500-year-old Yanghai Tombs, Xinjiang, China[J]. J. Ethnophar, 2006, 108:414-422.

[9] Jiang H E, Li X, Liu C J, et al. Fruits of Lithospermum officinale L. (Boraginaceae) used as an early plant

decoration (2500 years BP) in Xin-jiang, China[J]. Journal of Archaeological Science,2007,2:167-170.

[10] 杨青,李小强,周新郢,等.炭化过程中粟、黍种子亚显微结构特征及其在植物考古中的应用[J]. 科学通报,2011,56(9):700-707.

[11] 尹达.安徽蚌埠禹会村遗址出土植物遗存分析[D].北京:中国社会科学院,2011.

[12] 王祁,宫玮,蒋志龙,等.普通小麦炭化实验及其在植物考古学中的应用[J].东方考古,11: 435-443.

[13] Lü H Y,Zhang J P,Liu K-B,et al. Earliest domestication of common millet (Panicum miliaceum) in East Asia extended to 10 000 years ago[J]. Proceeding of National Academy of Science,USA,2009,18:7367-7372.

[14] 安志敏.中国的史前农业[J].考古学报,1988(4):369-381.

[15] 刘昶,方燕明.河南禹州瓦店遗址出土植物遗存分析[M].北京:文物出版社,2010.

[16] Sutton M Q,Arkush B S. Archaeological Laboratory Methods[M]. Dubugue:Kendall/Hunt Pubishing, 1996:260.

[17] 崔海婷,胡金明,等.利用木炭碎块显微结构复原青铜时代的植被[J].科学通报,2002,47(19): 1504-1507.

[18] 贾洲杰,匡瑜,姜涛.禹县瓦店遗址发掘简报[R].河南省文物研究所,1983(3).

[19] 宋长青,孙湘君.中国第四纪孢粉学研究进展[J].地球科学,1999(4):401-406.

[20] Butzer K W. Environment and Archaeology:A Introduction to Pleistocene Geography[M]. Chicago:Aldine Publishing Company,1964:12.

[21] 杨晓燕,夏正楷,崔之久.环境考古学发展回顾与展望.北京大学学报,2005,41(2):329-334.

[22] Jason H C,David A H. Climate variability on the Yucatan Peninsular during the past 3500 years,and implications for Maya Cultural Evolution[J]. Quaternary Research,1996,46:37-47.

[23] Hodell D A,Curtis J H,Brenner M. Possible role of climate in the collapse of classic Maya civilization [J]. Nature,1995,375:391-394.

[24] Michael W B,Alan L K,Mark B,et al. Climate variation and the rise and fall of an Andean civilization [J]. Quaternary Research,1997,47:235-248.

[25] 马世之.登封王城岗与禹都阳城[J].中原文物,2008(2):22-23.

[26] Thompson R J,Bioemendal J A. Environmental application of magnetic measurements[J]. Science,1980 (207):481-486.

[27] 方燕明.登封王城岗城址的年代及相关问题探讨[J].考古,2006(9):16-23.

[28] 夏商周断代工程专家组.夏商周断代工程 1996～2000 年阶段成果报告(简本)[M].北京:世界图书出版公司,2000.

[29] 张强,朱诚,江逢青.重庆巫山张家湾遗址 2000 年来的环境考古[J].地理学报,2001,56(3): 353-354.

[30] 刘秀铭,刘东生.黄土频率磁化率与古气候冷暖变换[J].第四纪研究,1990(1):42-49.

[31] 刘青松,邓成龙.磁化率及其环境意义[J].地球物理学报,2009(4):1041-1046.

[32] 徐馨,何才华,沈志达.第四纪环境研究方法[M].贵阳:贵州科技出版社,1992.

[33] 靳桂云,刘东生.华北北部中全新世降温气候事件与古文化变迁[J].科学通报,2001,45(20): 1725-1730.

[34] 夏正楷,王赞红,赵青春.我国中原地区3500aB.P.前后的异常洪水事件及其气候背景[J].中国科学(D辑),2003,33(9):886-887.

[35] 李冰.长江忠县、巫山考古遗址的古环境研究[D].广州:广州大学,2011.

[36] 王会豪,汪超,李黎.登封告成五渡河西岸史前遗址地层的沉积学特征及其环境演化[J].云南地理环境研究,2015(3)47-53.

[37] 刘建.成都金沙遗址脊椎动物及古环境研究[D].成都:成都理工大学,2004.

[38] 张芸.长江流域全新世以来环境考古研究[D].南京:南京大学,2002.

[39] 赵春青.环境考古中地层学研究的几个问题[J].东南文化,2001(11):13-16.

[40] 姜晓宇.考古地层学的环境考古研究[D].吉林:吉林大学,2007.

[41] 孙华强.登封南洼遗址保护规划研究[D].郑州:郑州大学,2015.

[42] 韩国河,赵维娟,张继华,等.用中子活化分析研究南洼白陶的原料产地[J].中原文物,2007(6):85-88.

[43] 古立峰,刘永,占玄,等.湖泊沉积物粒度分析方法在古气候环境研究中的应用[J].化工矿产地质,2012(3):43-48.

[44] 李中轩,朱诚,吴国玺,等.河南省史前人类遗址的时空分布及其驱动因子[J].地理学报,2013,11:1527-1537.

[45] 吴文婉,张继华,靳桂云.河南登封南洼遗址二里头到汉代聚落农业的植物考古证据[J].中原文物,2014(1):109-117.

[46] 李贶家,顾延生,刘红叶.豫北平原全新世孢粉记录气候变化与古文化演替[J].吉林大学学报(地球科学版),2016(5):1449-1457.

[47] 史威,朱诚,徐伟峰,等.重庆中坝遗址剖面磁化率异常与人类活动的关系[J].地理学报,2007,62(3):257-265.

[48] 杨劲松,王永,闫隆瑞,等.萨拉乌苏河流域第四纪地层及古环境研究综述[J].地质论评,2012(6):1121-1132.

[49] 王扬,刘星星,李再军,等.兰州盆地第三纪沉积物常量元素变化及其古环境意义[J].地球环境学报,2016(4):393-404.

[50] 张鹏.兰州盆地中始新世至早中新世磁性地层与古环境演化[D].北京:中国科学院,2015.

[51] 马瑞元,彭红霞,张林,等.安徽宣城红土微生物GDGTs分布特征及其古环境意义[J].地球科学(中国地质大学学报),2015(5):863-869.

[52] 崔宗亮.登封南洼遗址二里头文化白陶器鉴赏[J].文物鉴定与鉴赏,2010(11):44-50.

[53] 张俊娜,夏正楷.洛阳二里头遗址南沉积剖面的粒度和磁化率分析[J].北京大学学报(自然科学版),2012(5):737-743.

[54] 李兰,朱诚,周润垦,等.江苏张家港东山村遗址地层揭示的全新世环境变迁[J].考古与文物,2015(6):88-94.

[55] 黄康有,何嘉卉,宗永强,等.珠江三角洲三水盆地早全新世以来孢粉分析与古环境重建[J].热带地理,2016(3):364-373.

[56] 李潇丽,裴树文,刘德成,等.泥河湾盆地东谷坨遗址地层粒度、磁化率特征及其环境意义[C]//第十四届中国古脊椎动物学学术年会论文集.北京:科学出版社,2014:309-318.

[57] 吴立,朱诚,李枫,马春梅,等.江汉平原钟桥遗址地层揭示的史前洪水事件[J].地理学报,2015

(7):1149-1164.

[58] 李曼玥.侯家窑遗址地层、年代与形成环境[D].石家庄:河北师范大学,2016.

[59] 杨晓燕,夏正楷.中国环境考古学研究综述[J].地球科学进展,2001,16(12):761-767.

[60] 杨晓燕,夏正楷,崔之久.第四纪科学与环境考古学[J].地球科学进展,2005,20(2):231-238.

[61] Weiss H., Courty M A, Wetterstrom W, et al. The genesis and collapse of third millennium north mesopota mian civilization[J]. science. 1993, 261(20):995-1004.

[62] Gerald H Haug, Detlef Gunther, Larry C Peterson,et al. climate and the collapse of Maya Civilization [J]. Science, 2003, 299(14): 1731-1739.

[63] Atahan P, Itzstein-Davey F, Taylor D, et al. Holocene-aged sedimentary records of environmental changes and early agriculture in the lower Yangtze, China[J]. Quaternary Science Reviews, 2008, 27: 556-570.

[64] 河南省文物研究所,禹县文管局.禹县吴湾遗址试掘简报[J].中原文物,1988(4):5-12.

[65] 田晓四,朱诚,尹茜,等.长江三峡库区中坝遗址地层洪水沉积粒度特征及其沉积环境[J].沉积学报,2007,25(2):261-266.

[66] 孙东怀,鹿化煜,David Rea,等.中国黄土粒度的双峰分布及其古气候意义[J].沉积学报,2001,18(3):327-329.

[67] Wang Y J, Cheng H, Lawrence Edwards R, et al. The Holocene Asian Monsoon: Links to solar changes and North Atlantic cli mate[J]. Science, 2005, 308: 854-857.

[68] 苏秉琦.建国以来中国考古学的发展[C]// 苏秉琦.苏秉琦考古学论述选集.北京:文物出版社,1984:299-306.

[69] 孔昭宸,杜乃秋.中国北方全新世植被的古气候波动[J].中国历史气候变化,1996(3):56-60.

[70] 周昆叔:十余年来中国环境考古的研究历程[N].中国文物报,2005-06-15.

[71] Tho mpson R J, Bioe mendal J A. Environ mentai application of magnetic measure ments[J]. Science, 1980(207): 481-486.

[72] 张松林,张莉.嵩山与嵩山文化圈[C]// 韩国河,张松林.中原地区文明化进程学术研讨会文集.北京:北京科学出版社, 2006:86-116.

[73] 庞奖励,黄春长.黄土高原晚更新世黄土与古季风研究[J].干旱区地理,1996,19(2):1-7.

[74] 施少华.中国全新世高温期中的气候突变事件及其对人类的影响[J].海洋地质与第四纪地质,1993,13(4):65-73.

第六章　嵩山地区新石器晚期的聚落分布

第一节　嵩山南麓新石器晚期聚落的时空特征

聚落研究是环境考古研究的主题之一,透过聚落的时空变迁可以了解史前社会对自然环境的认识水平和自然资源的利用程度。另外,大型聚落尤其是城邑聚落更能反映出社会文化对可持续发展观的理解以及环境变迁对人类社会的胁迫过程和方式,因此基于大型城邑的聚落研究成为史前聚落研究的热点。我国最早的古城聚落出现在距今约六千年的仰韶文化中期,但具备防御、经济和祭祀职能的城邑却出现于龙山文化时代。新石器中期的古城遗址在我国北方和南方均有发现且集中于四个地区:黄河上游的河套地区、黄河中下游地区、长江中游的两湖平原以及成都平原地区。

从发展历史看,长江流域、河套地区和黄河下游的史前古城在龙山晚期趋于衰落,唯有嵩山地区的史前古城不仅从龙山文化时期过渡至二里头文化时期,而且其规模和职能已经壮大成为具有国家层级的政治经济中心。中原地区(河南大部、关中平原和晋南地区)目前已发现的 16 座史前古城有 14 座位于河南省境内(魏兴涛,2010),并集中分布在嵩山周边的颍河上游及其支流双洎河上游一带。因此,嵩山地区既是史前城邑聚落的主要肇源区,也是研究中原文明起源和早期邦国的核心区。

从龙山文化晚期到二里岗文化时期(4.2 ~ 3.5 kaB. P.)颍河上游地区的文化形态处于类型整合和内涵过渡时期,其聚落的时空演化不仅反映了社会文化的脉动节奏,也容纳着丰富的古地理信息。从聚落的地理演化为切入点,解析文化转型期的人地关系对全面认识文明前夜社会的可持续发展观有现实意义。本节基于既有的聚落考古资料对嵩山南麓颍河上游和双洎河上游地区新石器晚期的聚落和古城址进行地理要素的时空分析,尝试以环境变迁、农业生产力水平及早期社会结构等因素为切入点对本区史前聚落的时空演变进行讨论,以探求古气候波动期史前聚落的空间结构特征及其在聚落演替中地域文化的角色和价值。

一、区域概况和研究方法

(一)区域概况

研究区域包括颍河上游谷地和双洎河上游谷地,涵盖登封、新密、新郑和禹州四市,总面积约 4 531 km² (见图6-1)。本区在构造上属于华北坳陷,主要地貌单元为嵩山、箕山、具茨山、山前黄土丘陵地带和颍河、双洎河上游谷地。嵩山和箕山属于断块山地,历经多次构造运动本区山地发育多级夷平面。区内第四系地层分布广泛且黄土地貌发育,受颍河、双洎河及其支流的侵蚀切割作用,地势落差大、地貌完整性差,多黄土冲沟和黄土台地。本区属于暖温带大陆性季风气候,四季分明,夏季湿热、冬季冷干,年平均气温14 ℃,其中1月平均气温0 ℃,7月平均气温28 ℃,无霜期217 d。雨热同期的季风气候和星罗的平原台地是史前时期旱作农业发展的地理要素和资源基础。

图6-1　嵩山南麓地区简图

（二）研究材料

嵩山南麓的颍河—双洎河谷地是中原龙山文化的核心区,"中华文明探源工程"Ⅰ期和Ⅱ期在本区的子课题完成了一系列有深度的研究成果(夏商周断代工程,2000;夏正楷等,2003;北大文博学院,2006;北大考古中心,2004;许俊杰等,2013),同时中国文物地图集(国家文物局,2009)、河南省DEM数字地形图(地理信息网)和已有新石器聚落研究成果(鲁鹏等,2012)共同组成本研究的基础资料。

（三）研究方法

（1）地貌要素数据提取。利用研究区Aster – GDEM数据在Global Mapper14.0的空间分析工具中对聚落进行坡度、坡向、高程和河流缓冲区等地貌要素进行提取;数据的统计分析均在SAS9.2软件上完成。

（2）聚落规模的插值分析。根据本区聚落的考古报告和已有文献获取研究聚落的地理坐标和面积参数,用ArcGIS10.0的GA模块先进行半变异/协方差检验,然后进行泛克里金插值(Universal Kriging),从而获取聚落分布的规模分布情况。

（3）聚落等级规模半定量描述。本书用位序—规模法则(Rank – Size Law)对龙山文化晚期至二里岗文化时期的嵩山南麓的聚落体系进行定量描述,按流域将本区划为颍河上游和双洎河上游两区,根据聚落面积规模和面积位序取双对数,绘出规模—位序曲线并计算聚落体系的等级规模指数(Rank – Size Index, RSI)以考查聚落体系分布的均衡程度。

（4）聚落的空间域值变异分析。鉴于研究时段处于新石器晚期早期，旱作农业的发展基本摆脱了纯粹的资源依赖，所以本书引入泰森多边形分析（thiessen polygonal analysis）方法对已发现聚落进行泰森多边形分割（由 ArcGIS10.0 软件完成），然后根据不同时期多边形的变异系数（C_v）考查人类活动与自然环境选择的耦合关系。

二、嵩山南麓聚落的时空特征

（一）聚落选址的变迁

自更新世晚期以后，颍河、双洎河地区的河谷两岸形成了厚层的次生黄土，这些黄土主要是流水搬运堆积所致但在更新世时期的堆积属于风尘堆积。除了分布在颍河、双洎河两岸的二、三级阶地面，河谷附近的黄土台地也是史前遗址的重要分布区。表 6-1 是在 ArcGIS10.0 软件上用遗址分布坐标和本区的 DEM 图调用坡度分析、高程分析和缓冲区分析模块得到的相关数据。

表 6-1　嵩山南麓新石器晚期聚落的地貌参数比较　　　　　　　　　　（%）

时期	地貌要素 要素范围	高程（m）			坡度（°）			坡向（°）				缓冲区（m）	
		100 ~ 200	200 ~ 300	>300	0 ~ 1.5	1.5 ~ 3	>3	0 ~ 90	90 ~ 180	180 ~ 270	270 ~ 360	500	1 000
龙山期	颍河谷地	53.0	13.1	33.9	47.4	34.2	18.4	26.2	21.2	31.6	21.0	70.8	83.8
	双洎河谷地	71.9	26.3	1.8	40.4	36.8	22.8	33.3	31.6	22.8	12.3	68.4	85.2
夏商期	颍河谷地	47.6	14.3	38.1	47.6	19.0	33.4	47.6	14.3	14.3	23.8	52.5	76.3
	双洎河谷地	55.4	42.0	2.6	28.9	28.9	42.2	26.3	21.1	23.7	28.9	49.8	74.6

表 6-1 数据显示，4.2 ~ 4.0 kaB. P. 颍河上游遗址高程的选择倾向于 100 ~ 200 m 和大于 300 m，有 53.0% 的遗址分布在平原洼地，但是双洎河谷地遗址位于 100 ~ 200 m 区间的比重是 71.9%。到了 3.9 ~ 3.5 kaB. P. （二里头文化时期）颍河上游和双洎河上游分布于低洼地区的遗址比重降低了 5.4%、16.5%；而且，研究范围内遗址的区位选择开始向高海拔区转移。显著的区别在于颍河区有 4.2% 的遗址向大于 300 m 的高海拔区转移，但是双洎河两岸 42% 的遗址转移的地貌高程倾向于 200 ~ 300 m 范围。

遗址区位所在的坡度也是衡量聚落迁移的重要指标。表 6-1 显示，颍河上游谷地史前遗址的坡度差超过 3°，从平坡区迁往斜坡区的遗址数大于 15%；而双洎河谷地的史前聚落从平坡区位向斜坡区位迁移的遗址比重是 19.4%。同时，双洎河谷地分布在平坡区域（0° ~ 1.6°）的遗址数量下降了 11.51%，分布于微坡区（1.6° ~ 3°）的遗址数下降了 7.9%。

从表 6-1 可以看出，遗址分布的地貌朝向有显著的分异：从龙山文化晚期到二里头文化时期，颍河谷地史前遗址从南西（181° ~ 270°）转向北东（0° ~ 90°）；而双洎河谷地的遗址从北东（0° ~ 90°）向北西（270° ~ 360°）方位过渡。从大范围区域看，4.2 ~ 4.0 kaB. P. 时期的颍河遗址所在坡向比重相对稳定，这些遗址在不同坡向的数量比重大于 20%，二里头遗址对地形朝向偏好于北东、北西。和颍河上游不同,双洎河谷地的遗址分布在二里头文化时期对地形朝向的不同方向的比重比较均衡,不同地貌朝向上坐落的遗址比重大于21%;在龙山文化时期本区聚落倾向于 NE 和 SE 两类地貌。此外,4.2～4.0 kaB. P. 的遗址的地貌朝向更倾向于南东—南西方向,二里头时期的遗址却偏好北东—北西方向。

　　再者,嵩山南麓史前聚落的向河性质十分显著。用 ArcGIS 平台的 Buffer Analysis 模块很容易分析出颍河和双洎河两岸 1 km 缓冲区(BA)、2 km 缓冲区的遗址数量。分析结果表明,颍河上游谷地和双洎河上游谷地在二里头时期超过74.6%的史前遗址坐落于 1 km 的 BA 区域(见表6-1)。

　　从图6-2(a)可以看出,研究区内在龙山文化晚期面积超过 30 hm² 的大型城邑遗址集中区域是:一个是颍河上游地域的王城岗遗址和瓦顶遗址;另一个是双洎河上游地区的古城寨大型遗址,颍河的中游地区也有郝家台遗址和城高遗址。二里头文化时期遗址本区的史前遗址从数量上看比较少,但遗址规模有集聚扩张的趋势。图6-2(b)表明,二里头文化时期面积较大的遗址主要集中在双洎河谷地北岸的二级黄土台地,其中双洎河北岸的新砦遗址规模 70 hm²。事实上,自二里头中期以后,大型遗址的分布明显开始向平原低地地区转移。

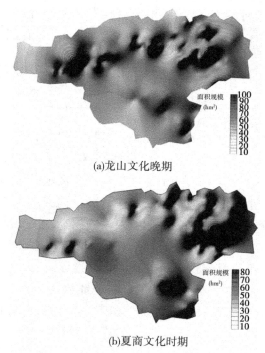

(a)龙山文化晚期

(b)夏商文化时期

图6-2　嵩山南麓新石器晚期聚落的面积规模分布

(二)聚落的 R－S 描述

　　利用描述区域城市的位序和规模分布的一般原理可以对史前聚落进行类似的位序规模的分布研究(Christian 等,2012;段天璟,2015)。其基本原理是某固定区域内的城市人口规模与其规模位序成反比(George，1949)，该原理通过对城市规模位序的回归分析，认为存在城市分布的均衡模式、首位模式和过渡模式，影响因素是城市发展过程中的多重因素的相互作用。本章将基于研究聚落的土地面积(考古发掘数据)及其面积位序，经过双对数曲线回归来分析聚落的时空分布，聚落的 R－S 图如图 6-3 所示。

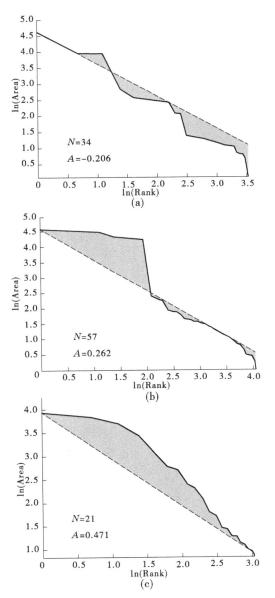

图 6-3　颍河上游[(a)、(c)]和双洎河上游[(b)、
(d)]聚落在龙山文化期和夏商期的位序—规模分布

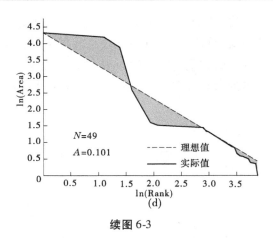

续图 6-3

图 6-3 中实线展示的是聚落规模位序的现实分布,虚线表示理想化的位序规模分布;N 表示遗址数量,A 代表规模指数(RSI),表示聚落规模均衡度。图 6-3(a)、(b)分别代表了颍河、双洎河地区聚落在龙山晚期的 R－S 分布(双自然对数)状况。颍河上游聚落的位序规模分布表现为少年型(曲线下凹),均衡度较好,表现为初步的熵最大化现象;A 值为 －0.206,体现了较好的聚落均衡态。双洎河谷地的聚落位序规模分布为青年型(曲线上凸),暗示较大聚落集中分布,仍存在熵最大化倾向但落后于颍河上游一带。

图 6-3(c)、(d)刻画了二里头文化时期颍河、双洎河上游聚落的位序规模分布。颍河上游的聚落 R－S 分布二里头文化时期为过渡型,表明聚落发育处于青年期,存在不同功能的同等聚落体系;而 A＝0.471,R－S 特征下降。从图 6-3(d)可见,双洎河谷地的二里头聚落的位序规模曲线特征与其在龙山晚期接近;尽管 A 值近似平衡态,本区聚落规模的极值差较大,但可能与当时的社会政治体系相关联。

(三)聚落的泰森区域

资源域常用于史前时期聚落及其腹地的生产力计算(Higgs 等,1972),泰森多边形分析就是聚落域研究的理性工具。泰森多边形是相邻两点连线的垂直平分线头尾相接拼合而成,用于解释相邻域面上对整个区域的某种贡献,将其用于聚落地域面积或人口量级解译,讨论相邻地区生产力水平的差异性。图 6-4 给出了嵩山南麓龙山文化晚期和夏商期聚落的泰森资源域面,为比较不同聚落域面之间的差异,我们用变异系数(C_v 指数)开展比较研究,从侧面分析由于环境变迁或生产力进步而出现的资源域面的变化。

表 6-2 是两个亚区泰森域面积参数对比,数据表明泰森域面的变异系数(C_v)比较稳定,从龙山文化晚期到夏商期颍河谷地和双洎河谷地聚落多边形面积在 0.78～0.84。王新生等(2003)研究发现,结节区的泰森区域面积 C_v 值位于 0.63～0.91 区间时,点状地理事物将呈"集聚分布"。表 6-2 说明,本书研究的两个谷地,聚落所在的泰森区域面积 C_v 值都分布在 0.8 附近,表示颍河谷地和双洎河谷地的新石器晚期聚落都是集聚分布特征。

从龙山文化晚期到二里头文化期颍河上游地区的聚落域变化较大,域面极差从 175.6 增加至 323.4,而 C_v 系数从 0.81 升至 0.84,说明四千年降温事件影响显著。双洎河上游

(a)龙山文化晚期

(b)夏商时期

图6-4　嵩山南麓龙山文化晚期和夏商时期聚落的泰森图

表6-2　嵩山南麓新石器晚期聚落的泰森多边形面积参数比较

时代 参数	龙山文化晚期				夏商时期			
	标准差 S_d	均值 M	变异系数 C_v	面积范围 （km^2）	标准差 S_d	均值 M	变异系数 C_v	面积范围 （km^2）
颍河谷地	54.32	66.95	0.81	6.8～182.4	104.51	124.36	0.84	14.9～338.3
双洎河谷地	25.96	33.14	0.78	3.9～106.8	31.98	46.10	0.78	5.0～131.7

地区聚落域面 C_v 系数在两个时期都是 0.78，但是其域面极差从 102.9 升至 126.7，表明四千年事件环境变迁对双洎河聚落域面的影响不如颍河上游显著。

（四）大型城址的地理分布

表6-3 列出了嵩山南麓地区龙山文化晚期至二里岗文化时期的大型城址，图中可见颍河上游的大型聚落仅存在于 4 000 年之前，但双洎河上游的大型城址无论在龙山文化晚期还是二里头文化时期（夏商期）都有比较典型的大型城垣聚落。这些大型聚落区位特征是：①大多坐落于河流两岸的二级阶地上；②或者位于"L"形河湾地区，或者位于两条河流的交汇口；③大型聚落都有较为适宜发展农业生产的腹地。

表6-3　嵩山南麓大型城址的特征

城址	时代(kaB. P.)	面积(hm²)	古城标志	地貌分区
王城岗	龙山文化晚期(4.4~3.9)	30	城墙、城壕、祭坑	颍河上游
瓦店	龙山文化晚期(4.2~3.8)	40	城壕、祭坛	颍河上游
古城寨	龙山文化晚期(4.3~4.1)	17.6	城墙、宗庙	双洎河上游
新砦	夏代(3.9~3.8)	70	城墙、城壕、宗庙	双洎河上游
望京楼	商代(3.6~3.5)	37	城墙、城壕、祭坑	双洎河中游

中心地理论(克里斯泰勒,1933)是经济要素在理想状态下的空间集聚和分异的最基本模式(张京祥,2000)。同时,中心地理论是基于平原地区的抽象化理想模型,与实际中心地地域分布应有出入。但理想是基于实践中的规律总结,本章分别用4 km和6 km为半径对研究区域进行正六边形地域分割,可以得到如下聚落分布格局(见图6-5)。

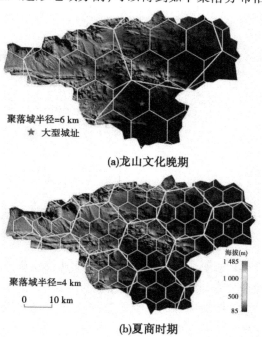

图6-5　龙山文化晚期和夏商期聚落的中心地模式(大六边形表示高级中心聚落范围)

用中心地理论的 $k=3$ 原理,不同等级的中心地的分布如图6-5所示。图6-5是用中心地理论的行政原则对研究区域进行地域分割的理想模式。根据新石器晚期农业发展水平,聚落中心地半径分别取6 km和4 km,按行政原则($k=7$)划分高一级的行政中心地。图6-5(a)表明,龙山文化晚期市场和行政职能规则支配下的可能性早期聚落共有3处,这与已发现的3个大型城址分布大体一致,而行政原则与图中已发现的遗址分布不符。

图 6-5(b)表明,根据二里头文化时期的行政职能原则画出的中心地分布,其高级中心地共有 8 个可能性。把两个山区(具茨山、箕山)所在地排除,图中剩余 5 个较高一级的中心聚落。其中,颍河上游 2 个,双洎河上游 3 个。但目前发现的夏商期的大型城址仅有双洎河上游的新砦和中游的望京楼 2 处。

三、史前聚落时空分布的影响因素

(一)环境变迁

4.3 ~ 3.9 kaB. P. 时期我国气候开始转凉变干旱,与之同期还有大范围的洪水灾害(靳桂云等,2001)。根据花粉分析数据,双洎河上游地区草本类花粉的比例为 27.8% ~ 56.1%,木本植物花粉比例仅为 8.3% ~ 21.2%,植物组合均为大陆性干旱气候类型(张震宇等,2007)。二里头时期至二里岗时期(3.8 ~ 3.4 kaB. P.)是大暖期以后的过渡时期,无论是气温还是降水都存在不稳定性(夏正楷等,2003)。

嵩山南北的洛阳盆地和双洎河上游地区均有古洪水的地貌记录(张俊娜等,2011;夏正楷等,2003),新砦遗址地层中夏代地层的氧同位素含量偏高表明新砦期的冬季风较强,气候干凉。从图 6-6 可见,在 3.9 kaB. P. 前后的龙山文化晚期就处于多雨期,而 3.9 ~ 3.8 kaB. P. 则表现为异常洪水期(Marcott 等, 2013)。该结果与北半球中纬度地区全新世气温异常值[见图 6-6(a)]和湖北的山宝洞石笋 δ^{18}O(邵晓华等,2006)[见图 6-6(b)]显示了变化趋势相近的古气候变迁特征,说明在夏商时期的降温变干过程在我国具有普遍性(见图 6-6)。

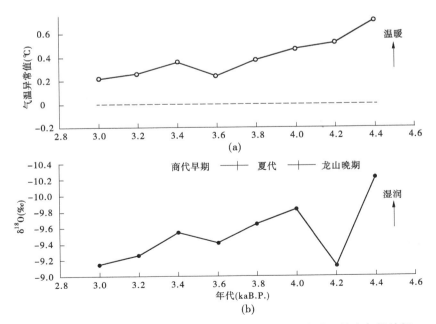

图 6-6　δ^{18}O 指标指示的龙山文化晚期至夏商时期华中地区的古气候特征

图 6-6 表明,4.0 ~ 4.2 kaB. P. 期间为降水量快速增长期,结合《史记》《后汉书》等文

献的记载,夏代初期曾遭遇大洪水,表明本区在四千年前后确有洪水肆虐时期。另外,根据瓦店、郝家台、城高等颍河中上游遗址的区位均为地势低洼的河流两岸,而且颍河上游地区的流域范围为 1 085 km²,双洎河上游谷地的流域范围为 722 km²,因而颍河上游遗址分布的地貌地势容易受到洪水威胁,而新砦遗址由于地势较高可以避开洪水。这表明龙山文化晚期的大型聚落的消亡与本区的持续性洪水过程有关。

(二)生业经济的复杂化

根据王城岗遗址作物遗存的浮选结果,该遗址地层共发现小麦种子79粒,表明龙山文化晚期或者最晚到在新砦时期的嵩山南麓地区就已经引入了小麦(赵志军等,2007)。由于小麦属于旱作作物,耐寒冷、耐干旱、对地形和地貌的适应性强,其生长习性非常适合北方地区大暖期尾闾时期的古环境特征(杨丽雯等,2011)。小麦的引入和大规模种植极大缓解了因气候原因导致的农业生产力下降带来的不利局面,也丰富了二里头时期先民的食谱结构。同时,小麦的推广和传播为夏商社会稳定和文化创新创造了条件。

在王城岗遗址的龙山文化晚期地层中,除小麦种子外,水稻种子也有发现(18粒),而本遗址的夏商地层则未发现(赵志军等,2007)。表6-4表明,王城岗地区的农业发展在龙山文化晚期达到了较高水准,尤其是黍亚科种子数达到了252粒。而夏商时期的作物种子基本缺失,表明该遗址在四千年降温事件后基本被废弃,生业经济发展终止。

表6-4　王城岗剖面地层分选种子的类型与数量分布(杨丽雯等,2011)

文化层	稻	黍亚科	豆科	藜科	蓼科
龙山文化晚期	18	252	21	10	0
夏商时期	0	1	0	0	0

龙山文化晚期生产力的进步不仅表现在农业生产结构的不断复杂,除常见的粟、黍、稻谷外,还有大豆、高粱、菠菜、稗子等的生产用于家庭养殖业的发展。在生产工具方面的进步,不仅是磨制石器的工艺进步,而且是木石器的出现,即石器上都装上了木头柄。这一小小的进步极大地推进了农业生产的进步。

(三)阶级结构的分异

根据考古出土器物的类型和规模,龙山文化晚期(4.2 ~ 3.9 kaB. P.)随葬品存在巨大差异,主要表现在随葬品的品位、数量和墓葬的规模和结构的复杂程度(刘莉,1999)。这表明龙山早期社会的比较平等的社会结构已经发生显著变化,社会各阶层的地位和拥有的物质财富差异甚大,同时在聚落体系的构成和城垣形制上也同样出现分化。进入新砦文化时代后,进入多雨期和中国洪水泛滥时期,颍河中游的聚落大幅消失,嵩山南麓地区唯一的大型聚落只有新砦,但它的阶级分异特征仍然十分显著。由于双洎河上游地区的人口承载容量有限,此时的聚落体系开始向伊洛地区和贾鲁河流域迁徙。二里头时期聚落的阶级分异特征更加显著,如仅有大型聚落拥有的祭祀设施和内城结构。

(四)多元文化的融合

王震中(2011)认为,龙山文化晚期时代颍河上游地区繁荣的聚落体系中可以细分为鄙邑、商邑、城邑、都邑等类型,分别代表了不同的聚落功能。鄙邑和商邑分别代表了农业劳动者和手工业劳动者集聚的聚落,城邑和都邑分别是贵族阶层集聚而且有祭祀设施的大型都邑。自仰韶文化以后,嵩山南麓地区就有来自东夷、祝融、三苗等外来文化的袭扰和干预(郑杰祥,1979),从劳动工具到陶器形制、从作物类型到社会制度等内容在多个领域都产生了深度的文化融合。在这个过程中具有可持续发展观的先进文化,具有技术创新精神的部族有可能在文化冲突中占据优势和控制地位(沈长云,2014)。图 6-3(a)、(b)表明,龙山文化早中期的聚落体系的位序—规模曲线表现得比较均衡,这可能是当时阶级社会尚未完全形成,各聚落存在竞争关系导致了不同聚落之间的规模差距较小。到了龙山文化晚期以后,阶级社会的等级制度十分清晰,聚落的规模和形制有严格规定,竞争法则丧失后导致了位序—规模出现显著的失衡特征。

四、聚落演替特征与环境要素的耦合

(一)聚落演替与社会格局

嵩山南麓的聚落体系的大致可以分为两个阶段:前龙山文化时期和后龙山文化时期。前龙山文化时期的聚落经过仰韶暖湿期,龙山文化早期的暖干期气候适宜旱作农业快速发展。这一时期的聚落分布大多对自然要素的偏好是果实和猎物等生业资源的优势程度,往往选择山地丘陵地貌(见表 6-1)。到了龙山文化晚期,旱作农业发展水平已经比较成熟,农业多元化特征非常清晰,此时聚落的选址标准从采集、渔猎指向转变为肥沃的可耕地指向。进入新砦文化时期后,嵩山南麓地区进入了洪水期,龙山文化时期的城邑聚落体系消亡。颍河上游的聚落体系向登封盆地撤退,同时向双泊河上游迁移,另外向贾鲁河上游和洛阳盆地的迁移趋势也很明显。

聚落的位序—规模体系很大程度上是社会阶级发生变迁的结果。龙山文化早中期社会阶层分异的特征并不明显,地域空间中各聚落的规模和地理分布仍是自由竞争环境下的产物。大、中、小各级聚落的分异并不明朗,处于早期低水平的聚落均衡状态[见图 6-3(a)、(b)]。到了龙山文化晚期[见图 6-3(c)、(d)],与生产力水平提高的并发现象是阶级分异现象日益突出,反映在聚落特征上表现为聚落的选址、规模和基本设施要求均有差异。

从颍河上游地区的大型城邑聚落的区位分布和地貌类型看,王城岗遗址和瓦店遗址的选址是先民有意规划的结果,濒河而立、地势平坦、便于农业、宜于防御。而新砦遗址位于高出河面十余米的黄土台地上,汲水不便、耕作不利、土壤不肥,这是迫于洪水袭扰不得已条件下的选择黄土台地的结果。

综上,龙山文化晚期存在于颍河上游地区的城邑聚落和农业聚落的繁荣得益于文化内核的先进性和适宜的气候环境,以及多元化农业体系的形成。距今四千年的降温事件和新砦期的洪水事件直接导致了龙山聚落体系的崩溃,却也开启了夏商文明的新时代。

(二)新石器时期聚落的演变模式

聚落演化是复杂的自然、人文诸要素交织进化的过程,不可能存在固化模式或者周期性特征。根据前述不同时期和地域的聚落分布特征分析还是可以概略对其进行总结,归纳出一些最基本的演化特征。如图6-7所示,文化引导模式[(a)~(d)]是由文化要素对聚落的选址、生产力资源配置的演化过程,即文化选择型;自然引导模式[(e)~(h)]指聚落体系的生长和布局是基于自然资源的随机分布而展开的。

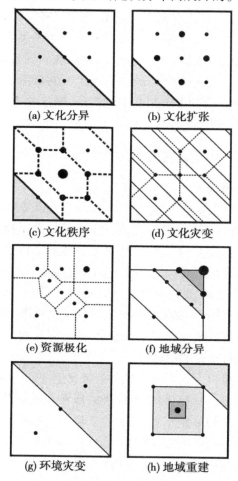

(a) 文化分异　　(b) 文化扩张
(c) 文化秩序　　(d) 文化灾变
(e) 资源极化　　(f) 地域分异
(g) 环境灾变　　(h) 地域重建

图 6-7　史前聚落演化的文化驱动模式和自然驱动模式

图6-7示意了文化引导型和要素引导型的聚落演化模式。在文化理念的引导下,聚落体系因文化的差异反映在生产力水平的差异,文化的先进性与否决定了部族的社会结构和资源配置能力,进而影响到聚落的发展前景。先进文化部族的资源配置和社会框架能力会超越落后文化部族,结果就是文化聚落的扩张[见图6-7(b)]。图6-7(c)表明,文化主导下的聚落体系仍然遵照要素集聚原则,但融入了聚落空间的规划因素因而表现出克氏中心地体系的格局。图6-7(d)显示的是原有的聚落体系被文化更先进的文化体系所取代,聚落体系进入新一轮发展建设周期。

图6-7(e)显示,新石器文化早期聚落对资源环境的依赖程度较高,聚落区位和生业

经济的依托都以自然资源和地貌环境为前提,因而自然要素引导的聚落分布体系具有相当的随机性特征。正是基于聚落分布对自然要素的指向性,早期农业尚未成体系的时候,聚落的选址特征就是跟着资源走。此时聚落的地理分布就同泰森分布高度雷同,但随着聚落对环境的适应和要素出现集聚后区位优势出现,聚落空间格局开始按中心—外围模式分异[见图6-7(f)]。受自然环境支配的聚落体系受环境变迁的波动影响较大,如洪水、地震、泥石流等大规模环境变迁事件会颠覆原有的聚落空间分布模式,甚至会导致一个聚落群的消失[见图6-7(g)]。之后的聚落将重复资源引导型的方向重建聚落体系,形成新的中心—外围模式[见图6-7(h)]。

到了龙山文化晚期,生业经济和聚落体系都已发展得十分成熟,加之东西南北文化的相互融合,嵩山南麓地区的聚落规模和空间格局达到了新石器晚期的高峰。以具茨山为中心,嵩山南麓出现了王城岗、瓦店和古城寨三角鼎立的大型聚落,是地域空间聚落相对成熟和均衡的标志。3.9 kaB.P.前后的持续性洪水彻底破坏了龙山文化在本区的发展成果,在二里头文化的铜石并用时代聚落开始出现区域整合与迁移。一方面,从登封盆地和颍河上游撤出的文化要素在双洎河上游集聚营造了新砦这样的大型城址。另一方面,由于地域承载容量的减小,嵩山南麓地区的文化主体转向了洛阳盆地。

望京楼城址(3.6 ~ 3.4 kaB.P.)存在于二里头文化至二里岗文化的交替时代,这样的区位选择应该是文化引导型聚落的体现,这是因为该时期仍是多暖湿多雨(见图6-6),而望京楼城址所在的地理位置高程小于100 m,而且临近黄水溪,长期处于大规模洪水的威胁。因此,可以认为龙山文化时期到二里头文化时期的聚落地域的选择存在文化主导型和自然主导型,只是哪个模式占主导的问题。

五、嵩山地区史前聚落的地理分布

龙山文化晚期的生业经济由于旱作作物类型的不断增加,复杂化程度的不断深入,社会经济的物质财富积累不断提高,城邑巨聚落快速崛起,尤其是颍河中游一带成为龙山文化晚期社会经济的中心区。根据刘莉的研究结论,龙山文化晚期的颍、双洎河一带的大型聚落及其附属聚落群落已形成集群效应。这个时期的最优特色是颍河上游的王城岗、瓦店大型聚落,双洎河上游的古城寨、新砦聚落;同一时期还有沙颍河交汇口附近的南高、郝家台等大型城址。但本区由于地势低、临河分布、资源的地域性显著,自四千年降温事件后的新砦时期长达数十年的洪水期导致本区多数城邑聚落迅速衰亡,数百年积累的农业基础毁于一旦。从3.7 kaB.P.以后,颍河—双洎河上游地区的聚落集群分崩离析为星落的小型聚落,本区聚落的黄金发展时代告一段落。

从上述讨论可以看出,本区史前聚落空间变化存在两个类型:文化引导模式和自然引导模式。文化引导模式的聚落体系表现为位序—规模的相对平衡、R – S曲线显示聚落分布对克氏中心地理论的符合;自然引导模式的聚落体系对地理要素和资源的依赖性,地域结构显示为点极发展式和中心外围式的基本特征,在地域结构的整合和演变过程中或者由人类因素,或者由自然要素对演化过程进行干预。嵩山南麓地区的聚落体系更多表现出文化引导发展模式,而在二里头时期则表现为自然引导模式反映了文化衰落的迹象。

关于聚落空间迁移与集聚的机制问题相对复杂,一般认为是自然环境变迁驱动的结果。事实上,对聚落的区位选择与迁移的影响因素远不止环境要素,如外来文化的干扰和入侵、社会内部动乱因素、瘟疫和战争等都可能让一个聚落的生产空间受到威胁而导致衰亡。所以,纯粹出于环境因子变迁而与聚落空间的集聚与迁移相互照应的研究视角至少是很狭窄的,在很多场合还是多与考古学家的证据和观点相互交流,以便获取较为客观的研究结论。

第二节　地貌变迁对史前聚落分布的影响

"气候灾变说"被认为是史前聚落迁移动因的主流观点,相关研究也十分广泛(Weiss等, 1993; Wu 等, 2004; Mcneil 等, 2010)。然而,史前文明的演替是环境 - 生业 - 文化多要素作用的结果,把其归咎于某一因素缺乏辩证法基础。研究表明,极端气候事件并非史前文化衰亡的直接动因。如智利北部 Atacama 沙漠地区的史前聚落经历了全新世初气候最干旱的时期,这些聚落分布区的地下水位较高,当地居民拥有稳定的生业水源,尽管历经多次干旱事件,但其仍然可以持续发展(Maldonado 等, 2016)。安第斯山东部的Tiquimani 地区(海拔 3 760 m)由于生长有大面积的云雾林提高了当地的降水量(Ledru等, 2013),促进了该地史前聚落的繁衍生息,表明局地地貌和生态特性亦可以影响史前文化的发展趋势。

PAGES(2016)认为环境考古应加强史前生业 - 地貌系统的分析和研究,并专题探讨了地貌过程对史前文化进程的促进和约束。研究发现,利比亚 Fazzan 地区(Maldonado等, 2016)的史前文明曾因 5.5 ~ 3.5 kaB. P. 时期的干旱而衰落,但在同一地区的干旱时期 Garaman 王国(Mori 等, 2013)(2.7 ~ 1.5 kaB. P.)崛起。南亚地区兴盛一时的 Harapa文明同样形成于干旱气候期(Dixit 等, 2014)(5.1 kaB. P.)。显然,讨论史前文明的兴衰原因应追溯多重影响因素,如中美洲尤卡坦地区玛雅文化的形成与发展。因此,基于地貌视角研讨史前文化的时空演变是环境考古的重要内容。

末次冰期(70 ~ 11 kaB. P.)是颍河上游现代地貌基底的形成期,该期形成的古土壤——马兰黄土成为本区河积地貌发育的前奏。全新世早期(11 ~ 8.5 kaB. P.)气候波动频繁,夏季风逐渐盛行,河流进入下切侵蚀阶段,承载新石器文化的一级阶地逐渐成形。此后的河流水系几经变迁,影响了新石器文化发展的多重特征。嵩山南麓的颍河上游地区,西接伊洛、南联淮汉是中原文化圈与江淮文化圈交汇融合的枢纽地带,自晚更新世的旧石器时代至全新世的新石器时代遗址众多、农业繁荣,是夏文明的重要策源地之一。本节以典型聚落地层的环境指标特征为切入点,探讨末次冰期以来颍河上游的河流地貌过程及其对史前生业的约束,同时基于地貌 - 生业的相互关联性,探究史前聚落对环境变迁的适应方式。

一、区域概况与方法

（一）研究区域概况

颍河上游指沙河注入颍河的交汇点至其源头的河段，全长 262.7 km。研究河段位于登封市、禹州市和许昌县境内，整体地势从西北向东南降低（346～69 m），颍河禹州段地貌以低平原和低缓岗地为主；颍河登封段两岸是冲积平原，外围是黄土丘陵、低山和中山。本区有多条新构造运动形成的间歇性断裂，如白沙—尉氏断裂和开封—汝南断裂，受此断裂活动影响，更新世中期以来该河段流经地区呈现多期差异性升降过程，确立了本区地貌地势的基本框架（见图 6-8）。本区属于大陆性季风气候，年均气温 14.6 ℃，年均降水量 680 mm 左右。

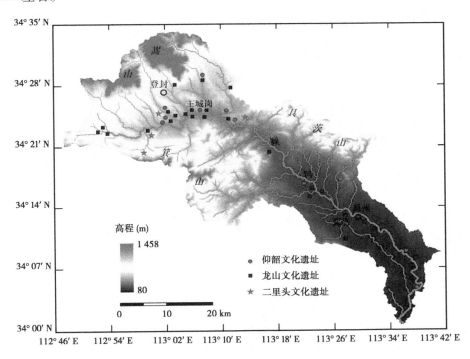

图 6-8　研究区内的新石器遗址分布

研究区大部位于登封断陷盆地，其基底是大金店向斜构造；嵩山、箕山的地质基础是登封复背斜和箕山背斜（河南省地质矿产局，1979），同时盆地的地貌格局和轮廓与构造体系基本一致。颍河流出白沙水库后进入冲积－洪积平原区，该区自中更新世以来一直处于沉陷状态，形成百余米厚的第四纪沉积层，同时地层存在多处隐伏断裂，晚更新世以来发生过多期升降运动。

（二）研究方法

（1）古地层环境指标测试法。采集并测试了瓦店、王城岗遗址文化地层沉积物样品，测试指标为频率磁化率、粒度、烧失量和元素含量（XRF 法）等；借助这些指标可以恢复典型遗址地层记录的古环境信息,为探讨本区的河流地貌过程提供依据。

(2)河流地貌的 GIS 分析与野外调研。利用研究区的 SRTM 数据,用 ArcGIS10.0 提取研究河段的河床纵面、河道纵比降、流域圆度率、流域高程曲线等地貌要素,同时提取河网水系计算河网的分维数,进而讨论研究河段发育的阶段及其演化历史。同时,进行实地野外调查以收集河漫滩、阶地、黄土台地和丘陵等地貌信息。

(3)文献调查研究法。基于末次冰期以来古气候演化与河流地貌关系研究以及本区的构造活动等研究文献,讨论登封盆地和禹州平原地区的河流地貌过程及其河流作用特征;同时借助颍河上游地区典型遗址考古学研究成果探讨史前聚落与地貌过程的耦合关系。

二、颍河上游的地貌环境与新石器遗址分布

(一)颍河上游的地貌环境

颍河上游以白沙水库为界可分为登封盆地和禹州平原两个河段。登封盆地多南北向丘垄,平原狭小,山地高亢,禹州平原为河积 – 洪积低地[见图 6-8、图 6-9(a)],其特征如下。

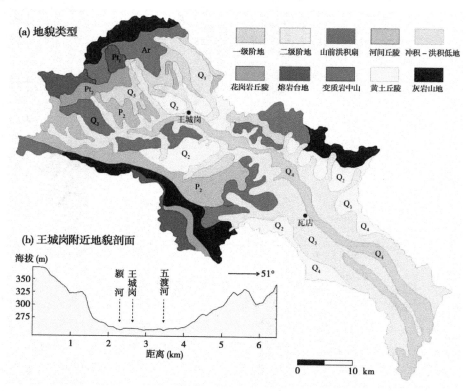

图 6-9　颍河上游的地貌类型与分布

1.登封盆地

登封盆地的地貌格局形成于燕山运动时期,主要构造是 NWW 向的登封大复背斜,嵩山为该背斜的北翼,背斜的轴部及其南翼经断裂沉降和流水侵蚀成为现在的登封盆地;盆

地的南北边缘下伏有多条 WE 向、NW 向和 NE 向断裂带,渐新世末期的差异性升降运动造就了登封盆地的地貌框架(河南省地质矿产局,1979)。

颍河以北地区因构造抬升使登封盆地显得北阔南狭,颍河以北地貌类型依次为冲积平原、侵蚀垄岗、山前洪积台地、低山丘陵和中山;颍河以南则为狭窄的颍河冲积平原和丘陵低山。盆地内以颍河水系为主体,受构造运动影响,颍河在盆地内呈"梳状"水系,北岸支流发育而南岸支流稀疏,在支流切割侵蚀作用下平原外围分布有多条南北纵列的丘垄。根据河道遗迹,中更新世末期嵩山地块的掀斜作用致使颍河河道自北向南迁移 170 ~ 320 m。

阶地面和阶地坡与河流的堆积和侵蚀有直接关系,它分别记录了地质构造变动和气候变迁的特征和过程。颍河在登封盆地内塑造了四级阶地(见表6-5),晚更新世以来,这些堆积阶地受科氏力作用,其右岸遭侧蚀而残缺,而左岸阶地面则相对完整。新石器时期人类活动多发生在颍河的二级阶地面上(当时为一级阶地),因而其微地貌过程和水文特征对人类活动有特殊意义。

表 6-5 登封盆地颍河的阶地特征

特征	一级阶地	二级阶地	三级阶地	四级阶地
阶地面宽(m)	60 ~ 440	北岸 >150,南岸 <100	< 100	20 ~ 30
距河高度(m)	1.8 ~ 2.3	7.0 ~ 8.2	17 ~ 22	>26
物质组分	灰色亚砂土	暗黄色亚黏土	灰黄色黏土	紫红色砂岩 - 页岩
形成时代	全新世	晚更新世	晚更新世	二叠纪
分布特征	颍河左岸为主	两岸均有分布	两岸间断分布	右岸局部河段

类似于华北多数地区,登封盆地在晚更新世普遍接受黄土堆积,这些浅黄色黄土状土多覆盖于颍河二级阶地、河谷坡面或更新世洪积扇上,后经流水侵蚀形成风积黄土陡崖和洪积次生黄土台地,这些台地往往成为史前人类活动的重要地貌类型。

2. 禹州平原

颍河自白沙谷地流出即进入平原地貌区,该地貌单元以白山—禹州向斜为地质基底,中更新世以来接受颍河水系的冲积物和山前洪积物而形成地势自西北向东南降低的低平原。本区下覆 NW、NE 向两组断裂构造控制,晚更新世以来存在轻度升降运动,致使区灵井等地隆升为岗地。本区大致以颍河为轴线其两岸的地貌类型基本对称,自颍河向外缘依次是:冲积平原(< 150 m)、黄土岗地(150 ~ 300 m)、丘陵(300 ~ 500 m)和低山(500 ~ 1 000 m)。

颍河在禹州平原段发育有两级阶地。一级阶地面南岸狭窄(80 ~ 200 m)而北岸宽阔(150 ~ 450 m),由全新世褐土状亚砂土组成,高出河面 2 ~ 2.5 m。二级阶地面高出河面

8~13 m,宽度在1.5~6.5 km,阶地面由河积作用形成的潮褐土组成,下覆晚更新世风积作用形成的黄土状褐土。该地貌单元地势开阔平坦、土质适宜耕作,是史前人类活动的主要场所。岗地区普遍上覆红黄色黄土、砂姜红黄土以及垆土,多为晚更新世风尘堆积层所致。

(二)颍河上游地貌的构造特征与发育阶段

流域地貌是内外力耦合作用的结果,而地貌和流域的特征参数则是内外力作用过程的信息记录(Horton,1932)。利用SRTM图像和ArcGIS10.0容易获得颍河—禹州上游流域的地貌特征(见表6-6),并据此识别流域地貌的发育阶段。

表6-6　颍河上游不同河段的地貌－流域参数

河段	右岸不对称度	流域圆度率	山前曲折度	河流分支比	河流坡降	谷底宽度—谷肩高程比	构造活动
王城岗段	0.35	0.68	1.28	3.07	142.4	5.05	较强
瓦店段	0.46	0.47	1.32	3.21	127.5	9.48	较弱

表6-6显示,颍河上游流域形状在不同河段存在显著差异:王城岗以上河段的右岸不对称度为0.35,表明该河段右岸面积仅占该河段总面积的35%,这是新构造抬升的结果,而瓦店以上河段的右岸不对称度为0.46,左右两岸面积较为均衡,构造抬升的影响较小。

流域圆度率是流域面积与有相同周长圆的面积之比,用以表征流域的发育阶段,圆度率越接近1,表明流域发育的阶段越年轻,圆度率越低,则表明流域发育阶段相对成熟(Gregory,1987)。颍河王城岗河段、瓦店河段的圆度率分别为0.68和0.47,表明王城岗所在的登封盆地受到新构造运动的影响,发育阶段较瓦店所在的平原区年轻。河流坡降介于[300,500]被认为是中等强度构造活动区(Horton,1945),而本区两个河流坡降分别为142.4、127.5(<300),表明区域内构造活动目前较弱,这与谷底宽度—谷肩高程比值指示的结论一致。

山前曲折度指坡脚两点间坡面与冲积平原交线长度与两点间直线距离的比值,用于表征河流地貌发育的阶段,高值表示河流侧蚀作用强烈,是河流地貌成熟期的标志,低值表示下切侵蚀作用为主,可作为河流地貌早期发育的参数。表6-6显示,王城岗段和瓦店段山前曲折度介于[1.1,1.5],表明本区河流地貌发育处于相对成熟时期。

高程—面积积分曲线可以研究河流地貌的发育阶段[见图6-10(a)]。纵坐标是相对高程,横坐标是某高程面的相对面积,该曲线描述流域地貌被侵蚀后的剩余地形地貌的体积百分比(Strahler,1952)。颍河上游的高程—面积积分值为46.3%,表明颍河上游河积地貌发育处于壮年期。Hack曲线是讨论河床岩性、构造活动程度的指标(Hack,1957),其横坐标是研究河段到河源距离的对数,横坐标是研究河段的高程[见图6-10(b)],图6-10(b)中的直线表示河流纵剖面的侵蚀－堆积的理想均衡状态。

图6-10(b)显示,登封盆地内的岩性差异和构造抬升造成颍河在盆地段和平原河床

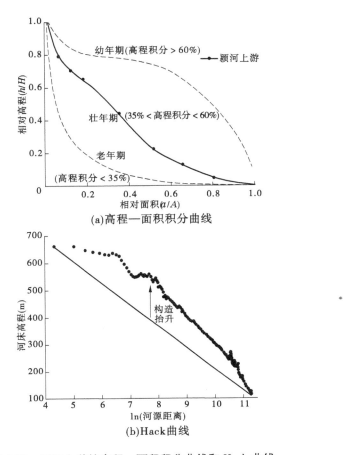

(a)高程—面积积分曲线

(b)Hack曲线

图6-10 颍河上游的高程—面积积分曲线和 Hack 曲线

曲线存在阶状波折,瓦店段河床岩性均一且构造相对稳定,但亦有连续性拗折[见图6-10(b)]。文献认为(袁麒翔等,2014),河床上的阶状拗折产生的原因有三:①河床岩性差异造成的侵蚀沟坎;②由于支流的注入受高动能流体的下切侵蚀形成的河口沟槽;③受构造活动影响的抬升与下沉过渡区易形成河床的阶梯状纵剖面。瓦店河段的河床为致密的冲积地层,不存在显著的岩性差异,除一个河口沟槽陡坎外,其他阶坎应是断裂带附近的差异性升降运动所致。

(三)颍河上游新石器遗址分布的地貌差异

区内的新石器遗址主要有三个类型(国家文物局,2009):仰韶文化遗址(11 处)、龙山文化遗址(27 处)和二里头文化遗址(5 处,其中西范店遗址与仰韶文化期叠置)。从图6-8可知,本区遗址分布的特征是:①登封盆地是新石器遗址分布的核心区,三个时期遗址位于登封盆地的有 27 处,占研究区内遗址总数的 64%;②盆地内的遗址主要分布于颍河左岸一侧(20 处),占盆地内遗址数的 74%;③禹州平原区的遗址主要分布在颍河的右岸一侧(10 处),占平原区遗址数的 71%;④遗址在空间变化上分三个阶段:仰韶文化拓展期、龙山文化繁荣期、二里头文化收敛期;⑤按濒水特征分类,仰韶期近水型、龙山期临水型、二里头期远水型;⑥从遗址数量变化看,仰韶、龙山、二里头三个时期数量变化是少—多—少,和晋南、关中地区遗址数变化类似(王海斌等,2014)。

　　颍河上游新石器遗址的地貌选择在时间轴上表现为从山丘向平原的变迁。根据实地调研发现,仰韶期遗址的选址偏向于丘陵-岗地地貌,龙山期遗址的选址倾向于颍河两岸的平原阶地,二里头遗址重新回撤到丘陵。遗址区所在地貌的微域特征归纳如下:

　　(1)仰韶文化期聚落集中于登封盆地,虽近河而居但地势较高,偏好岗地地貌。岗地地貌坡度在 1.5° ~3°,临近水源,宜居宜耕,土地可耕层 50 ~80 cm,有机质 1.5% ~2%,地下水埋深 1.5 ~2 m,亚砂质壤土;附近林区 2 ~3 km 范围内有足够果蔬,平年可满足聚落需求量 100% 的生计需求。本地貌区小于 4 km 范围内有河流、湖泊和充足的渔猎资源,满足荒年所需约 80%,采摘资源多样、单位面积的人口容量较小。

　　(2)龙山文化期聚落受农业活动驱使,更偏好颍河两岸的平原阶地面。颍河两岸的河湖平原,坡度小于 1.8°,濒河临湖,土地肥沃;可耕土层大于 80 cm,有机质大于 2%,地下水埋深小于 1.5 m,亚砂亚黏质壤土;附近林区小于 2 km 范围内有充裕的果蔬,平年可满足聚落需求量在于 100% 的生计需求,单位面积的人口容量最大。

　　(3)二里头时期的聚落受持续性洪水限制,重新退回到丘陵地貌区。登封盆地的丘陵地貌,坡度 4° ~8°,取水不便,多地质灾害;可耕土层仅 25 ~30 cm,有机质含量 1.1% ~1.3%,地下水埋深 2.5 ~3 m,黏土质砂土;山麓区 4 ~5 km 区域内有一定数量的可采集果蔬,平年可满足聚落需求量小于 80% 的生计需求;农业条件较差,单位面积的人口容量狭小。

三、颍河上游典型遗址的地貌环境

　　颍河上游典型的新石器遗址有两个:登封盆地的王城岗城址和禹州平原的瓦店遗址。王城岗遗址有城垣和城壕遗存,遗址区面积大于 30 hm² 考古学者推断该城址为"禹都阳城"(方燕明,2006)。瓦店遗址位于禹州平原区,遗址内有大型城壕遗迹,遗址面积大于 100 hm² 且发现大型祭祀建筑遗存,考古界认为瓦店遗址是龙山文化晚期至夏初时期的中心聚落(河南省文物所,2004)。

(一)王城岗遗址

　　王城岗遗址(34°24′01″N,113°07′32″E)位于登封盆地的告成镇西侧,南临颍河、东邻五渡河,遗址有北城墙和西城墙遗存(见图 6-11),王城岗城址隔五渡河与东周时期的阳城遗址相望。王城岗坐落于颍河北岸二级阶地为基底的黄土台地上,海拔 255 ~275 m,地势自西北向东南降低,西北部是黄土丘陵王岭尖(海拔 349 m)。王城岗城址紧邻五渡河、颍河而建,显然是取河道为护城之屏障。五渡河以东另有石淙河自东而西流入颍河,二者与颍河共同组成王城岗聚落的生业水源。王城岗以西约 3 km 有一处同为龙山文化晚期的程窑遗址,鉴于王城岗为区域性中心聚落,故可把程窑遗址纳入王城岗体系加以讨论。

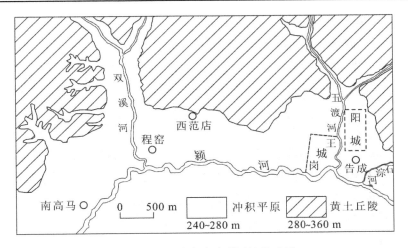

图 6-11　王城岗遗址附近地貌略图

1. 地层特征

王城岗遗址地层在五渡河西岸有完整的露头剖面,本书选择南距颍河 410 m 的五渡河西岸一处剖面作为研究对象(见图 6-12)。整个剖面高 320 cm,地层自上而下可分为四个地层单元:耕作层(0 ~ 60 cm),全新世黄土层(60 ~ 110 cm),全新世大暖期古土壤层(110 ~ 250 cm),全新世早期河积 – 风积过渡层(250 ~ 320 cm)。从图 6-12 可见,古土壤层在整个地层中特征显著:频率磁化率介于 58.8% ~ 81.3%,平均粒径 21.9 μm,Rb/Sr 值介于 0.63 ~ 0.91,具有高磁化率、小平均粒径和高铷锶比的特征,地层的暖湿型化学风化特征十分清晰。

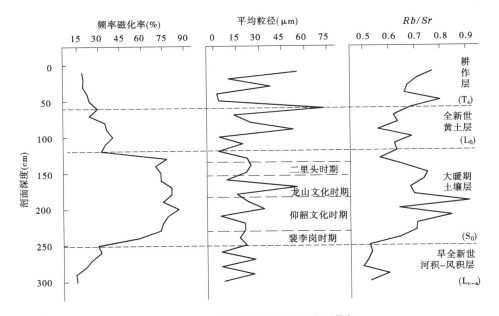

图 6-12　王城岗遗址地层环境变迁指标

剖面中古土壤形成时期也是中原地区新石器文化(7.5～3.8 kaB.P.)的形成发展时期。图6-12显示,仰韶文化时期 Rb/Sr 值处于高位区间(均值0.76),对应的平均粒径仅为18.6 μm,表现为温暖湿润的成壤环境;龙山文化期 Rb/Sr 值回落到0.69,而平均粒径增大到28.8 μm,风积特征更为显著,成壤环境变为暖干;二里头时期 Rb/Sr 值降为0.61,平均粒径为18.8 μm,频率磁化率70%,显示成壤环境仍较湿润,但与仰韶时期相比萎缩趋势明显。

剖面底层(250～320 cm)为全新世早期碎屑堆积层,按照华北地区地层普遍层序结构,其形成时代为10.2～9.5 kaB.P.(陈晋镳等,1997)。该层既有冲积、洪积、沉积,也有风积黄土成分,表现为气候过渡期地层特征。全新世黄土层(60～110 cm)大致形成于唐宋暖期与全新世大暖期之间的过渡时期的两千年间(3～1 kaB.P.),其土质疏松,淡黄色块状结构,间有碳酸钙粉霜。

2. 生业资源

王城岗位于登封盆地东部,南临颍河,背靠黄土丘陵,在全新世大暖期本区森林覆盖度高(秦岭等,2010)、地表径流充足(年降水量>780 mm)、年积温值较高(>5 500 ℃),冲积平原和湿地广阔,地貌环境宜农宜居,且拥有丰富的生业资源。

仰韶文化时期(7.5～5.3 kaB.P.)的王城岗地区雨量充沛,气候适宜,是新石器时期生业资源最丰富的时期。根据王城岗附近袁村、袁桥和杨村等遗址植物遗存的鉴别分析(赵志军等,2007),登封盆地的颍河左岸在仰韶时期可采摘的果实有枣、山桃、野葡萄、野山楂等,早期作物类型有粟、黍、大豆和水稻等,其出土概率和地貌分布列于表6-7。

表6-7　登封盆地仰韶文化时期人类主要生业资源与分布

地貌区	河道	河漫滩、湿地	一级阶地	黄土台地	黄土丘陵区
资源类型	鲶鱼、蟹	水稻、圆田螺	粟、黍、大豆	野葡萄、山桃	山楂、栎、鹿
出土概率(%)	8	60	80	40	20
类型比例(%)	<10	10	55	<9	<6

表6-7显示,仰韶文化时期人类生计活动的主要地貌区仍然是颍河附近的低地、阶地和台地。从生业资源的类型比例看,旱作农业(55%)是先民的主要生业内容和来源,采摘和渔猎仍然占一定比例(<15%),但已经不是先民的主要生业选择。

据王城岗遗址炭化作物种子的浮选结果(赵志军等,2007),稻米的出土概率仅为7%,稻/粟比更低(0.7%);但程窑遗址作物种子的稻/粟比则高达73%(Zhang等,2010),表明程窑一带更适于发展稻作农业。附近的西范店遗址在二里头时期的粟、黍种子出土概率大于84%,水稻种子的出土概率仅为4.3%(Zhang等,2010),表明二里头时期的稻作农业大幅萎缩。另外,龙山时期的畜牧业开始进入上升期,家养动物如猪、绵羊、黄牛和狗等相当普遍(袁靖,2007)。

(二)瓦店遗址

1. 瓦店遗址地层与古环境

瓦店遗址($34°11′29″N,113°24′14″E,$)位于禹州市火龙镇瓦店村靠近颍河一侧,遗址的北部和东部为颍河环绕。瓦店遗址属于龙山文化晚期($4.3 \sim 3.8$ kaB. P.)遗存,总面积约 1.06×10^6 m²,现存大于 700 m 的"L"形环壕与颍河连通。图 6-13 是瓦店遗址东南部台地附近的二级阶地(T2)地层结构和一级阶地(T1)地层剖面图。龙山文化层位于二级阶地距地表 $80 \sim 140$ cm 的地层中,文化层厚度 $110 \sim 132$ cm。文化层上层为质地紧实的粉砂质黄土堆积,其间夹有暗红色古土壤。该剖面在 $130 \sim 152$ cm 层位有间歇性潴育化特征:下部是暗灰色淤泥层,上部是锈斑色粉砂层。$155 \sim 162$ cm 为该遗址早期文化堆积,地层性质为粉砂质直立黄土,其下覆地层为更新世晚期河积物。一级阶地地层除短期全新世粉砂质黄土层外,均为河流沉积相。

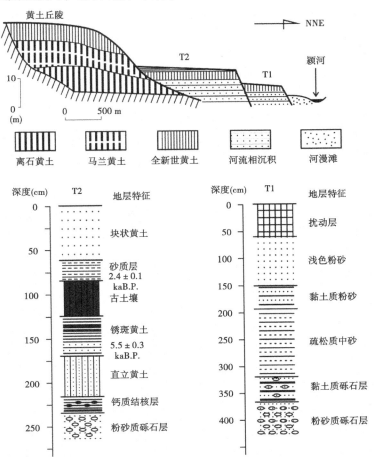

图 6-13　瓦店遗址区所在的二级阶地(T2)和一级阶地(T1)地层剖面

从区域地貌分布看,瓦店遗址位于颍河冲积平原上,其所在的二级阶地面高出一级阶地面 4~7 m,属于较为典型的濒临曲流布局的史前聚落。根据遗址东侧一级阶地的考古发掘,地层中含有宋代陶片遗存,表明一级阶地与二级阶地在形成年代上存在较长的时间缺环。

图 6-13 显示,瓦店遗址所在的 T1 阶地和 T2 阶地的形成年代大致可以从河积砾石层算起。推测 T2 形成年代为 9.0~8.5 kaB. P. 的气候过渡期,T1 形成年代可与 T2 中的对应层位做对比分析。T1 的疏松质中砂层(200~310 cm)与 T2 地层的砂质层(63~82 cm)相对应,根据 T2 对应沉积层的测年数据,推测 T1 形成年代晚于 2.4 kaB. P. 。

根据瓦店遗址地层的古环境指标(王辉,2015)(见图 6-14),瓦店遗址龙山文化时期地层(78~160 cm)平均粒径达 870.7 μm,对应的频率磁化率、Cr/Cu 比同样处于低值区间,表明瓦店的龙山时期气候相对干燥,推测该地层为干旱环境下的风尘堆积。而在 100~140 cm 区间的烧失量高应是人类活动产生的有机质积聚所致,而非自然环境产生的有机质增加。

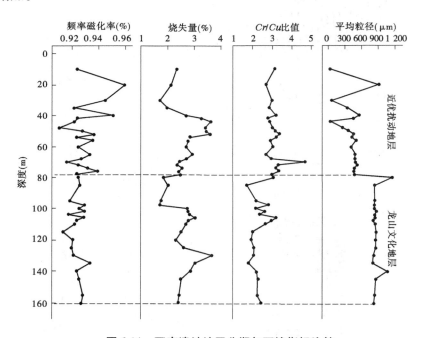

图 6-14　瓦店遗址地层分期与环境指标比较

2. 瓦店地区的生业资源

根据前人的研究(见表 6-8),瓦店地区在龙山文化晚期主要的作物类型为粟、黍、稻、小麦和大豆。其中,旱作作物的粟、黍仍然占主导地位,二者占出土作物比例的 60.4%。但水稻遗存的数量则达到了出土作物总量的 26.2%,出土概率则高达 61.8%,是瓦店遗址在龙山时期生业活动的标志性特征。此外,瓦店植物遗存包括野葡萄、野山楂、山桃、山枣等果实类种子,但数量远小于作物种子,表明采摘已不是龙山时期瓦店先民的主要生业内容。家畜饲养的动物类型在瓦店一期(约 4.3 kaB. P.)主要以家猪为主,到了瓦店二期(约 4.1 kaB. P.)出现了绵羊,黄牛则出现在瓦店三期(约 3.8 kaB. P.)。

表 6-8 瓦店遗址出土的作物类型和出土概率

作物类型	粟	稻	黍	大豆	小麦
种子数量(粒)	2 253	1 144	385	573	8
出土概率(%)	66.2	61.8	49.6	45.3	4.3
作物比例(%)	51.6	26.2	8.8	13.1	0.2

赵春燕等认为,龙山时期瓦店地区的人类和家猪均以 C_4 食物为主,但也有个别人、猪骨骼锶同位素比值与多数样本有较大偏差,表明瓦店地区在龙山文化晚期与其他地区如淮河下游和江汉流域存在人员和家畜贸易活动。

四、地貌变迁与聚落分布的关系

(一)颍河上游末次冰期以来的河流地貌过程

夷平面是一个地貌侵蚀旋回内构造稳定期的重要标志,登封盆地现存四级夷平面,其中第四级夷平面(380～440 m)形成于中更新世末期,意味着登封盆地于晚更新世初进入新一轮地貌侵蚀旋回期。

河流的侵蚀与堆积过程受制于构造活动和气候变迁因素并与沉积物通量变化相关联。研究表明,河流的侵蚀－堆积旋回与气候波动周期呈线性相关;气候－构造驱动模式认为,冰期内气候寒冷、寒冻风化强烈、大量风化碎屑进入河道,因河流动能不足而产生堆积;在冰期—间冰期气候转换期由于径流量增加、风化物减少导致河流下切。如果此时有构造抬升将赋予河流下切侵蚀产生新的势能。颍河上游的河流地貌过程既受新构造运动影响,又受气候波动的控制,结合我国末次冰期以来气候演变特征,现将本区河流地貌过程归纳示意如下(见图 6-15)。

图 6-15 显示,末次冰期至新石器晚期我国气候表现为"二冷、二暖、一凉"的波动过程,对应颍河上游的河流作用有 3 次堆积和 3 次下切。除了气候过程的控制,在登封盆地还有构造抬升作用的叠加;颍河平原段受构造影响较弱,河流地貌主要受气候过程控制。颍河在登封盆地的河流地貌过程是:末次冰期初期,气温低、河流径流量小,河流作用以堆积为主;之后嵩山地块显著抬升(刘书丹等,2003),同时与小间冰期过渡期重叠,河流下切作用强烈形成阶地。末次盛冰期气温低、寒冻风化产生大量碎屑、河流搬运能力较弱导致河流产生旺盛的堆积过程,同时阶地面上有风积的马兰黄土形成;新仙女木事件后由冰期向间冰期过渡,此时植被增加、降水量增多,出现新一轮河流下切过程。龙山期气候逐渐变凉变干,物理风化加强,河流堆积作用突出;四千年降温事件后气候处于波动期,过渡性气候驱动河流再次下切。颍河禹州段与登封盆地段的河流过程相似,只是受构造抬升作用影响较弱,河流下切的强度和幅度均小于登封盆地,但气候波动对禹州平原河流地貌

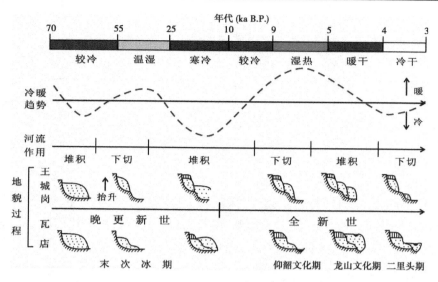

图 6-15　颍河上游末次冰期以来河积地貌的演变

的发育更具有支配性影响。

王城岗遗址地层序列显示,新石器文化地层形成于暖湿气候背景下,其成分以古土壤为主要特征,夹有粉砂 - 细砂质风积物。根据测年结果(夏商周断代工程,2000),王城岗文化期年代为 4.2 ~ 3.9 kaB. P. 。其下覆地层与颍河左岸一侧的出露地层(如方家沟、陈窑等地)结构相似,均为一套下古土壤层(S1,厚 1.2 ~ 2.3 m)上马兰黄土层(L1,厚 4 ~ 6 m)沉积,之间为不整合面,并有砂砾混杂沉积层。可推知王城岗一带的地貌演化:晚更新世中期(55 ~ 25 kaB. P.)为温湿气候、化学风化导致古土壤(S1)形成,末次冰期气候变冷、风积作用增强,形成马兰黄土(L1)。此时登封盆地的抬升运动显著,北面嵩山抬升而南侧箕山沉降,河流此时开始下切侵蚀形成一级阶地。此后进入末次冰期的河流堆积阶段,先前阶地或被掩埋。

全新世早期,登封盆地构造相对稳定,但由于气候波动河流伴随颍河侧蚀过程,一级阶地面有河积和洪积作用形成的黄土和冲积砂砾堆积层。裴李岗文化(8.0 ~ 7.5 kaB. P.)早期,随着嵩山抬升和颍河下切作用新的一级阶地形成,龙山期的王城岗城址便选址于该阶地面上。此后的仰韶文化时期至龙山文化早期登封盆地处于构造稳定期,颍河处于下切与堆积波动状态;龙山文化中晚期出现短期河流堆积过程,随后进入洪水期;王城岗古城亦受洪水破坏随之废弃。

颍河禹州段下覆离石黄土地层,表明颍河禹州段的侧蚀始于中更新世。根据野外地貌调查,颍河大约从末次冰期早期(约 68 kaB. P.)至早全新世在禹州平原地区形成百余米厚的河流堆积层。这个时期气候干旱、物理风化和风积作用活跃,颍河及其支流从上游和登封盆地带来大量风化碎屑和次生黄土,由于径流量较小且挟带大量沉积物,河道散乱、池沼遍布、沉积作用活跃,在颍河两岸形成泛滥冲积平原。

进入全新世大暖期后,地表径流增大,植被覆盖度提高,颍河流量增加,进入河道的风化碎屑减少,此时的颖河改拓宽侵蚀为下切侵蚀为主,一级阶地形成。仰韶晚期(5.5 kaB. P.),至龙山文化时期(4.5 ~ 4.0 kaB. P.)颖河上游地区气候渐趋干旱,颖河再次进入稳定堆积阶段。瓦店聚落此时位于一级阶地面上,阶地面与颖河河面高差小于2 m,利用简单的人工围堰即可引水灌溉,发展稻作农业。二里头文化时期(3.9 ~ 3.7 kaB. P.)气候由干转湿,河流开始下切侵蚀,新的一级阶地形成。

(二)水系演变对聚落分布的约束

1. 水系分维数与发育阶段

水系分维数与河流地貌发育阶段存在相关性(马宗伟等,2005),用研究区的 SRTM 数据,选取阈值为 500 提取河网并用计盒法可以算出颖河上游的维数为1.083(见图6-16),与北美 14 个流域主河道分维均值接近(王协康等,1998),表明颖河上游水系网络的发育阶段处于成熟期的初级阶段;这与颖河上游的高程—面积曲线积分值(46.3%)表征的本区流域地貌所处的发育阶段比较接近。因此,可判断颖河上游的水系网络和流域地貌发育处于壮年早期,其水系特征是:河流与下覆岩性已基本适应,局部河床大致接近均衡剖面,泛滥平原是河谷内的主要景观,河曲发育且谷底宽度大于河曲带宽度。

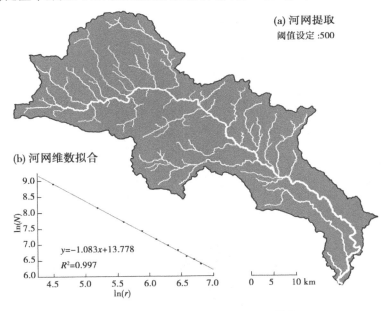

图 6-16　颖河上游河网提取与河网维数

2. 水系变迁

全新世早中期的气候系统先后经历了冷湿波动期、暖湿稳定期、暖干波动期和四千年降温事件(吴锡浩等,1994)。新石器时期的颖河上游在登封盆地受持续性构造抬升影响河流下切期多于侧蚀堆积期,水系框架比较稳定。禹州平原区受构造影响较弱且以沉降为主,河流动能较小,堆积量大于侵蚀量,水系网络对气候变迁的响应较敏感。由于地势低洼、气候暖湿,仰韶文化早中期的颖河两岸的积水低地,水域广阔、河道纵横、聚落稀少,属于准"面状水系"[见图6-17(a)]。仰韶晚期至龙山文化晚期气候转凉变干,河流堆积更加旺盛、水面萎缩、池沼星罗,此时属于"点状水系"[见图6-17(b)],本期的聚落数量迅速增加。四千年降温事件导致洪水泛滥,禹州平原区洪水频发、河道紊乱、聚落罕见,许多河沼被贯通,形成复杂的河网,该期属于"网状水系"[见图6-17(c)]。因此,新石器时期的禹州平原区水系对气候变迁的响应十分敏感,可归结为"气候主导型水系"。

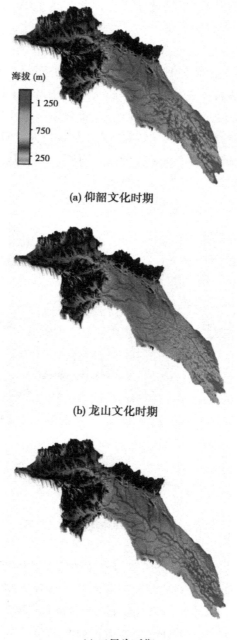

图 6-17　新石器时期颍河上游的水系格局变迁

　　相比之下,登封盆地由于持续性构造抬升,河流过程以下切侵蚀作用为主,地貌 – 水系系统对气候响应存在时滞性,河网格局保持相对稳定,这成为史前聚落为规避气候灾害而集中布局于登封盆地的主因。另外,新石器聚落在登封盆地主要分布于颍河左岸,在禹州平原主要位于颍河右岸,其分布模式与两个地貌区大部分支流的地理分布一致,表明河口聚落(如王城岗)和河曲聚落(瓦店)是史前聚落选址的两种主要形式,河口和河曲地貌的优势是土地平旷、水源充足、宜居宜业、便于防御,成为新石器聚落的首选之地。

　　(三)生业模式与聚落分布的关系

　　史前聚落分布的支配动力源于史前生业的内容及其先进性,地貌类型是聚落立足的基础,水系格局则通过人们的生业方式继而对聚落分布进行约束。新石器生业模式的演化先后经历了仰韶早期采集—渔猎型、仰韶晚期—龙山期耕作—饲养型和夏商期作坊—贸易型阶段,对应的聚落模式是随机迁徙型、分散定居型和集中城邑型,同时伴随着生产力水平进步、文化内涵的丰富以及资源利用水平的提高。生业模式愈先进、文化内核愈深刻的史前文化类型,必然有充分利用资源和拓展地理空间的规划和能力,其表现是聚落的地理扩散和大型城邑的出现,登封盆地的龙山文化晚期文化便是如此。

　　仰韶期倾向于采集型生业方式,而登封盆地可采集生业资源丰富,聚落没有向颍河下游扩散的动力。随着农业生产力水平的提高,大型定居聚落成为社会发展主流,粮食等生业资源的高需求推动聚落拓展农业生产空间,同时禹州平原区在龙山时期水域萎缩,为聚落扩展提供了优越的自然条件。二里头聚落在颍河上游的大幅减少属于地域文化发展的非正常模式,而且同时期的晋南地区、长江流域亦有聚落的大幅减少现象(王巍,2004),表明四千年降温事件后的洪水过程对聚落的生业环境破坏严重,继而对新石器文化造成了极大的消极影响。

五、地貌变迁和生业演化对聚落分布的影响

　　登封盆地属于构造 – 气候复合型地貌区,禹州平原属于气候主导型地貌区。末次冰期至新石器晚期,登封盆地受构造抬升和气候波动的叠加作用,河流发生三次河流下切和三次侧蚀堆积过程,早期形成的阶地成为新石器聚落的立地地貌。禹州平原区河积过程受制于气候变迁控制,气候稳定期的河流作用以堆积过程为主,气候转换期虽有下切侵蚀但幅度较小,早全新世形成的河流阶地成为新石器聚落布局的主要地貌空间。

　　颍河上游的水系格局亦存在显著差异:登封盆地自晚更新世以来构造持续抬升,河流多处于下切侵蚀过程,水系网络对气候波动造成的降水量差异有一定缓冲空间,水网形态相对稳定,聚落数量相对集中。禹州平原区在全新世早中期,颍河以堆积过程为主,形成池沼型河谷地貌,水系网络对气候变化的响应比较敏感,从仰韶期、龙山期到二里头期先后经历了"面状""点状"和"网状"水系格局,对应的史前聚落在本区数量呈"少、多、稀"的变化。

　　生业模式及其演化是左右聚落分布的直接因素,但生业活动要借助特定的地貌类型和水系格局来实现。登封盆地属于构造控制的地貌区,水系对气候变迁的响应不敏感,对

于原始型生业模式而言有较大可持续发展空间,但这类地貌的生态和社会容量较小。禹州平原属于气候主导型地貌区,水系对气候变迁的响应比较敏感,多变的水系格局会束缚史前聚落的空间分布。但其人口和社会容量较大,是高级型生业模式持续发展的首选区域。

第三节　嵩山地区新石器晚期聚落的集聚与迁移动力

在聚落的时空演变过程中,地理要素的骤变往往促成史前聚落的迁移,这种被动式的生境适应与较低的生产力水平相关联,因此有文献用资源总量、个体数和竞争系数等指标归纳动物迁徙的资源匹配模型解释群落的空间过程(Fagen 等,1987)。Giovas 等(2014)用理想化自由分布模型(IFD)探讨了加勒比地区史前时期的聚落迁徙,发现早期移民的区位选择符合适宜性优先原则。Jones(2006)基于 GIS 的视域分析法讨论了自然和政治景观变迁对 Onodaga Iroquois 聚落区位选择的影响(Jones,2006),认为可耕地和可防御是聚落区位选择的主要因素。事实上,史前聚落区位选择往往遵循"最佳区位配置最高的人口密度"原则,如 Codding 等(2013)引入净初级生产力(NPP)、人口密度等参数验证了上述原则,也为史前聚落的空间迁移研究提供了全新思路。

史前聚落区位与聚落迁徙是生业经济模式进化的标志,也是自然环境和社会变迁的结果,因而不少文献基于生业经济变迁对史前聚落区位选择及其格局开展了研究。文献研究认为,成都平原从三星堆时期到十二桥时期聚落的变迁与生业类型、洪水侵袭和外来文化入侵相关(江章华,2015);西汉水上游地区的仰韶时期和龙山时期聚落区位偏向水源布局(张越,2018);郑(州)洛(阳)地区史前聚落区位的变迁与古环境波动关系密切,随着环境稳定不同时期聚落的叠置现象更加突出(毕硕本等,2016)。

距今 4 ka 前后是嵩山地区中华文明的肇始的关键时期,考古文献认为位于嵩山南麓的新砦文化时期(4.0~3.8 kaB.P.)是介于河南龙山文化(4.6~4.0 kaB.P.)和二里头文化(3.8~3.5 kaB.P.)的过渡阶段(赵芝荃,1986)。先前不少文献对本区的新石器聚落时空分布进行了探讨(鲁鹏等,2016;闫丽洁等,2017,2019),而嵩山地区聚落的空间集聚、时空迁移和动态均衡机制需要深入探讨。本节先讨论嵩山南北两翼龙山文化晚期到二里头时期的史前聚落的空间分布和聚落域的位序—规模特征,然后基于聚落的空间数据,分别探讨洛阳盆地和嵩山南麓聚落的集聚和均衡模式,并结合距今 4 ka 前后的古环境变迁和生业结构特征,讨论史前时期聚落迁移、集聚的驱动机制。

一、研究区域和地理环境

嵩山地区指河南西部嵩山南北两侧的洛阳盆地和颍河、双洎河上游地区,行政区上涵盖洛阳市区、孟津、伊川、偃师、巩义、登封、新密、禹州、长葛和新郑等地,总面积约 8 392 km²(见图 6-18)。本区地貌单元以嵩山为界西北是洛阳盆地,东南是登封盆地、新密黄土丘陵和豫中平原。鉴于史前聚落大多濒临河流,因而聚落分布区多以水系河段为单位划分;故本书的研究范围是:①嵩山西北洛阳盆地的伊河、洛河中下游地区,以二里头聚落为代表;②嵩山东南麓的颍河上游地区,以王城岗、瓦店聚落为代表;③双泊河上游地区,以新砦聚落为代表。

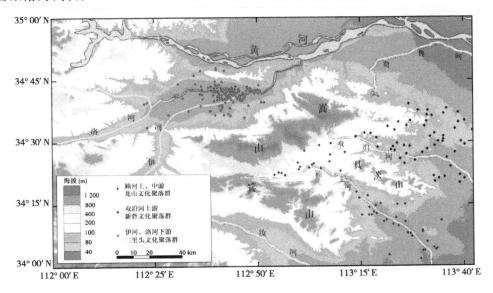

图 6-18　研究范围与史前聚落分布图

洛阳盆地北依邙山岭、西邻伏牛山—外方山、嵩山、南依嵩山,总面积约 1 046 km²,平均海拔约 130 m,地势从西南向东北降落。盆地内自北向南布列着涧河、洛河、伊河和瀍河。其中,伊河、洛河在偃师市岳滩镇汇为伊洛河向东北在巩义市河洛镇注入黄河。盆地核心区是伊洛河冲积平原,地势平旷,盆地外围是黄土丘陵。

嵩山南麓地区主要包括颍河上游和双泊河上游谷地。颍河上游为登封小盆地,为嵩山、箕山和具茨山所包围,盆地有颍河及其支流冲积的东西走向的河谷平原,其南北两侧分别是黄土台地和黄土冲沟地貌。双泊河发源于嵩山东翼的新密市尖山乡,其上游流经黄土丘陵和黄土台地,地形较为破碎。研究区属于大陆性季风气候,四季分明,冬冷夏热,1 月平均气温 2.6 ℃,7 月平均气温 25.3 ℃,多年平均降水量为 550~760 mm。

二、材料与方法

(一)数据来源

本书涉及的地图和行政区划数据分别源于 SRTM4.1 数据和国家基础地理信息中心的县区数据库。遗址数量和地理坐标主要源于《中国文物地图集·河南分册》《河南省文物志》,遗址出土炭化种子浮选数据采自中国社会科学院科技考古所赵志军研究团队的相关研究成果(赵志军,2007;刘昶等,2010)。

（二）研究方法

1. 野外勘查与样品采集

本书实地勘查了登封王城岗、禹州瓦店、新密新砦、洛阳王湾和偃师二里头遗址,根据遗址发掘文献重点对遗址区域及其周边的地形地貌开展了实地调查。结合相关遗址发掘文献,作者在各遗址外围未人工扰动的地层露头采集了对应文化地层的土壤样品作为采集古环境指标的依据。

2. GIS 空间分析

利用 SRTM 数据和研究区域的遗址坐标数据,用 ArcGIS10.2 软件进行遗址分布的地学分析:①核密度分析。该分析是地理点/线要素基于空间插值函数生成的地理要素三维密度曲面,本书用于估计不同聚落群的聚落密度分布特征。②标准差椭圆分析(standard deviational ellipse, SDE)。该分析方法基于点状要素在椭圆 x、y 轴方向上的距离标准差估计点状要素集聚或离散的特征,本书用以测算聚落群的集聚度和空间延伸方向。③Voronoi 域分析,即 Thiessen 多边形划分,相邻两点的分界为它们的垂直平分线,用于分析离散分布的点状要素的空间地域特征。本书用于划分各聚落的资源域空间。

3. 古环境指标测试

本书测试了上述各遗址的对应文化地层的相关环境指标:①磁化率。是样品中磁性矿物的磁场强度,常用以分析相关地层的风化环境特征,测试仪器为英国 Bartington 公司产 MS2 磁化率仪。②重金属元素含量。本书主要利用铷 – 锶比值(Rb/Sr)反映地层沉积时期地表元素的迁移特征,以间接反映地层沉积时的水热状况和古风化环境。测试仪器为美国产 Thermo Scientific Niton 便携式 X 射线荧光重金属测试仪。测试程序见第二章第二节相关内容。

三、嵩山南北史前聚落的分布特征

距今 4 ka 前后的嵩山地区是夏文化发源的核心区,在时空顺序上,嵩山南麓颍河上游的瓦店(40 hm²)和王城岗(30 hm²)是龙山文化晚期(4.2 ~ 4.0 kaB. P.)的大型聚落;双洎河上游的新砦(>70 hm²)是新砦时期(4.0 ~ 3.8 kaB. P.)的大型聚落。而洛阳盆地中位于伊河、洛河交汇口的二里头(300 hm²)则是二里头时期(3.8 ~ 3.5 kaB. P.)的大型聚落。它们在时间顺序上存在前后衔接关系(周书灿,2018)。本书分别就颍河上游聚落群(龙山文化晚期)、新砦聚落群(新砦文化期)和二里头聚落群(二里头文化期)的聚落特征进行描述以讨论史前聚落变迁的时空规律。

（一）三大聚落群的地貌特征

颍河上游聚落群所在的地貌区为颍河上游谷地,登封盆地河段龙山文化晚期聚落群主要分布在颍河左岸的二级黄土阶地上,地貌类型主要是黄土丘陵;禹州平原河段的龙山文化晚期聚落多位于颍河右岸的二级阶地上,地势低平,适宜农业耕作。新砦聚落群集中分布于双洎河北岸的黄土台地上,地势较高,冲沟纵横。二里头聚落群集中于洛阳盆地的伊河、洛河之间,多分布于伊河、洛河及其支流的二级阶地面上,均为低平原地貌,土壤类型以褐土、垆土和潮土为主,利于发展多样性农业。三大聚落群分布于不同的地貌单元的比例如表6-9所示。

表6-9　三大聚落群在不同地貌单元上的聚落比例　　　　　　（%）

项目		高程(m)			坡度(°)			坡向(°)			
		100~200	200~300	>300	0~1.5	1.5~3	>3	0~90	90~180	180~270	270~360
龙山文化期	颍河上游聚落群	53.0	13.1	33.9	47.4	34.2	18.4	26.2	21.2	31.6	21.0
夏商期	新砦聚落群	55.4	42.0	2.6	28.9	28.9	42.2	26.3	21.1	23.7	28.9
	二里头聚落群	61.7	32.2	6.1	70.5	20.6	8.9	17.5	18.2	26.9	37.4

表6-9显示,从龙山文化期到夏商期(新砦时期较短与二里头文化关联度高且相似度高,本书将新砦聚落群的新砦期、二里头期聚落合并讨论)嵩山地区的史前聚落逐渐向100~200 m的低平原区集聚,聚落对微域地貌的坡度选择小于3°,并集中于0°~1.5°的微坡区域。其中,龙山文化晚期的颍河上游聚落群占47.4%,二里头聚落群占70.5%;而新砦聚落大多位于双洎河上游的黄土丘陵台地,微坡区位聚落仅占28.9%。从聚落选址对坡向的选择看,颍河上游区聚落偏向于 SW 坡向,新砦区聚落偏向于 NW 坡向,与二里头聚落群类似。这样的聚落选址倾向可能与当时的以粟、黍为主的生业经济模式和较暖湿的古环境背景相关联。

（二）聚落的核密度与集聚度

点状要素的空间集聚度可以用核密度分析(kernel density estimation)进行粗略估计,它通过地理单元间的空间关系的疏密度进行空间曲面估值以构建三维曲面模拟地理单元的集聚程度。图6-19是三个时段聚落群的核密度分析,搜索半径和输出像元格面积分别为:①颍河上游聚群:3 000 m、100 km²;②新砦聚落群:5 000 m、400 km²;③二里头聚落群:2 500 m、100 km²。为考察聚落点分布的空间拓展方向,我们用标准差椭圆法(standard deviational ellipse)对各区聚落群进行了分析,其中椭圆圆心用各聚落坐标的算术平均值确定。

从图6-19可见,三个时段的核密度高值区均以大型聚落为中心,其中颍河上游地区呈显著的双核中心分布。王城岗、瓦店两处大型聚落遗址是颍河上游聚落群的核心区(5.23~5.88 个/100 km²),新砦聚落是双洎河上游地区的核密度中心(3.25~3.70 个/100 km²),二里头聚落则是伊洛河流域的核密度中心(11.03~12.41 个/100 km²)。表明研究区域史前聚落的地理分布均有向大型聚落集聚特征,但聚落的集聚程度存在时空差异。根据标准差椭圆(SDE)分析结果(见表6-10),王城岗聚落群的标准差椭圆的短轴为6.9 km,椭圆面积304.3 km²,均小于颍河中游的瓦店聚落群,表明王城岗聚落群的集聚度较高。由于聚落的集聚度与 SDE 短轴、SDE 面积成反比,故本书用这两个参数计算各个聚落群的集聚度,表6-10数据显示二里头聚落群的集聚度最高为0.66,其次是王城岗聚落群(0.49)和瓦店聚落群(0.19),新砦聚落群的集聚度最低仅为0.04。值得注意

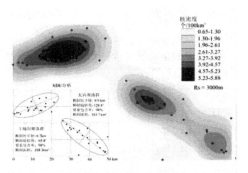

(a) 颍河上游聚落群

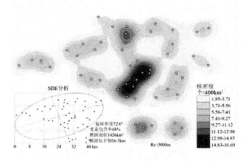

(b) 新砦聚落群

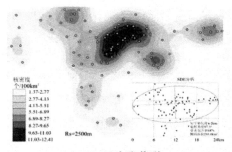

(c) 二里头聚落群

图 6-19　聚落的核密度估计与 SDE 集聚度分析

的是,集聚度较高的二里头聚落群和颍河上游聚落群均为成长时间较长的成熟型聚落群。

表 6-10　不同聚落群的标准差椭圆分析基本参数

文化时期	聚落区	短轴长（km）	椭圆面积（km²）	集聚度	长轴旋转角度(°)	聚落覆盖率（%）
龙山晚期	王城岗聚落群	6.7	304.3	0.49	65.4	98
	瓦店聚落群	8.9	583.7	0.19	128.8	98
夏商时期	新砦聚落群	16.5	1 426.0	0.04	72.6	68
	二里头聚落群	6.2	243.6	0.66	87.3	68

　　标准差椭圆分析中的长轴旋转角度用来估计点状要素的空间拓展方向。表 6-10、图 6-19显示王城岗聚落群的 SDE 旋转角为 65.4°，指向 NE 方向的双洎河上游一带，即地理拓延方向为新砦聚落区。瓦店聚落群的 SDE 旋转角为 128.8°，指向颍河下游。新砦聚落群的 SDE 旋转角为 72.6°，指向贾鲁河中游的郑州地区。二里头聚落群的 SDE 旋转角为 87.3°，指向伊洛河下游。

（三）聚落的 Voronoi 域分析

　　Voronoi 多边形由相邻两点的垂直平分线组成，主要用于平面中若干随机点的某地理要素空间分布的估值，近年在史前聚落研究中被广泛使用。图 6-20 是研究区三个聚落群的 Voronoi 多边形分割图，史前聚落的 Voronoi 域分析主要探讨史前聚落生业经济的资源空间和行为空间。本书主要考查嵩山南北龙山文化晚期至二里头时期聚落群的各个聚落域的位序—规模特征。图 6-20 显示，从聚落群的核心区（高密度聚落区）向外围区（低密度聚落区）的 Voronoi 多边形面积有逐渐扩大趋势。

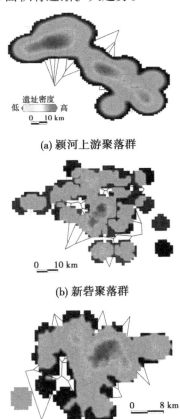

图 6-20　三个聚落群的 Voronoi 资源域多边形分析

　　表 6-11 是三个聚落群 Voronoi 的多边形分析参数，数据显示龙山文化晚期聚落 Voronoi 多边形面积最小值和最大值比较接近，而嵩山北侧的二里头 Voronoi 多边形面积

极大、极小值与嵩山南侧的两个聚落群相差较大。从变差系数(C_v)看,从龙山文化晚期(0.59)到二里头文化时期的聚落域面积离散程度逐渐增大(0.92),表明聚落核心区和外围区在生产力水平上一直存在显著差异,即核心区和外围区的资源承载力存在差异,而在二里头文化时期这种差异更加突出。聚落的 Voronoi 域面积极值比同样反映了这一信息。

表 6-11　三个聚落群的 Voronoi 多边形参数

文化时期	聚落区	最大面积 (km²)	最小面积 (km²)	变差系数 C_V	极值面积比	多边形平均节点数(个)
龙山文化晚期	颍河上游聚落群	76.14	6.83	0.59	11.14	5.12
夏商时期	新砦聚落群	78.06	6.55	0.69	11.91	5.61
	二里头聚落群	12.89	0.36	0.92	35.81	5.73

另外,Voronoi 多边形节点从龙山文化晚期到二里头文化时期从 5.12 增加到 5.73,逐渐接近 6 个节点的中心地六边形模式,暗示二里头文化时期的聚落资源域空间分割逐渐接近成熟型聚落地域分割模式(见表 6-11)。

(四)聚落的位序规模特征

位序—规模法则(rank-size law)常用于城市体系的人口规模—规模位序的均衡研究中。根据已有文献共整理出颍河上游龙山文化晚期聚落 34 处,新砦期(夏商时期)聚落 49 处,伊洛河中游二里头时期聚落 89 处,其双对数回归结果如图 6-21 所示。

随着生产力水平的提高和生业经济的复杂化,集聚是地域经济要素在地理空间迁移的目标。根据图 6-21 聚落规模—位序(R - S)双对数拟合结果,新砦聚落群的规模最接近 1(斜率 1.09)接近 Zipf 均衡状态;而颍河上游聚落、二里头聚落群斜率分别为 1.19 和 1.47,表明此聚落群的大型聚落地位比较突出而且有聚落大型化趋势。从纵轴截距看,二里头聚落群的截距为 7.0 大于龙山文化晚期(4.73)和新砦时期(4.48),表明二里头文化时期的首位聚落(二里头王城遗址)得到进一步强化。表明二里头文化时期聚落规模倾向于首位型、大型化,如二里头大型城址,域面积约为 1.57 km²,却承载了面积超过 1.0 km² 的王城,暗示该聚落群的生产力水平和资源承载力达到了历史新高度。

四、聚落迁移的主动和被动因素分析

(一)地貌类型对聚落选择的限制

地貌区位的优劣直接影响史前聚落可获取的生业资源的种类和规模,因而更适于农业生产的低地平原成为农业聚落区位的首要指向。龙山文化晚期以后,嵩山地区的原始农业已进入快速发展阶段,聚落地貌区位也多选择地势平坦的河流阶地和冲(洪)积平

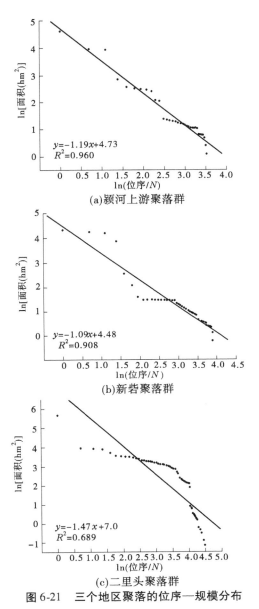

(a)颍河上游聚落群

(b)新砦聚落群

(c)二里头聚落群

图 6-21　三个地区聚落的位序—规模分布

原。表 6-9 显示,龙山文化晚期的颍河上游有 53.0% 的聚落、新砦时期有 55.4% 的聚落、二里头文化时期有 61.7% 的聚落选址于海拔小于 200 m 的低地平原,其中新砦期(4.0 ~ 3.8 kaB. P.)为洪水多发时期(夏正楷等,2003),导致了颍河中下游地区聚落数萎缩。此外,地貌的坡度、坡向、土类和地下水深度都会影响聚落的分布。表 6-9 显示,龙山文化晚期聚落 81.6% 分布在坡度小于 3°的微坡区位,同样微坡区位在二里头文化时期的聚落分布比例高达 91.1% 。坡向区位影响作物生长状况,所以颍河上游 52.8% 聚落分布于 90° ~ 270°的 SE、SW 坡向;二里头时期则有 64.3% 的聚落选择 SW 和 NW 坡向,以迎合该时期粟、黍等作物的生长需要(见表 6-9)。

河流指向是史前聚落分布的另一重要原则,濒河而居是多数新石器聚落的区位选择(见图6-18)。根据我们先前对嵩山南麓地区的调研结果(李中轩等,2016),龙山文化时期的聚落73.6%分布于河流1 km的缓冲区内,而同类型聚落在二里头时期则为62.2%。综合上述的地貌区位特征可知,新石器晚期的史前聚落的分布偏向于平原低地和河流两岸,进一步细化聚落的地貌区位就是河流的二级阶地,而河流下游的二级阶地面也接近于聚落分布的均衡高度面。

(二)气候类型对聚落选择的限制

气候条件的农业适宜性在大尺度地域是史前聚落分布的指示性指标,但在某气候区内仅有灾害性气候会制约聚落的空间布局。进入龙山文化期后,随着东亚夏季风的减弱全球气温开始下降,但30°N~60°N多数地区的年均温仍较现代高0.2~0.4 ℃(Marcott等,2013)。新砦时期(4.0~3.8 kaB. P.)年均温亦高于现代0.2 ℃左右,到了二里头文化文化时期(3.8~3.5 kaB. P.)气温基本接近现代水平(Zhang等,2017)。根据神农架三宝洞石笋的氧同位素记录(Dong等,2010),新砦—二里头时期的降水量仍高于现代20%~30%,处于农业发展的适宜期。

频率磁化率是利用铁磁矿物(主要是赤铁矿、磁铁矿等)集聚与暖湿条件下成土过程的对应关系指示古环境的代用指标(Liu等,2005);Rb/Sr值是利用Rb^+、Sr^{2+}的化学活性差异及其二者在湿热环境下的化学迁移特征指示夏季风和冬季风的强度,在暖湿条件下Sr^{2+}更容易流失,因而Rb/Sr值变大。图6-22是二里头遗址地层的频率磁化率和Rb/Sr比值记录,其中二里头文化时期的频率磁化率是高值区间均值7.3%,Rb/Sr比均值为0.35,属于化学风化较强的外部环境指标。表明二里头文化中早期属于较为暖湿的气候,到了二里头文化晚期暖湿特征有所减弱(见图6-22)。从龙山文化晚期到新砦时期的Rb/Sr的均值较高(0.44)暗示化学风化强度较高,结合前述的三宝洞石笋氧同位素记录,可以推测龙山文化末期至新砦时期的嵩山地区同为暖湿的外部环境。

古气候对史前聚落空间分布的影响主要是持续多年的灾害性气候,如洪涝、干旱、低温等。研究认为,嵩山南麓的双洎河、颍河的上中游以及洛阳盆地的伊河、洛河地区在新砦文化时期均有持续性洪涝灾害,尤其是地势较为低洼的颍河中下游地区,持续性洪水导致本区的二里头聚落数量仅为龙山文化晚期聚落的14%左右。图6-19(a)中颍河上游王城岗聚落群的标准差椭圆长轴指向双洎河上游地区,可能暗示该区在新砦期洪涝期聚落的迁移的主要方向;而瓦店聚落群聚落椭圆长轴指向颍河下游,在新砦洪水期向颍河下游迁徙的聚落就难以规避洪涝灾害,缺乏可持续发展的条件。

(三)生业经济对聚落格局的影响

生业经济指史前人类以社会生存目标的较为低级的生产类型和过程,生业经济的类型和模式是基于地貌选择和气候选择之上做出聚落区位选择,自然资源的类型和可利用规模成为聚落选址的首要因素。仰韶文化晚期以后,旱作农业成为嵩山地区生业经济的主要内容,因而河流两岸的平坦阶地面和低缓的冲积/洪积平原区成为早期农业聚落的主要集聚地。

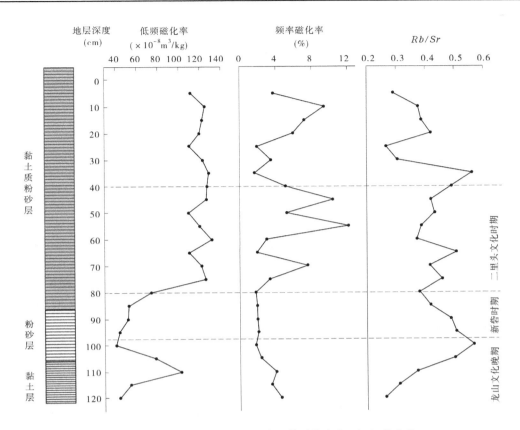

图 6-22　二里头遗址三期文化地层的磁化率和 Rb/Sr 值变化

　　嵩山周边地区土壤母质主要是黄土状土,受局地地貌、植被和小气候影响,嵩山地区的主要土壤类型是平原低地的潮褐土、山地丘陵的褐土、棕壤和黄土台地的黄垆土,适宜旱作农业的发展,尤其利于粟、黍、大豆和小麦等作物的种植。根据土壤类型分布资料(陈万勋等,1989),可以发现史前聚落分布比例最高的主要是潮褐土地区(71.9%),其次是潮土地区(12.6%)、丘陵棕壤区(8.8%)和黄垆土区(2.7%)。尤其是洛阳盆地和周边的低缓丘陵以褐土、潮土为主,加之地势平旷、河流纵列,而且二里头时期有适宜的水热条件,该区自然成为农业型史前聚落的理想分布区域。

　　唐丽雅等(2019)研究认为,嵩山地区从龙山文化时期至二里头时期一直以粟、黍种植业为主。图 6-23 显示,三个时期的粟、黍种子的出土概率最高,稻谷和大豆作为粮食作物的重要补充。其中,新砦遗址的水稻种子出土概率为 51.4%,大豆出土概率为 37.7%;到了二里头时期稻谷出土概率为 70%,大豆出土概率为 27%(赵志军,2007),表明在二里头时期稻谷生产已基本接近粟、黍在生业经济中的地位。值得注意的是,小麦的引入和出土概率的提高[新砦时期 0.9%,二里头时期 8.5%,二里岗时期(3.5～3.3 kaB. P.)达到了 33%]可能是二里头聚落资源承载力提高的重要因素。

　　小麦的引入、牛 - 羊养殖业的发展推进了洛阳盆地在二里头时期生业经济的复杂化(赵春燕,2018),粟、黍、稻、麦、豆"五谷型"农业极大地提高了本区的粮食供给水平。旱

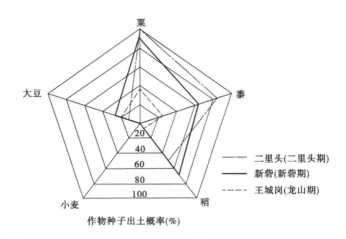

图6-23　龙山—二里头时期主要农作物的出土概率

作农业的快速发展反映在聚落形态格局上,表现在:①聚落的资源域减小。表6-11显示,龙山文化晚期颍河上游聚落的最小 Voronoi 资源域面积为 6.83 km²,二里头时期的最小资源域面积只有 0.36 km²,仅为龙山文化晚期的 5.2%;表明二里头时期的农业生产力和人口容量远高于龙山文化晚期。②聚落的首位度不断扩大。图 6-21 表明,二里头时期 R–S双对数拟合斜率为 1.47、聚落规模的大型化趋势显著;纵轴截距为 7.0,其首位度高于龙山文化晚期和新砦期。③聚落在地理空间上出现集聚。表6-10显示,夏商时期二里头聚落群的标准差椭圆集聚度为 0.66,龙山文化晚期王城岗聚落群的集聚度为 0.47,而新砦期新砦聚落群的集聚度仅为 0.04。另外,二里头文化时期 Voronoi 多边形节点平均数为 5.7,接近理想均衡值6,表明二里头时期的聚落分布为较为成熟的集聚型空间格局。

（四）史前聚落区位的空间迁移与动态均衡

1. 环境区位梯度与聚落的空间迁移

自然环境和社会环境因自然地理要素、社会文化要素分布的地域差异而存在区位梯度差,这种环境区位梯度类似于高低纬间的气压梯度,它推动史前聚落在特定的时间、空间中实现阶段性的动态迁移。进入龙山文化期后(约 4.6 kaB. P.)嵩山南麓的颍河中游地区的平原沼泽由于气候变干而适宜农耕(李中轩等,2013),颍河中下游地区土地肥沃、地势平旷、灌溉便利,其农业生产条件与登封盆地内丘陵岗地区形成农耕资源梯度差,于是登封盆地内聚落沿颍河向中下游迁徙,在禹州市的瓦店、谷水河、吴湾和漯河市的郝家台、养马台、成高一带集聚,并在龙山文化晚期成为嵩山南麓重要的城邑聚落核心区。距今 4 ka 的降温事件导致嵩山南麓在新砦时期遭遇多年性洪涝灾害,颍河中下游地区的大型城邑在这一时期快速消亡、聚落向登封盆地和双洎河上游高海拔地区迁徙。显然,新砦期的持续性洪涝灾害造成了颍河中下游和登封盆地—双洎河上游之间的环境区位梯度。

类似地,地质、地貌、水资源环境因子也是史前生业经济活动在空间存在区位梯度的主要原因,这种环境区位梯度推动史前聚落从山地丘陵向低地平原、河流阶地迁移,在一定的时间段内这些聚落的空间分布因产业分工、规模生产等生业经济的效益需求而产生空间集聚,达到聚落空间的动态均衡,龙山文化晚期的颍河中下游聚落群和二里头时期的二里头聚落群就属于较为成熟的集聚型均衡。一旦有地震、洪水、干旱等大型自然灾害发生,或者重大社会变革事件则地域空间将重新出现环境区位梯度而导致衰亡聚落再次迁移。另外,聚落在均衡状态下的区位环境梯度较小,生业经济水平的提高容易产生资源的集聚效应会造就大型聚落,如龙山文化晚期的王城岗和瓦店以及二里头时期的二里头王城遗址等,其过程模式如图6-24所示。

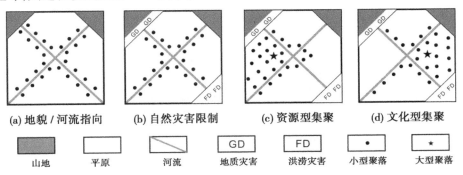

图6-24　史前聚落区位的空间分布的限制因素

2. 聚落的宜居度与迁移周期

环境区位梯度主要来自聚落外部因素的变异,而聚落内部对各类变异因素的认知水平、处置方式同样会干扰史前聚落的空间格局。不少文献用聚落环境的主观宜居度来描述聚落受到内外干扰的强弱(Wilson,2007),这种宜居度主要包括:①外部因素:气候、地质、地貌、生态等条件对生业经济的适宜性;②内部因素:地缘政治、社会体制、地域文化条件对聚落的适宜性。其中一种要素的变异都会打破原有均衡而驱使聚落发生迁移。研究认为(Kussell,2005),史前聚落的适宜度与人口密度/空间集聚度直接相关[见图6-25(a)],但聚落适宜度又常常与生业经济需求和各种灾变相关联。颍河上游的王城岗聚落群为发展旱作农业需要[图6-25(a)中聚落1在A点迁往聚落2],龙山文化中晚期聚落快速向颍河和中下游迁徙并获得生业经济的均衡。新砦期以后,登封盆地聚落向洛阳盆地迁移,双洎河上游聚落向贾鲁河中游迁移,既有发展生业经济需求也有来自外来文化干扰的压力(张国硕等,2014)。图6-25(a)中在B点迁往聚落3以求新的适宜性发展环境。

另外,史前聚落环境的适宜度与社会的生业经济状况及其社会发展理念相关联。龙山文化晚期的嵩山地区包括手工业在内的社会生业结构日益复杂,木石器开始广泛使用,木耒等新式劳动工具不断涌现,劳动效率得以大幅提高(任式楠,2005)。到了二里头时期,聚落的空间集聚趋势更加突出(见图6-19、图6-20),这些聚落无论在规模、数量还是城邑营造等方面均达到了历史的新高度(许宏,2009)。但生产力水平的提高与聚落环境的适宜度并非呈正相关关系,聚落社会的发展前景取决于聚落社会是否形成正确的人地发展观:是实施人地共生发展模式,还是推行资源索取发展模式。人地协调发展型聚落将随着生产力的进步破解空间集聚产生的负面效应,从而使聚落的自然-人文环境达到理

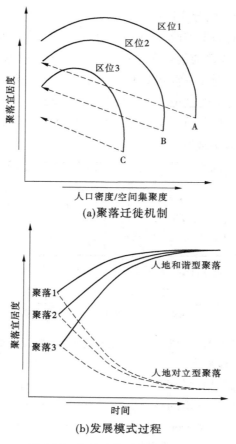

(a)聚落迁徙机制

(b)发展模式过程

图6-25　聚落空间均衡的两种过程

想化的动态均衡。反之,人地对立型聚落环境将逐渐恶化,进入不可持续发展的恶性循环。地处洛阳盆地的二里头社会就成功地度过了新砦期的持续性洪水造成的危机顺利过渡到夏代,这可能得益于"大禹治水"等这类正确的人地发展观的存在,使之成为华夏文明的发端之源(吴文祥等,2005)[图6-25(b)中的"和谐型聚落"];而长江中游地区的石家河等众多史前聚落却在本次洪水灾害中衰落,如图6-25(b)中的"人地对立型聚落"。

五、嵩山南北聚落迁移的动因

颍河上游聚落群和二里头聚落群属于空间集聚性聚落,集聚度分别为0.34和0.66;标准差椭圆短半径分别为6.7 km和6.2 km,而新砦聚落群的集聚度仅为0.04,该聚落群的扩散特征明显。根据核密度分析结果,三个聚落群的高密度区域在颍河上游对应王城岗—瓦店地区,在双泊河上游对应新砦—古城寨地区,在伊洛河流域对应二里头—矬李地区。Voronoi资源域分析表明,龙山文化晚期的颍河上游聚落的最小Voronoi多边形面积最小值为6.83 km²,新砦聚落群的资源域最小面积为6.55 km²,二里头聚落群资源域最小面积为0.36 km²。表明随着生产力水平的提高,聚落资源域面积从龙山文化晚期到二里头时期逐渐缩小;但二里头聚落群的 Voronoi 多边形面积 C_v 值较大,表明随着生产力的进步,史前聚落的资源域面积将出现两极分化现象。

颍河上游聚落和二里头聚落的位序—规模(R-S)拟合维数为 1.19 和 1.47,表明两个聚落群的大型聚落呈现显著的集聚特征。同时,它们的纵轴截距分别为 4.73 和 7.0,聚落首位度十分显著。从 4.2～3.6 kaB.P. 时期的农业经济的多元化、地方化和集约化特征,暗示当时的各类经济要素的集聚和大型化是生业经济多元化、复杂化的结果。地貌 - 气候条件和生业经济结构是制约史前聚落空间格局的外部因素,聚落的时空迁移与均衡取决于这三个要素变异过程中形成的环境区位梯度。这种自然 - 社会综合要素梯度时空耦合驱动了史前聚落空间格局的周期性迁移和动态均衡。从聚落社会对环境适宜度需求和社会的人地发展观视角,人口和聚落的集聚将导致环境适宜度恶化,从而导致聚落的区位迁移。另外,拥有人地协同发展观的聚落社会将随生产力进步化解因空间集聚产生的负面效应,而最终达到高质量的适宜性环境均衡。

小　结

处于文明门槛期的聚落演化是环境考古的热点之一。第一节用 GIS 方法和已有的考古资料研究了嵩山南麓颍河上游和双泊河上游新石器晚期聚落的时空特征。受距今四千年降温事件影响,嵩山南麓地区的史前聚落在夏商期对地貌的选择与龙山文化晚期显著不同,而且两个时期聚落的 R - S 分布也从多要素竞争型向单因素支配型转变。对聚落在龙山文化晚期和夏商期的域面分析表明,环境变迁对区内聚落域变化幅度的影响存在差异。根据影响聚落分布的因子特征,龙山时期的聚落空间结构演化表现为文化选择型模式表现出人本主义的规划法则,而夏代早期的聚落结构则表现出环境选择型的一些特征。基于此演化序列,文章归纳了气候转折期聚落演化的两种模式。颍河上游包括登封盆地和禹州平原两个地貌单元。第二节基于 SRTM 数据和 GIS 方法计算了两地的山前曲折度、流域圆度、河流分支比、河流坡降、高程—面积曲线和 Hack 曲线等流域地貌参数。结果显示登封盆地为构造活动区,禹州平原为构造稳定区,颍河水系及河流地貌的发育处于壮年早期。根据典型遗址的地层序列和河流阶地特征,用"构造—气候驱动模式"讨论了末次冰期以来颍河上游的河流地貌过程。认为登封盆地属于构造活动主导下的复合型地貌区,禹州平原属于典型的气候主导型河流地貌区;复合型地貌对气候变化的响应弱于气候主导下的平原地貌,因而登封盆地内水系格局相对稳定而禹州平原区水系多变。史前聚落的时空分布依赖于其生业模式及其对地貌类型的偏好,原始型生业模式多依赖具有资源多样性的构造地貌区和较稳定的水系,先进的生业模式倾向于气候地貌区但其发展进程常困扰于多变的水系格局。

第三节讨论了嵩山南北两侧的颍河上中游地区(龙山文化晚期,4.2～4.0 kaB.P.)和双泊河上游地区(新砦时期,4.0～3.8 kaB.P.)、伊河—洛河中游地区(二里头时期,3.8～3.5 kaB.P.)的三个遗址群的地理分布、空间集聚和位序规模。标准差椭圆分析表明，颍河上游聚落群和二里头聚落群的空间集聚特征显著，集聚度分别为 0.34 和 0.66；而新砦聚落群的集聚度仅为 0.04，聚落的扩散特征明显。核密度分析发现，三个聚落群的高密度区域在颍河上游对应王城岗—瓦店地区，在双洎河上游对应新砦—古城寨地区，在伊洛河流域对应二里头—矬李地区。Voronoi 资源域分析表明，从龙山文化晚期到二里头时期聚落的资源域逐渐减小（6.83～0.36 km²），表明生产力水平提高和单位面积的人口容量增加。聚落的位序—规模拟合结果显示，颍河上游聚落和二里头聚落的首位度突出，y 轴截距分别为 4.73、7.0，空间集聚维数为 1.19 和 1.47，表现出大型聚落和小型聚落两极分化的发育特征。从外部限制因素看，地貌、气候和生业经济结构是制约史前聚落的空间格局的主要因素；从内部主观因素看，每个聚落对环境适宜度的感知标准、对人地关系的认知水平，两者均对聚落的空间迁移和周期变化产生深刻影响。

参 考 文 献

[1] 魏兴涛. 中原龙山城址的年代与兴废原因探讨[J]. 华夏考古, 2010, 1：49-60.

[2] 夏商周断代工程专家组. 夏商周断代工程 1996～2000 年阶段成果报告[M]. 北京：世界图书出版公司, 2000.

[3] 北京大学古代文明研究中心, 郑州市文物考古研究所. 河南省新密市新砦遗址 2000 年发掘简报[J]. 文物, 2004 (3)：4-20.

[4] 张俊娜, 夏正楷. 中原地区 4 kaBP 前后异常洪水事件的沉积证据[J]. 地理学报, 2011, 66(5)：685-697.

[5] 国家文物局. 中国文物地图集·河南分册[M]. 北京：文物出版社, 2009.

[6] 地理信息云平台. http://www. gscloud. cn.

[7] Christian E, Peterson, Robert D, Drennan. Communities, settlements, sites and surveys：Regional-scale analysis of prehistoric human interaction[J]. American Antiquity, 2005, 70(1)：5-30.

[8] 滕铭予. 半支箭河中游先秦时期遗址分布的空间考察[J]. 吉林大学社会科学学报, 2009, 49(4)：73-80.

[9] Christian E Peterson, Robert D Drennan. Patterned variation in regional trajectories of community growth[C]//Smith M E, The Comparative Archaeology of Complex Societies. New York：Cambridge University Press, 2012：88-137.

[10] 段天璟. 等级-规模法则在考古区域分析研究中的相关问题[J]. 考古, 2015(4)：108-120.

[11] George K Zipf. Human Behavior and Principle of Least Effort[M]. Cambridge：Harvard University Press, 1949.

[12] Higgs E S, Bita-Finzi C. Prehistoric Economies：A territorial approach. In：Higgs E S (Ed.). Papers in Economic prehistory：studies by members and Associates of BAMRP in the Early History of Agriculture. NewYork：Cambridge University Press, 1972.

[13] 杨丽雯, 张永清. 4 种旱作谷类作物根系发育规律的研究[J]. 中国农业科学, 2011, 44(11)：2244-2251.

[14] 刘莉. 龙山文化墓葬形态研究[J]. 文物季刊, 1999(2)：32-49.

[15] 王震中. 大舜文化与中国早期文明[J]. 南方文物, 2011(1)：131-134.

[16] 郑杰祥. 河南龙山文化分析[J]. 河南大学学报(社会科学版), 1979(4)：35-45.

[17] 沈长云. 从不同文明产生的路径看中国早期的国家形态[J]. 文史哲, 2014(5)：89-94.

[18] 张国硕, 王琼. 史前夏商城址城郭之制分析[J]. 中原文物, 2014(6)：12-16.

[19] 许宏. 公元前2000年：中原大变局的考古学观察[C]//山东大学东方考古研究中心. 东方考古(第9集). 北京：科学出版社, 2012：186-203.

[20] Weiss H, County M A, Wetterstro m W, et al. The genesis and collapse of the third millennium north Mesopotamian civilization[J]. Science, 1993, 261(5124)：995-1003.

[21] Liu F, Feng Z. A dramatic climatic transition at ~4000 cal. yr BP and its cultural responses in Chinese cultural domains[J]. The Holocene, 2012, 22(10)：1181-1197.

[22] 索金星. 中华文明本源初探[M]. 北京：科学出版社, 2014.

[23] 方燕明. 登封王城岗遗址的年代及相关问题探讨[J]. 考古, 2006(9)：16-23.

[24] 河南省文物考古研究所. 禹州瓦店[M]. 北京：世界出版公司, 2004.

[25] 陈晋镳, 武铁山. 华北区区域地层[M]. 武汉：中国地质大学出版社, 1997.

[26] 秦岭, 傅稻镰, 张海. 早期农业聚落的野生食物资源域研究[J]. 第四纪研究, 2010, 30(2)：245-261.

[27] Zhang Hai, Bevan A, Fuller D Q, et al. Archaeobotanical and GIS-based approaches of prehistoric agriculture in the upper Ying River valley, Henan, China[J]. Journal of Archaeology Science, 2010, 37(7)：1480-1489.

[28] 袁靖, 黄蕴平, 杨梦菲, 等. 公元前2500-公元前1500中原地区动物学考古学研究[C]//袁靖主编. 科技考古(第二辑). 北京：科学出版社, 2007：12-34.

[29] 王辉, 张海, 张家富, 等. 河南省禹州瓦店遗址地貌演化及相关问题[J]. 南方文物, 2015(4)：81-87.

[30] 赵春燕, 吕鹏, 袁靖, 等. 河南禹州市瓦店遗址出土动物遗存的元素和锶同位素比值分析[J]. 考古, 2012(11)：89-96.

[31] 冯金良, 崔之久, 朱立平, 等. 夷平面研究评述[J]. 第四纪研究, 2005, 3(1)：1-13.

[32] 黄海军. 嵩山地区夷平面研究与模糊分级统计方法的应用[J]. 河南大学学报, 1990(1)：75-80.

[33] Maddy D, Bridgland D, Westaway R. Uplift-driven valley incision and climate-controlled river terrace development in the Thames Valley, UK[J]. Quaternary International, 2001, 79：113-129.

[34] Codding B F, Jones T L. Environmental productivity predicts migration, demographic, and linguistic patterns in prehistoric California[J]. PNAS, 2013, 110(36)：14569-14573.

[35] 江章华. 成都平原先秦聚落变迁分析[J]. 考古, 2015(4)：67-78.

[36] 张越. 西汉水上游地区先秦聚落选址分析[D]. 郑州：郑州大学, 2018.

[37] 毕硕本, 周浩, 杨鸿儒, 等. 郑洛地区新石器时代聚落的演变及其与环境的关系[J]. 中国科技论文, 2016, 11(21)：2479-2485.

[38] 赵芝荃. 试论二里头文化的源流[J]. 考古学报, 1986(1)：1-10.

[39] 中国社会科学院考古研究所, 郑州市文物考古研究院, 河南大学古代文明研究中心. 河南新密市新砦遗址王嘴西地发掘简报[J]. 考古, 2018(3)：26-43.

［40］鲁鹏,田燕,陈盼盼,等. 环嵩山地区史前聚落分布时空模式研究［J］. 地理学报, 2016, 71(9):
　　　 1629-1639.

［41］闫丽洁,石忆邵,鲁鹏,等. 环嵩山地区史前时期聚落选址与水系关系研究［J］. 地域研究与开
　　　 发, 2017, 36(2):169-174.

［42］国家文物局. 中国文物地图集(河南分册)［M］. 北京:中国地图出版社, 1991.

［43］刘昶,方燕明. 河南禹州瓦店遗址出土植物遗存分析［J］. 南方文物, 2010(4):55-65.

［44］钟华,赵春青,魏继印,等. 河南新密新砦遗址 2014 年浮选结果及分析［J］. 农业考古, 2016(1):
　　　 21-29.

［45］Spencer C J, Yakymchuk C, Ghaznavi M. Visualising data distributions with kernel density estimation
　　　 and reduced chi-squared statistic［J］. Geoscience Frontiers, 2017, 8 (6):1247-1252.

［46］Wang B, Shi W, Miao Z. Confidence analysis of standard deviational ellipse and its extension into higher
　　　 di mensional euclidean space［JB/OL］. PLOS one, 2015:DOI:10.1371/journal. pone. 0118537.

［47］Aurenhammer F. Voronoi diagrams—a survey of a fundamental geometric data structure［J］. ACM Com-
　　　 puting Surveys, 1991, 23(3):345-405.

［48］周书灿. 再论新砦遗址的性质与功能［J］. 中州学刊, 2018(10):110-114.

［49］王青. 豫西北地区龙山文化聚落的控制网络与模式［J］. 考古, 2011(1):60-70.

［50］Sebillard P. Settlement Spatial Organization in Central Plains China during the Period of Transition from
　　　 Late Neolithic to Early Bronze Age (c. 2500-1050 B. C.)［D］. Changchun:Doctoral Thesis of
　　　 Jilin University, 2014.

［51］李中轩,吴国玺,朱诚,等. 4.2 ~ 3.5kaB. P.嵩山南麓聚落的时空特征及其演化模式［J］. 地理学
　　　 报, 2016, 71(9):1640-1652.

［52］Marcott S A, Shakun J D, Clark P U, et al. A reconstruction of regional and global temperature for the
　　　 past 11,300 years［J］. Science, 2013, 339:1198-1201.

［53］Zhang X, Jin L, Chen J, et al. Lagged response of summer precipitation to insolation forcing on the north-
　　　 eastern Tibetan Plateau during the Holocene［JB/OL］. Climate Dyna mics, 2017:doi 10.1007/s00382-
　　　 017-3784-9.

［54］Dong J, Wang Y, Cheng H, et al. A high-resolution stalagmite record of the Holocene East Asian mon-
　　　 soon from Mt Shennongjia, central China［J］. Holocene, 2010, 20(2):257-264.

［55］唐丽雅,李凡,顾万发,等. 龙山—二里头时期环嵩山地区农业演变［J］. 华夏考古, 2019(3):
　　　 58-66.

［56］赵春燕. 嵩山地区二里头文化时期牛和羊来源蠡测［J］. 华夏考古, 2018(6):77-84.

［57］刘莉著,陈星灿,等. 中国新石器时代:迈向早期国家之路［M］. 北京:文物出版社, 2007.

［58］Wilson S M. The Archaeology of the Caribbean［M］. Cambridge:Cambridge University Press, 2007.

［59］Kussell E, Leibler S. Phenotypic diversity, population growth, and information in fluctuating environ-
　　　 ments［J］. Science, 2005, 309:2075-2078.

［60］任式楠. 中国史前农业的发生与发展［J］. 学术探索, 2005(6):110-123.

［61］许宏. 二里头的"中国之最"［J］. 中国文化遗产, 2009(1):50-67.

［62］吴立,朱诚,李枫,等. 江汉平原钟桥遗址地层揭示的史前洪水事件［J］. 地理学报, 2015, 70
　　　 (7):1149-1164.

第七章　嵩山地区新石器晚期的生业特征

第一节　龙山文化晚期嵩山地区的生业结构

史前生业结构和类型是研究新石器时期人地关系的重要枢纽。一方面,生业类型取决于自然环境,如地貌、水系、植被和温湿条件等要素的搭配情况;另一方面,生业活动由社会群体参与和推动,通过生业结构、生业内容和生产工具以及聚落功能分区的研究,可以探究古环境与人类活动的耦合关系。由于新石器时期生产力水平相对低下,史前人类的生产生活受自然环境变迁的影响较为深刻,同时人类活动为适应外部环境的变化通过技术创新和文化创新,渐趋走向文明社会的门槛。因而国内不少学者十分关注史前时期农业生产环境的研究,生业状况研究主要借助植硅石、动物骨骼碳、氮同位素以及炭化种子等指标取得了一系列成果(Lu 等,2006;李小强等,2007;杨晓燕等,2009)。洛阳盆地地处崤山、熊耳山、外方山、邙山之间,伊河、洛河、涧河、瀍河纵贯其中,四季分明、温热适中,自仰韶文化以来一直是我国新石器文化发展的核心地区之一。本节将借助豫西地区新石器遗址的环境考古研究的成果,分析本区史前时期的农业生产环境,探讨环境变迁对新石器晚期农业发展的影响。

一、研究区域概况

研究区域主要是嵩山西北侧的以洛阳盆地为主的豫西地区(见图 7-1),本区地处黄河中游,地形以山地丘陵和山间谷地为主,主要地貌单元有黄河三门峡谷地、渑池盆地、洛阳盆地和伊洛河谷地等,总面积约 2.3×10^4 km^2。该区属于暖温带大陆性季风气候,由于本区海拔大多超过 500 m,北部有中条山为屏障,所以本区气候四季分明、气候适宜,自中全新世以来一直是我国旱作农业集中且发达的地区。据考古文献记录,豫西地区仅仰韶文化遗址和龙山文化的遗址数目就达 762 处,占全省的 45%,表明豫西地区是河南地区新石器环境变迁的理想研究地区。

二、孟津地区的史前生业环境记录(4.2~3.5 kaB.P.)

(一)寺河南剖面的农业环境记录

寺河南剖面位于孟津县城西南 4 km 的寺河南村,属于全新世湖沼沉积地层,该地层含有丰富的孢粉堆积。根据地层测年结果,寺河南剖面第Ⅳ孢粉带年代为 3.0~4.2 kaB.P.(孙雄伟等,2005)。该带以蒿属、禾本科和藜科花粉为主,平均含量分别为 63.6%、21.7% 和 5.3%,有少量毛茛科、菊科和豆科的花粉遗存。蕨类孢子和乔木花粉含量及种

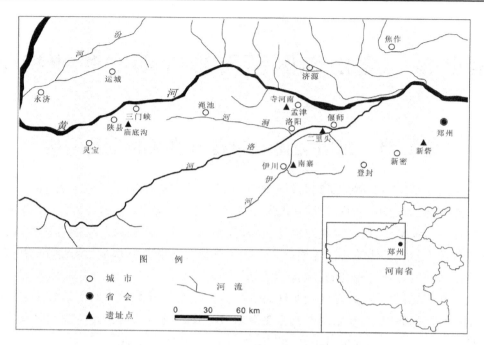

图 7-1　洛阳盆地略图

类都较多。松属花粉含量较高,此外还有桤木属、榆属、枫杨属、胡桃属、栎属、漆属、柳属、桑科等其他科属的乔木花粉。蕨类孢子以水龙骨科和卷柏属等为主,铁线蕨属较少。

其中,4.1~4.2 kaB.P.时期地层的乔木花粉含量较高,平均值达到 6.1%,最高值为 19.7%,以松属为主,此外还有桤木属、鹅耳枥属、榆属、栎属、柳属、漆树属和桑科。蕨类孢子含量也较高,最高值达到 6.3%,主要为卷柏属和水龙骨科,表明本期是温和湿润气候。到了 3.5~4.1 kaB.P.时期,乔木花粉含量较高,但全部为松属花粉,且蕨类孢子零星出现,表明气候开始向干冷方向发展。

此外,寺河南湖泊沉积层的可溶性盐的浓度分布数据也表明,3.75~3.9 kaB.P.时期地层中 Cl^- 含量迅速出现峰值,接近 2 mmol/L, SO_4^{2-} 含量出现高值区振荡, Mg^{2+} 含量明显增加(曹雯等,2008)。表明寺河南古湖泊在 3.9 kaB.P.后的 0.25 ka 年间咸度增加,而此前 0.4 ka 年间湖泊为淡水湖,反映了洛阳盆地 4.2~3.5 kaB.P.时期先暖湿后干凉的气候变化特征。而随后的二里头文化晚期本区又进入新一轮的暖湿气候期。

(二)二里头遗址的农业生产环境记录

根据二里头遗址浮选的植物种子数量对比关系可知(见图 7-2),二里头文化时期(3.9~3.5 kaB.P.)的粟、黍、稻三种作物种子的浮选的绝对数量高于龙山文化时期(本章用王城岗遗址龙山文化地层做对比),但浮选种子的绝对数量因遗址不同而波动。比较而言,用种子的出土概率指标来反映不同遗址古人类农业生产的对象更为客观。二里头遗址粟的出土概率 91%虽然高于王城岗的 37%,却与山西陶寺遗址粟的出土概率 94%接近,黍和大豆的浮选结果与粟类似。出现明显差异的是二里头遗址浮选出的稻谷种子无论在数量和出土概率都远远高于山西陶寺遗址和王城岗遗址。

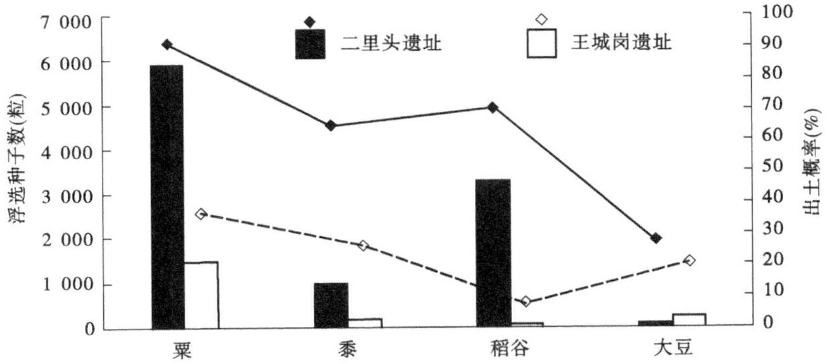

图 7-2　二里头遗址与王城岗遗址地层中植物种子的浮选数量和出土百分率

可以肯定,二里头文化时期(3.9～3.5 kaB.P.)洛阳盆地的主要农作物类型是粟和黍,以旱作农业为主,并且这两类作物的出土概率和绝对数量均高于龙山文化时期。至于二里头遗址浮选出大量的稻谷种子很可能是贸易交换或部落进贡的结果,因为本时期气候以干冷为主要特征,尚不具备稻作农业的生产的水热条件。

通过测试古人类骨骼化石骨胶原中保存的 $\delta^{13}C$、$\delta^{15}N$ 同位素的量度可以揭示古人类摄入食物的类型差异(Drucker 等,2004)。根据偃师二里头遗址和新密新砦遗址出土的骨骼化石 $\delta^{13}C$、$\delta^{15}N$ 同位素测试结果(张雪莲等,2007)(见图 7-3),二里头文化时期人骨样品 $\delta^{13}C$ 平均值为 -9.4‰,对应食谱的 C_4 类植物(玉米、小米和高粱等)和 C_3 类植物(稻米、小麦等)的百分比为 92% 和 8%,$\delta^{15}N$ 平均值为 11.4‰,表明二里头文化时期的人类主要以 C_4 类食物为主,且肉食比重较大。而猪骨样品 $\delta^{13}C$ 平均值为 -10.02‰,对应食谱的 C_4 类植物和 C_3 类植物的百分比为 62% 和 38%,$\delta^{15}N$ 平均值为 7.51‰,草食动物的特征明显。

与二里头遗址相比,龙山文化时期人骨样品 $\delta^{13}C$ 平均值为 -9.76‰(袁靖,2007),对应食谱的 C_4 类植物和 C_3 类植物的百分比约为 80% 和 20%,$\delta^{15}N$ 平均值为 8.62‰,表明动物蛋白在当时的人类食谱中占有一定比例,但不如二里头文化时期高。本时期猪骨样品 $\delta^{13}C$ 平均值为 -11.96‰,其食谱中 C_4 类植物比例可达 83%,C_3 类植物比例约为 17%,表明猪是该时期人工饲养的主要畜型。龙山文化时期猪骨的 $\delta^{15}N$ 平均值为 6.8‰,显然其食物结构已经含有一定量动物蛋白。

此外,从二里头文化时期 C_3 类食物的比例低于龙山文化时期比例可以推断,二里头文化时期的干旱气候不大适合稻作农业的发展。

(三)新砦遗址记录的农业生产环境

河南省新密市的新砦遗址(4.1～3.8 kaB.P.)出土了大量动物化石。化石组合表明,龙山文化时期与先民生活密切的动物主要是田螺、圆顶珠蚌、矛蚌、薄壳丽蚌、多瘤丽蚌、佛耳丽蚌、圆头楔蚌、背瘤丽蚌、鲤科、龟、鳖、雉、豪猪、野兔、狗、黑熊、狗獾猪、斑鹿、獐、黄牛、绵羊等 28 种。其中,无脊椎动物数量有一定比例,猪的数量最多,绵羊、黄牛的数量逐

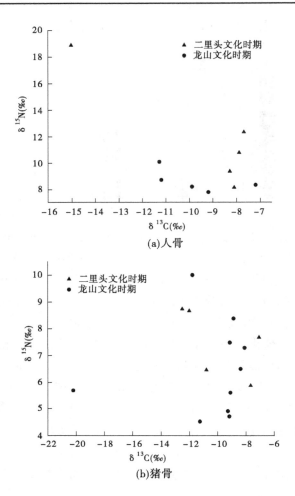

图 7-3　二里头文化时期与龙山文化时期人骨与猪骨 C、N 稳定同位素比较

渐增加（袁靖,2007）。

二里头遗址地层出土的动物种类（袁靖,2007）包括中国圆田螺、洞穴丽蚌、剑状矛蚌、三角帆蚌、文蛤、无齿蚌、拟丽蚌、鱼尾楔蚌、圆顶珠蚌、丽蚌、蚌、鲤鱼、龟、鳖、鳄、雉、鸡、鸥形目、雁、兔、豪猪、鼠、熊、貉、狗、黄鼬、虎、猫科动物、大型食肉动物、小型食肉动物、犀牛、家猪、野猪、麋鹿、梅花鹿、狍子、獐、小型鹿科动物、绵羊、黄牛等。显然,二里头文化时期的先民的食谱里无脊椎动物的数量和比例高于龙山文化时期的陶寺一带,但脊椎动物仍然占主流地位,哺乳动物仍是当时人们食谱的主要内容。

图 7-4 显示,陶寺龙山文化时期和二里头文化时期猪骨骼比例一直处于高值区间,表明家猪的饲养和食用已经趋于常态,牛和羊骨骼可鉴定比例稳定上升,表明家牛、家羊的数量和食用比例不断上升。家狗骨骼的可鉴定比例一直处于低位,可能与当时的主流社会文化背景有关。

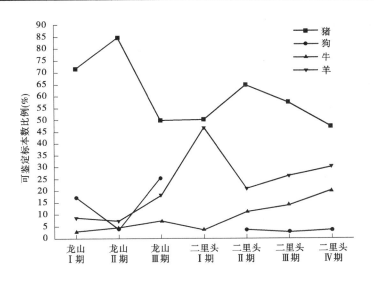

图 7-4 可鉴定的家养动物标本数比例

三、古环境状况分析

(一)孟津地区的自然环境(4.2~3.5 kaB.P.)

孟津寺河南古湖泊地层的孢粉组合和易溶性盐指标显示,洛阳盆地及其周边地区在龙山文化时期(4.2~4.1 kaB.P.)气候温暖湿润,在 4 kaB.P. 降温事件后气候逐渐趋于干冷,二里头文化时期干冷是本区气候的主要特征,但从 3.7 kaB.P. 后气候重新进入暖湿期。据洛阳盆地西缘的渑池池底古湖泊沉积记录(郭志永等,2011),龙山文化期气候亦为暖湿特征。因此,基于寺河南剖面时间跨度,可以得出本期豫西地区气候变迁的序列是:暖湿期(4.2~4.1 kaB.P.)→干冷期(4.0~3.7 kaB.P.)伴随洪水事件→暖湿期(3.7~3.5 kaB.P.),总体趋势与我国东部全新世时期季风进退的大势相似。

(二)孟津地区的农业生产类型(4.2~3.5 kaB.P.)

尽管洛阳盆地及其周边地区的农业种植类型在龙山文化晚期降水量较多,但是豫西地区多为山地丘陵地貌,难以开辟较大面积的稻作农业区,所以本区的主要作物类型便是适合北方耐旱的 C_4 类作物的粟类和黍类,同时稻作农业有一定比重。到了二里头文化时期,降水量减少,气候趋于干旱,史前人类可以借助伊河、洛河、涧河、瀍河的灌溉之利,洛阳盆地一带仍能开展有效的粟类生产,在灌溉便利的沿河平原等地区尚保留部分稻作生产,如伊川的南寨遗址等。因此,无论是陶寺遗址、二里头遗址,还是新砦遗址在数量上最多、出土概率最高的植物作物种子仍是粟类,作为王城的二里头遗址里残存的大量稻粒很可能是非农业生产的结果。这也从侧面证明,二里头文化时期洛阳盆地的暖湿程度比现在要高,这一点在高分辨的 $\delta^{18}O$ 降水记录表现得很清晰。

环境变迁的影响同样在不同时期的遗址出土的驯养动物数量的差异表现出来。猪一直是人们主要的家养动物,但到了二里头文化时期家猪的饲养数量逐渐减少,可能与气候干旱造成的作物减产有关;而适宜干旱气候饲养的牛、羊的数量逐渐增加。狗的饲养数量在二里头文化时期陡然减少可能与当时社会的文化风俗有关,即家狗主要作为一种祭祀品并非主要用于食用(黄蕴平等,1997),同时作物减产也会影响到家狗的饲养数量。

另外,二里头、新砦、陶寺等遗址的人骨、猪骨 C、N 同位素食谱分析结果表明,二里头文化时期的人们可以摄取更多的家养畜类和捕捞水产品营养,反映了当时有较高水平的畜牧业和渔业生产水平,而龙山文化时期的畜牧业水平则相对滞后。

(三)豫西地区的农业生产技术(4.2~3.5 kaB.P.)

龙山文化晚期(4.2~3.9 kaB.P.)至二里头文化时期,磨制石器广泛使用,但二者的形制并无大的差异,区别在于石刀-石镰类工具取代了石斧-石铲类工具。据龙山文化早期的陕县庙底沟遗址出土的石器统计,砍砸器的数量达 2 230 件,而石刀仅有 106 件(中国社科院考古所,1959)。之后的龙山文化晚期,尤其是二里头文化时期石刀-石镰类工具的使用比例高于石斧-石铲类工具(见图 7-5)(社科院考古所,1999),表明用于作物收获的工具使用量大幅增加,从另一方面证明 4.2~3.5 kaB.P.时期洛阳盆地及其周边地区农业生产活动确实有了长足发展。

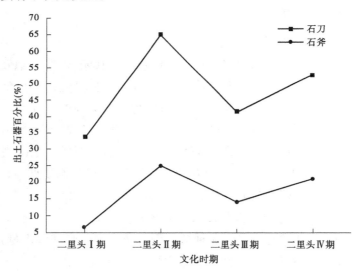

图 7-5　二里头文化时期两类磨制石器出土的比重

值得注意的是,二里头晚期出现了铜质工具,但器型较小而且工艺粗糙。从出土数量推测,铜质工具的使用范围十分有限,尽管在该文化时期内没有大幅提高农业生产率,却是本时期生产力出现显著进步的、有标志意义的事件。

综上所述,4.2~3.5 kaB.P.时期以洛阳盆地为周边的豫西地区古气候特征由暖湿趋于较暖湿状态,但洛阳盆地河流纵横、灌溉便利,气候变迁对于本区的旱作农业的发展影响十分有限。二里头遗址和新砦遗址骨骼化石的 C、N 同位素分析表明,豫西地区本时期农业生产的主要类型以粟、黍为主的旱作农业;龙山文化晚期豫西地区已有稻作农业出现,但二里头文化时期由于降水减少,仅在沿河低地区尚有些许保留。二里头文化时期由于石刀、石镰广泛使用,提高了粟作农业的生产水平,进而促进了畜牧业的发展,人们的营养级得到提高。另外,二里头遗址出土的大量软体动物骨骼化石表明,3.7 kaB.P.以后豫西地区的气候重新进入暖湿期,这与我国东部地区夏季风进退的步调基本一致,预示着下一个农业生产的繁荣期即将到来,并酝酿着新的农业文明。

第二节　新石器晚期颍河上游早期农业的多元化

农业经济结构的复杂化、多元化是史前生业经济在新石器中晚期表现出的一般特征。根据考古种子浮选和分类研究结果,颍河中上游地区在龙山中期开始出现旱作农业基础上的多元化,如大豆和水稻的大规模种植和推广。二里头遗址出土的炭化种子浮选结果表明,二里头文化时期洛阳盆地曾有大量种植水稻的时期,而小麦的引入则极大地丰富了旱作农业区的粮食结构,不仅使本区的生业经济发展跨上新台阶,而且在多元生业经济保证下,二里头地区产生了繁荣的二里头文化,从而成为夏文化的核心都邑。

目前,炭化种子的浮选技术是考古遗址生业经济研究的主要方法。Amesbury 等(2008)用炭化种子揭示的气候变迁特征研究了英国西南部 Dartmoor 青铜时期的人类聚落衰落的原因;Dreslerová 等(2013)利用炭化植物遗存对比分析了捷克东部 Moravia 地区青铜晚期作物生产与当下同农业生产的环境差异。其中,利用炭化种子 $\delta^{15}N$ 含量与炭化环境背景的相互关系可以构建古耕作环境;Kanstrup 等(2012)认为在 300 ℃ 左右的高温加热 2 h,二粒小麦和大麦 $\delta^{15}N$ 值仅有微小变化,Dungait 等(2008)深入探究了炭化豆种子加热过程的挥发物(如酰脂质)的识别方法,有助于深入了解炭化过程对伴随性 $\delta^{13}C$、$\delta^{15}N$ 含量的影响。此外,也有学者用硅基提取法研究了被局部炭化种子的基因序列,为原始农业借助植物残留开展农业结构研究提供了新方法。

国内学者也对炭化种子遗存进行了相关研究:李小强等(2007)用遗址植物遗存讨论了陇东地区中全新世时期的农作物组合特征;赵克良等(2009)用考古遗址出土的炭化粟、黍种子恢复了辽西地区史前农业活动;杨晓燕等(2009)研究了陕西汉阳陵出土的炭化种子,识别了关中地区汉代的主要农作物;杨青(2011)等研究了现代粟、黍种子在炭化过程中表现出的亚显微结构特征,以此来识别考古遗存中炭化种子的形成背景。周新郢等(2011)基于植物种子遗存恢复了甘肃东部新石器时期的农业景观。王祁(2015)等基于种子的炭化实验,测定了种子炭化过程的适宜温度区间。

颍河上游的瓦店、谷水河等地属于嵩山南麓地区旱作农业的集中地区,包括粟、黍等新石器时代生业经济的主打作物类型,同时是史前人类的主要食物种类;旱作农业的耕作模式和覆盖范围成为河南新石器文化的基本框架,而且是史前时期农业气候演变的指示性作物品种。颍河上游的王城岗遗址是登封盆地为数不多的龙山文化晚期大型带城垣的遗址,其地位和价值不言而喻。

一、王城岗地区概况

王城岗遗址(34°32′N,113°10′E)坐落于颍河上游北岸的黄土台地上,西靠八方村,东连告成镇,属于龙山文化晚期文化遗存(见图7-6)。2002～2005年河南考古所参与"中华文明探源工程研究课题:登封告成镇王城岗遗址周围龙山文化遗址调查"等项目,本区发掘的遗址面积大于30 hm²,经北京大学文博学院专家和河南省考古所专家共同鉴定,该聚落剖面地层主要是龙山文化晚期堆积类型,并包含有二里头文化时期、二里岗文化时期和春秋早期地层特色。从地貌区域特征看,王城岗遗址位于颍河北岸的二级阶地面上,遗址北靠黄土岗地,东侧面临五渡河,地势自西北向东南快速降低。王城岗遗址区属温带大陆性气候区,年均降水量约635 mm,年平均气温13.7 ℃。

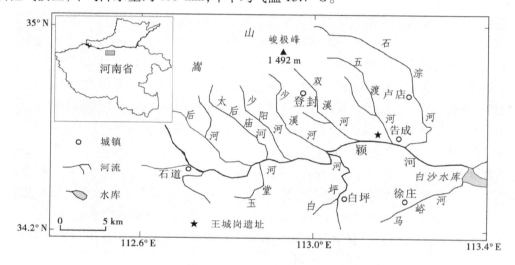

图7-6　王城岗遗址的位置

本节内容拟选取五渡河西岸黄土岗地王城岗文化聚落范围内一处235 cm深的剖面进行综合研究。利用考古发表的文化期地层分界、结合沉积物磁化率变化和文化层颜色特征将其分为6层:0～125 cm为上层耕作地层;125～150 cm为春秋时期的人类活动层,沉积物呈浅棕色,质地疏松,含砂量显著升高,偶可见陶片;150～158 cm为殷墟文化堆积层,呈浅褐色砂土,间有陶片和红烧土屑;158～175 cm是二里岗期文化层形成期(商代早期),这一层土质硬度大,中间夹有钙质结核,黑色有机质含量较高;175～192 cm为二里头文化地层,偶有炭屑和各类陶屑,其间的沉积物为厚层的硬质黄土;192～235 cm是龙山文化晚期的地层沉积,地层呈深褐色,兼有陶片少许分布,红烧土屑和大量炭屑存在。

该遗址地层的文化关系已经清晰、地层叠置图示和地层物理数据采集由考古专家进行多方案讨论划分,并结合本区相关文献(李小强等,2007;赵克良,2009)研究成果,对研究剖面地层进行了粗线条界定。王城岗文化时期的工作序列根据器物形制特征可分为五期。据文献进步获得的(夏商周断代专家组,2000)的结论,王城岗文化的Ⅱ期、Ⅲ期和Ⅳ期的¹⁴C年代为:4 132～4 082 aB.P.、4 090～4 030 aB.P.和4 050～3 985 aB.P.,其他文化阶段的地层由于缺乏可信度较高的测年材料,均为器物定年。

本节采用 5 cm 间隔连续取样法获取剖面的分析样品 22 块。种子浮选和鉴别采用常规酸碱法处理后,进行重液浮和浮选法获取研究的植物种子(22 个样品)并进行花粉的鉴定(关键文化期 15 个样品)、分选和镜下鉴别统计,具体方法见相关文献(李曼玥等,2012)。土壤样品的前处理和镜下鉴定均在河北地质调查局环境地质研究所完成。

二、分析结果

本研究在王城岗遗址共分选样品 22 个,共分选出植物种子 2 387 粒(其中未知属植物种子 590 粒),共 15 个科属。同时,分选了龙山文化晚期、二里头文化时期和二里岗文化时期等重点文化地层的花粉样品 14 个,可鉴定花粉共计 2 019 粒,分属 53 个科属。

(一)种子分选结果

王城岗遗址地层分选出的农作物炭化种子类型为粟、黍、小麦、大豆和水稻。此外,分选出的炭化种子还有禾本科、豆科、藜科、蓼科、苋科、菊科等。上述可鉴别的作物种子中均包含多种杂草类品种,既有田间生长型也有居住区生长型,表明它们和人类的农业生产关系密切。此外,也有其他植物种子存在,如野葡萄、紫苏和酸枣等。各地层种子分布情况如图 7-7 所示。

图 7-7 显示,分选出的炭化种子以粟最多,达 879 粒,主要分布在龙山文化晚期和二里岗文化时期,二者占本类种子的 84.6%。第二多的炭化作物种子是黍和小麦,种子数分别是 76 粒和 79 粒;黍在整个剖面的分布和粟类似,集中于龙山文化晚期和二里岗文化时期,占研究剖面总量的 93.1%。小麦种子相对特殊,总量上和黍接近,但在龙山文化晚期地层和二里头地层缺失,而二里岗文化时期占小麦种子总量的 60.3%。大豆种子分选量为 42 粒,它集中分布于龙山文化晚期地层,占整个剖面的 91%,表明在其他文化地层中大豆含量基本缺失。

王城岗遗址炭化种子的分布序列特征反映了北方旱作农业作物的景观变迁。图 7-7 表明,龙山文化晚期和二里岗文化时期是本区旱作农业的繁盛期,龙山文化晚期的作物组合为粟、黍和大豆,二里岗文化时期的作物组合为粟、黍和小麦。粟-黍-麦分布的高低趋势基本一致,可能与当时的农业环境因子波动有关。剖面中的大豆种子自二里头文化时期后分布趋势弱化,仅归因于土壤、气候因素显得证据不足。

(二)花粉鉴定结果

孢粉鉴定的目标是根据遗址地层的花粉类型鉴别,在同一个时期里把比例最高的花粉所代表的植被群落种类遴选出来,然后根据植被的类型组合及其所代表的气候类型做综合判断,进而推断地层沉积期所处的外界环境特征(见图 7-8)。根据图 7-8,本研究剖面重点考查四个文化期的古环境背景,它们分别是龙山文化晚期、二里头文化期、二里岗文化期和殷墟时代。

龙山文化晚期(Z1 区,地层范围 195~235 cm)共测试了 5 个样品。本区段乔本类花粉比重较高(54.8%),其中温带阔叶类型的乔木花粉量占 31.9%,含有桦属、栎科、鹅耳枥

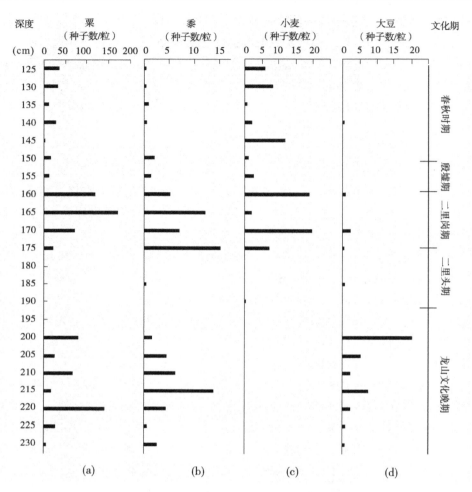

图 7-7　王城岗遗址重要文化地层的主要植物种子

属、柳属等;针叶类乔本花粉为 12.6%,核心类型是铁杉属(1.7%)和松属(9.3%)。灌木类占全部花粉数量的 2.1%,主要类型有木樨和蔷薇等。本遗址中的草本类花粉占 42.6%,其中藜科占主体,并含有葎草属、莎草科、蒿属等类型。综合植被景观显示为落叶阔叶林为主的针阔混交的稀树草原,代表了暖干的气候特征。

　　二里头文化期(Z2 区,地层范围 180～190 cm)共鉴别 3 个花粉样品。该层位乔木花粉量占本层位花粉总数的 46.5%。而针叶类花粉仅占到总量的 10.6%,其中松属占6.8%、铁杉属 1.3%、杉属 0.8%;阔叶植被花粉占 36.2% 而且主要是落叶阔树种,如胡桃属、桦属、落叶栎、榆属、榛属、鹅耳枥属等。常绿栎类乔本占 3.5%,其比例稍有降低,楝属、无患子、芸香属等偶有出现。灌木类种属占本层位总量的 2.8%,包括绣线菊属、蔷薇科等;草本类植物花粉占本层位花粉总量的 46.6%,类型包括中旱生类(18.6%):葎草属、禾本科、蒿属、莎草科、大戟科、藜属等。以上这些组成了落阔混交的干草原,反映了干凉的气候特征。

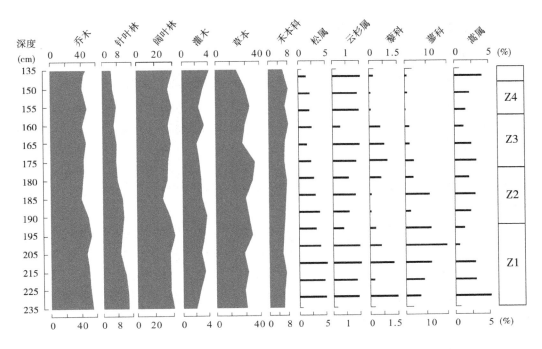

图 7-8　王城岗剖面文化地层中植物花粉比例分布

　　二里岗文化期(Z3 区,160～175 cm 地层)分选花粉样品 3 个。该地层中乔本植物花粉量占 41.7%,比二里头文化期有明显下降,其中针叶林花粉继续降低为 6.6%(松属 3.9%,云杉属 1.6%),落叶阔叶类占 29.9%,主要是榛属、落叶栎、榆属、胡桃属、鹅耳枥属等。草本类花粉上升至 55.2%,其中旱生植被达 18.9%,主要类型是禾本科、蒿属、葎草属和苦苣苔属等;菊科、地榆属、藜科等类型也有一定增加,表现为干凉程度加深的针阔混交、阔叶为主的干草原景观。

　　殷墟时期(Z4 区,140～160 cm 地层)分选花粉样品 2 个。本区段乔木类花粉占 46.4%,较二里岗文化时期有明显升高,其中针叶类花粉为 8.1%,主要是松属和云杉属;阔叶类植被(40.2%)主要是落叶栎、榆属、胡桃树和桦属等。灌木类花粉占 2.9%,主要是蔷薇科、绣线菊科、胡秃子科等。本带的特征是喜湿类草本植物花粉增加至 32.7%,主要类型是莎草科、禾本科、蒿属、十字花科、大戟科、香蒲科等,反映了当时为针阔混交、落叶阔叶林草原景观,气候较二里岗文化时期湿润。

　　春秋时期(130～135 mm 地层)分选花粉样品 1 个。本期乔本植物花粉占 45.1%,针叶类植被花粉比例降低,阔叶类植被份额稍有增加。阔叶树花粉有落叶栎(6.4%)、常绿栎(6.1%)、胡桃属(3.3%)、鹅耳枥属(3.2%)。灌木仍以蔷薇科和木樨科为主。草本植物花粉降至 26.7%,主要植被类型有莎草科、禾本科、蒿属等。本带的蕨类植物孢子比例占分选花粉总量的 23.8%,主要是水龙骨科以及单缝孢,反映了相对暖湿的气候背景。

三、颖河上游的农业环境

(一)颖河上游早期农业与气候变迁关系

王城岗遗址地层花粉图谱(见图7-8)显示,龙山文化晚期(约4.2 kaB.P.)至二里岗文化时期(3.3~3.6 kaB.P.)乔本植物花粉比例从54.8%降低到41.7%,草本植物花粉比重从43.5%增加至55.2%,而且旱生植物比重接近20%,气候由暖干向凉干演化。因此,干旱程度的不断加深成为颖河上游旱作农业的重要限制因子。殷墟至春秋时期本区气候有明显的暖湿转向,但种子分选结果表明粟、黍始终是本区早期农业的主导。神农架三宝洞石笋δ^{18}O含量曲线表明(Dong等,2010),距今四千年后δ^{18}O含量在−9.8‰附近振荡走低,气候的干旱趋势与图7-8结论基本一致。

本节用分选种子数的标准化系数(NI;某期种子数/整个剖面同类种子极值差)描述主要作物种子随时间的波动。为与同时期降水量做对比,我们借用山西宁武管涔山公海湖沉积层恢复的北方地区降水曲线[见图7-9(e)]。图7-9显示,距今四千年前后的龙山文化晚期粟、黍和大豆的NI值存在峰值;二里岗中晚期(3.3~3.5 kaB.P.)粟、黍和小麦的NI值均处于高值区间,且两个时期均对应多雨区间,显示旱作农业对降水量的显著依赖。

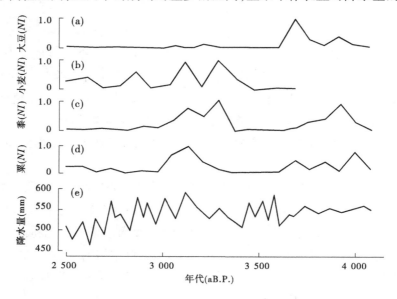

图7-9　王城岗剖面作物种子标准化系数与北方地区降水量对比

从不同作物的对比关系看,粟/黍比值始终居于高位,显示粟的主导地位(见表7-1),但二里头文化时期粟的地位下降。稻/粟比表明,尽管稻的农业地位较低,但整体趋势是缓慢增加的,表明稻米种植仍是颖河上游史前农业的重要元素;但抗寒性较好的大豆比重连续下降值得关注。旱生草本比重的增加趋势再次印证了颖河上游区距今四千年的气候背景。

表 7-1　颍河上游地区龙山文化时期与二里头文化时期作物种子的相对数量

遗址名称	文化时期	稻/粟	粟/黍	湿生草本 (%)	旱生草本 (%)	大豆 (%)	野果 (%)
王城岗	龙山	0.007 4	1.657 5	0.001 2	0.010 4	0.092 7	0
陈窑	龙山	0.733 8	29.000 3	0.005 5	0.268 0	0	0
油坊头	龙山	0.036 1	6.101 8	0.005 9	0.364 2	0.019 1	0.002 9
西畈店	二里头	0.051 5	16.510 7	0.059 2	0.400 7	0	0

(二)龙山文化晚期原始农业的复杂化

自仰韶文化中后期,颍河上游原始农业的复杂化进程业已开始;进入龙山文化后,随着东西文化交流频繁,农业复杂化程度更加深刻。仰韶文化时期的北方地区普遍较龙山文化后期暖湿,除了粟、黍作物外还有稻的种植,并夹有枣、桃、山楂等果实采摘活动。王城岗剖面的二里头晚期地层出现了小麦种子,数量达到 79 粒,和黍的分选数基本一致,表明早期农业的多样化进入一个新时期。研究表明,小麦根系在根干、根长、根幅等参数与本区传统旱生作物粟、黍十分接近,具有耐旱、高产、适应性强等特征,与北方地区的气候、土质、地貌等环境因子十分契合。

稻谷种子在王城岗遗址地层也有遗存,且集中于二里岗文化时期(30 粒)和龙山文化晚期(17 粒)。从分布阶段看,与粟、黍、黍亚科、豆科分布一致(表 7-2),因此可以认为王城岗地区在龙山文化晚期和二里岗文化时期是早期旱作农业的高峰期,而二里岗文化时期则更为突出。数据显示二里头文化时期的种子遗存很少,可能与聚集地迁徙或自然灾害影响有关。

表 7-2　王城岗剖面地层分选种子的类型与数量分布

文化层	稻	黍亚科	豆科	藜科	蓼科
春秋时期	1	16	9	6	1
殷墟时期	1	11	10	0	0
二里岗文化时期	30	329	82	0	2
二里头文化时期	0	1	0	0	0
龙山文化晚期	17	252	21	10	0

　　王城岗地区的生业经济的多样性特征在龙山文化晚期就已经非常突出。粟、黍、稻、豆是传统农作物,同时在该遗址还发现有藜属、蓼属等传统类型以外的作物类型,如高粱属于黍亚科作物,在当时社会的食谱中地位重要。另外,还有稗子、豌豆、豇豆等或者是驯养业的饲料或者是人们的副食,而且藜科的菠菜和猪毛菜等也是当时先民的主要食物来源。从这个角度看当时的农业生产已经相当多样化,为夏代文明的形成发展打下了良好的物质条件基础。另外,从文化地层浮选出的种子还有荞麦等作物类型,大大缓解了因人口增加带来的食品需求的压力。可见,龙山文化晚期的农业多样化和复杂化是新石器文化最重要的特征之一,是嵩山南麓地区社会经济和文化发展的核心动力。

(三)早期农业对生态景观的影响

　　从图7-8孢粉鉴别图可见,王城岗地区由于生业经济的大范围干扰和农作物的种植活动导致本区的在仰韶文化晚期的常绿落叶混交林景观变为落叶乔木与灌木混交的暖温带高灌丛景观。孢粉鉴别图谱表明,王城岗剖面的孢粉中乔木花粉的比重仅为41.3%,按时间从早到晚呈下降趋势。针叶林类花粉的含量为8.4%,而且仍是减少趋势;落叶栎属的划分占比7.6%。此外,还有榛属、榆属等乔木类型但比例非常低。而草本类植物如藜、蒿等类型的比重和变化与乔本类相反,在龙山文化晚期和二里头文化时期出现了高峰比例,达到了历史峰值26.1%。而在之后的二里头期末二里岗初期,草本类花粉再次升高,其中禾本类花粉含量在6.8%以上并持续上升,应是气候变干的基本标志。

　　王城岗地区的植被景观的变迁不仅是气候演变的结果,更是人类活动干扰的结果。对比当代登封地区的植被结构可以发现,当下乔木类花粉比例最高的植物是:松(27.5%)、栎(11.6%)、桦(6.2%)、榛(3.2%)等,但是本遗址剖面的松属花粉比重仅为3.7%,从数据上看,遗址出土的植物遗存的花粉类型和比例都存在较大差距。另据源于该遗址下游40 km的禹州市瓦店遗址植物遗存的鉴别结果,瓦店一带的主要植被类型有栎属、竹属、山毛榉等类型,属于暖温带落叶阔叶林景观。对比发现,龙山文化晚期农业经济的快速发展对颍河上游地区的植被景观造成了显著的破坏,相对均质的常绿-落阔混交林退化为暖温带杂林景观。图7-8花粉曲线表明,在Z2、Z3、Z4四个时段中的禾本类花粉高值与松属花粉比例的低值相对应,暗示龙山文化时期的旱作农业大发展以当地的植被退化为代价。

(四)早期农业的人口承载容量

　　王城岗剖面地层种子分选结果显示,龙山文化晚期至二里岗文化时期颍河上游一带以粟、黍、小麦为主要生业经济内容。生产力有了很大提高,其生产工具有石刀、石镰、石铲、木耒等,表明当时的农业生产力水平较低。根据相关研究,石器农业时期的作物产量约为540 kg/hm²,土地的人口容量仅为12人/km²。距今四千年降温事件以后,和华北大部一样颍河上游地区气候转为干凉,对旱作农业有一定程度的影响,然而随着人口的增加粮食需求不断提高,因此毁林种田的人类活动愈发突出。大约二里头文化时期,小麦从甘肃一带传入中原地区,丰富了本区的粮食结构。此外,家畜养殖业快速发展进一步巩固了龙山文化晚期到二里头文化时期嵩山南麓人类社会的可持续发展。

四、主要认识

基于王城岗遗址地层重液浮选出的植物孢粉遗存鉴别结果,本节重点讨论了龙山文化晚期至二里头文化时期植被组合和对应的气候变迁特征。结果显示,王城岗地区在龙山文化晚期时代(约 4.2 kaB.P.)到二里岗文化时期(3.2～3.6 kaB.P.)的气候日益干旱(年平均气温仍高于当代 1～1.5 ℃)。本区早期的植物景观是以松、桦、栎为主要乔木类和藜科、蓼科等为主要草本组合的半干旱杂林植被景观。而旱作农业以黍、粟、稻、麦、豆为主类型,研究时段内以二里岗文化时期的农业活动最为活跃,其特征是:

进入二里头文化时期以后,有一个降水量比较高的时段,到了二里岗文化时期降水量和气温组合仍然较好。当时有粟、黍、稻、豆等作物类型,从出土的种子数量达到最高的近三万粒表明当时的农业生产气候特征非常适宜。此外,王城岗地层浮选出的其他作物种子还有其他黍类、豆属、藜科和蓼科等,证明了登封地区在龙山文化晚期至二里岗文化时期生业经济的复杂性。与此同时,出于人口不断增长的压力和旱作农业对当时人口承载力有限的原因,颍河上游一带的原始森林被大面积开辟为农田,以栎、榆、桦为优势种的落叶阔叶林景观受到深度破坏,主要表现为松属花粉比重较低,鉴别出的栎属、竹属等植被类型的炭屑比例较高。因此,嵩山南麓地区在龙山文化晚期的旱作农业的多元化方向既是干旱气候压迫的结果,也是不断增加的人口压力驱动的结果。到了二里头文化中期,小麦从中亚地区经甘肃引入到中原地区则是本区农业经济多元化的标志性转折,为本区率先跨入文明社会创造了物质条件。

第三节　颍河上游的地貌过程对生业结构的影响

新石器聚落的地貌区位与旧石器时期的最大区别是人们开始大规模集聚于平原区和濒水地貌区,驱动力是不断增长的发展农业的要求。从仰韶文化晚期开始农业逐渐成为史前生业的主体,追求农业发展前提下的环境改造意识的确立是人地关系发展历史的思想转折点。

国外学者很早就关注史前聚落与地貌关系的研究并重点关注三个方面:①聚落区位的环境要素与生业类型结构的匹配关系;②地貌环境支配下的区域聚落格局;③地貌变迁对聚落分布影响的数字模拟。如 Garrard 等(1994)研究了约旦 Azraq 地区的史前聚落选址特征,认为玄武岩河谷阶地的史前聚落与其石器加工业取向相关。Laylander(1997)发现美国 San Diego 县史前聚落的区位选址存在差异:采集型聚落偏爱河谷两岸的高地而农业型聚落则集中于河谷低地。Briuer 等(1990)则强调用数字模拟方法恢复聚落在土地利用和聚落分布的时空变迁,以便研究聚落土地利用内容和方式的变化对聚落分布的影响。也有学者关注古代聚落社会的水资源管理机制和社区组织方式对可持续发展的积极作用。2012 年 Santa Fe 学院论坛认为,聚落考古研究应基于社会的可持续发展视角考查聚落地貌对环境变迁的适应弹性、生业结构的可持续性以及导致聚落衰亡的环境外因。同时,自然-人文双重因素影响下的聚落地貌景观变迁研究开始活跃。

国内学者重视聚落遗址的微地貌环境解构和地貌环境时空变迁对聚落社会发展的影响,注意到史前人类在聚落选址时对地貌因子随时代变迁存在差异,关注空间尺度差异和生业结构变迁对史前聚落选址的约束机制(莫多闻等,1996)。近年来,有学者(杨晓燕等,2004)把目光从聚落社会被动地适应自然环境转向主动地规划和利用环境是史前聚落研究在思路的重要转型,研究史前聚落社会对地貌环境的规划和利用模式不仅可以了解新石器时期人类参与和干扰地貌环境过程的机制,而且可以为当代社会可持续发展提供借鉴。颍河上游地区是河南新石器文化的核心分布区之一,其中龙山文化晚期的大型聚落曾一度繁荣(刘莉,2007),具有竞争性质的聚落群有王城岗、瓦店、古城寨、郝家台、太仆等十余个。原始农业自仰韶文化晚期以后成为史前生业结构的主要成分,农业活动既受自然环境变迁的制约,又是人类改造环境的媒介,因而史前农业的类型和结构分析成为聚落环境研究的一面镜子。因此,本节内容在恢复颍河上游地区新石器环境变迁的基础上,基于本区龙山文化时期农业类型特征尝试讨论颍河上游文化阶地的形成及其地貌变迁对本区新石器文化的影响。

一、区域背景与研究方法

(一)区域地理背景

颍河上游流经登封盆地和禹州平原两个地貌单元(见图7-10),登封盆地构造基底始于燕山运动,经数次抬升和夷平后至早更新世(Q_1)的构造抬升形成当下的地貌格局。登封盆地南部为颍河冲积的平原谷地,北部为颍河支流下切嵩山南麓洪积台地形成的南北向岗地。另据盆地东缘缺少早中更新世地层特征判断,颍河水系自下游向上游溯源侵蚀后袭夺登封盆地水系而成。颍河流出登封盆地即为开阔的禹州平原,该平原由山前洪积扇和颍河冲积扇组成,上部为全新世冲积层,其下伏数十米厚冰积层,而且平原岗和外围丘陵地多覆有厚度不等的次生黄土。

(二)材料与方法

除开展野外地貌调研和区域地貌分析外,我们分别在禹州瓦店遗址区(龙山文化)、登封王城岗遗址区(龙山文化、二里头文化)和浅井镇(自然堆积剖面)开挖样品进行磁化率、粒度和常量元素含量测试,以获取本区新石器时期古环境变迁特征参数,为综合分析颍河上游地区古地貌特征做准备。

磁化率测定和粒度的测定见前文叙述。

元素含量测定:将风干的土壤样品剔除砾石、木屑、动植物残体等异物,之后过筛分选,然后将20 g样品装入干净的样品盒进行上机测定,获取金属元素含量数据。测试仪器为美国产Thermo Scientific Niton XL3型金属元素分析仪。

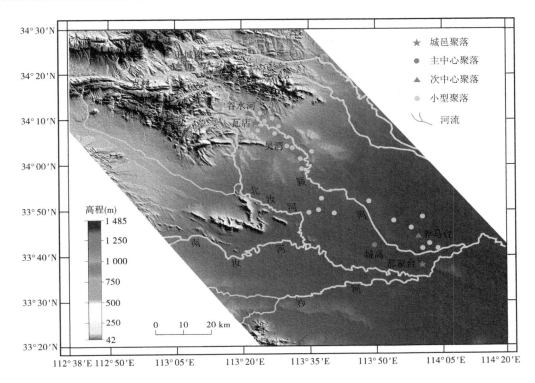

图 7-10　颍河上游地区及龙山文化时期主要聚落分布

二、颍河上游新石器聚落的地貌与区位特征

根据研究区的地貌差异,颍河上游地区可以分为登封盆地和禹州平原,对应地貌区的史前聚落可定性为封闭型和开放型两个类型。本区的史前聚落主要分四个文化期(国家文物局,2009;严文明,1987):裴李岗文化聚落(5 处,8.5~7.0 kaB.P.)、仰韶文化聚落(11 处,7.0~5.0 kaB.P.)、龙山文化聚落(27 处,5.0~4.0 kaB.P.)以及二里头文化聚落(5 处,4.0~3.6 kaB.P.)。

(一)盆地聚落(封闭型)的地貌特征

登封盆地内的裴李岗时期聚落是典型的岗地聚落,该期的生业经济以采集和渔猎为主,聚落选址偏向于资源丰富的高亢黄土岗地。根据实地勘测和先前文献(李中轩等,2016),告成镇双庙遗址(海拔 292 m)和王城岗遗址(海拔 270 m)、唐庄乡向阳遗址(海拔 394 m),遗址所在岗地坡度为 1.5°~3°、坡向多为 90°~180°,近冲沟水源,地表土壤类型为亚砂质壤土。仰韶文化期和龙山文化期聚落均分布于颍河及其支流沿岸的二级阶地上,地势平缓,土壤肥沃:66%的聚落所在海拔<280 m,32%的聚落坡向集中于 180°~270°的地貌区。阶地面坡度大多小于 1.8°,耕作层大于 60 cm,土壤类型为粉砂黏质壤土。二里头文化时期聚落在登封盆地仅有 3 处,即王城岗、程窑和玉村,它们都位于颍河左岸的二级阶地上,背岗临河,地势和缓,便于耕作。

（二）平原聚落（开放型）的地貌特征

禹州平原由箕山和具茨山的山前洪积扇和颍河冲积扇组成，南北两侧的洪积扇上均有类黄土状风尘堆积，经流水切割形成黄土台地；本区地势自西北向东南降落，从白沙水库向禹州市区地势逐渐开阔，谷地平原最宽约 13.2 km，平均海拔约 140 m。本区的史前聚落集中于禹州市区附近的颍河两岸的二级阶地上，其中以龙山文化时期聚落最多（11处），其次是仰韶文化时期聚落（5 处），裴李岗聚落（1 处，枣王）和二里头聚落（1 处，阎寨）最少。禹州平原在早中全新世以流水堆积为主并间有黄土状风尘堆积，二级阶地面多为潮褐土和棕壤，坡度小于 1.6°，可耕土层厚大于 35 cm，作物可利用地下水埋深小于150 cm，利于旱作农业。

（三）两类聚落的区位特征

登封盆地的聚落数目（30 处）多于禹州平原区（18 处），从仰韶文化期到龙山文化期史前人类对聚落选址的偏好渐趋一致。盆地聚落偏好于颍河左岸，而平原聚落则集中于右岸，与颍河两岸的支流数量高度相关，即支流数多的一侧聚落也多。显然，仰韶文化期和龙山文化期聚落选址偏好于河口（支流与干流交汇处）阶地，如本区的王城岗、袁村遗址等。另外，龙山文化期聚落在平原区的选址偏好是河曲阶地，即倾向于河流环抱的地貌区位，如本区的瓦店遗址、褚河吴湾遗址等。这两类聚落的共性是：两面临河，既利于灌溉发展农业又便于防御外部入侵，因而这两类聚落在仰韶文化时期占比 45%，在龙山文化时期上升至 74%。从地貌单元区位看，登封盆地在地貌上相对封闭，其间的聚落文化相对单一保守；而禹州平原区聚落与淮河下游的大汶口文化，南阳盆地的屈家岭、石家河文化有广泛联系，多元文化的融合为本区先民发展农业生产提供了更多的区位选择方案。

（四）两类聚落的集聚特征

Batty（2008）认为，一个地理单元内的聚落点的衍生及其空间演化按照分形几何体生长模式展开。鉴于王城岗和瓦店分别是登封盆地和禹州平原在龙山文化晚期的城邑聚落，故本节将其作为两个地理单元聚落的几何重心，用其他聚落与之距离的几何平均值的累加值（R_i）和聚落数目（N）作为测算两个地理单元内聚落集聚度的指标。同时，由于禹州平原区在裴李岗文化时期、仰韶文化时期和二里头文化时期聚落数较少，仅对龙山文化时期两地的聚落集聚维数进行对比（见图 7-11）。

从分维几何角度看，史前聚落的空间分布可视为维数为 D 的点集集合，如果 $D<2$ 则表明聚落密度分布由几何重心向外围衰减。图 7-11 显示，$D_{登封盆地}=0.5774<D_{禹州平原}=0.5877$，表明两地聚落均有向心特征（$D<1$）。同时，集聚维数大小对应点集在空间的覆盖范围。因而，登封盆地聚落群的集聚维数较小，覆盖范围较小，而聚落数量多，表明重心聚落对近邻聚落的影响力较大，集聚度较高；而禹州平原的外围聚落集聚维数较大且聚落数量少，表现出聚落分布较分散的几何特征。可见，封闭型聚落群的向心力高于开放型聚落，这可能与文化的单一性和多元性特征相关。

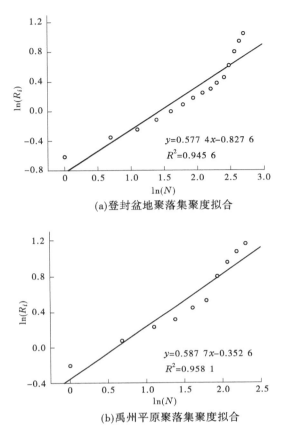

(a)登封盆地聚落集聚度拟合

(b)禹州平原聚落集聚度拟合

图 7-11　登封盆地聚落区和禹州平原聚落区在龙山文化期的集聚维数

三、颍河上游新石器时期的气候特征

(一)禹州浅井剖面的古环境记录

禹州市浅井乡附近的一处露头深度为 168 cm 黄土剖面,共获取测试样品 53 个。该剖面的结构特征是:①表土层(0~30 cm),富含植物根系和昆虫洞穴;②类黄土层(30~78 cm),粉砂含量 15%~20% 呈灰黄色,质地疏松,偶见蜗牛壳体;③古土壤层(78~129 cm),土层为棕灰色块状硬质土,间有多条不规则炭黑色条带和直径为 1~3 mm 的炭屑;④次生黄土层(129~168 cm),有显著的风积特征并间有卵石,该层呈浅黄色硬质土,粉砂质含量约 20%,剖面底部有 3~7 mm 厚的不连续钙质淋溶层。对比 Huang 等对渭河上游黄土剖面地层的全新世黄土和古土壤地层划分和年代的对应关系,结合全新世气候变迁和新石器文化的阶地特征,本节勾画出了浅井剖面地层的年代框架,如图 7-12 所示。

土壤磁化率反映成壤过程中铁磁矿物(如磁铁矿[Fe_3O_4]、赤铁矿[Fe_2O_3]等)的集聚程度并与土壤粒级和沉积动力相关联,而低频磁化率常用于表征土壤的成壤强度,因而磁化率成为黄土环境研究的常用指标。图 7-12 显示,浅井剖面的低频磁化率有两个峰值区

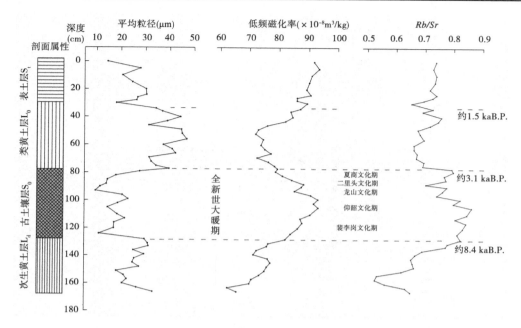

图 7-12　浅井剖面地层的古环境指标

间,即古土壤层(S_0)为($72.5 \sim 93.3$)$\times 10^{-8}$ m^3/kg,表土层(S_t)($87.1 \sim 93.5$)$\times 10^{-8}$ m^3/kg,指示两个成壤环境的适宜期,即该地层有黏土矿物的生成和有机物含量的提高。相反,两个磁化率低值区间则指示干冷环境下的类黄土堆积期。对应地,由于冬季风较弱,地层堆积物搬运动力弱和化学风化占主导,粒径在适宜的成壤环境中平均粒径(古土壤层:$9.8 \sim 20.5$ μm)小于全新世晚期的类黄土层 L_0($20.7 \sim 28.5$ μm)。由于 Rb、Sr 在地表过程中的化学活性的显著差异,常用 Rb/Sr 比值指示夏季风的强度和黄土成分的淋溶程度。图 7-12 中古土壤层的 Rb/Sr 均值为 0.79,而黄土层(L_0)Rb/Sr 均值为 0.65,表明古土壤层淋溶作用较强,Sr^{2+} 流失量大。

从图 7-12 磁化率和 Rb/Sr 值的曲线变化可见,禹州一带在古土壤地层(全新世大暖期)形成时期属于 Sr^{2+} 大量淋失过程,对应温暖多雨气候。根据古土壤层与新石器文化的对应序列可知,仰韶文化期气候温暖湿润,龙山文化期成壤条件恶化,气温下降降水减少,二里头文化期的气温和降水条件稍有提高。秦小光等(2015)研究了颍河支流北汝河流域的全新世黄土剖面,认为本区在仰韶文化早期气候偏干,晚期暖湿,而龙山文化时期则冬季风逐渐盛行气候开始向干冷方向过渡。该结论与图 7-12 中 Rb/Sr 曲线和磁化率曲线反映的古环境特征基本一致。

（二）我国东部地区全新世气候波动

我国新石器时代的气候特征与全新世大暖期($8.4 \sim 3.0$ kaB.P.)相吻合,但地域差异十分明显。无论是古里雅冰芯、金川泥炭纤维素氧同位素数据,还是孢粉古环境指标所捕捉到的我国东部地区的大暖期的起始年代均有出入,但我国东部地区在早、中全新世经历的引起新石器文化变迁的三次降温事件在上述古环境记录中均有体现。

颍河上游地区的新石器文化的起讫年代为：裴李岗文化(8.5~7.0 kaB.P.)、二里头文化(4.0~3.6 kaB.P.)，持续期同样与全新世大暖期基本吻合。为了更加清晰地把握新石器时期古气候的波动特征，本节借助格陵兰冰芯的高分辨古环境记录进行讨论(见图7-13)：对比图7-13中$\delta^{18}O$含量和K^+浓度曲线可见，全新世早中期从冷到暖过渡的气候变化的时间节点分别是：10.4 kaB.P.、8.2 kaB.P.、5.2 kaB.P.、3.0 kaB.P.。它分别对应我国全新世早期气候波动的开始、全新世大暖期开始、大暖期强度减弱和大暖期结束四个重要时间节点，同时与本区新石器文化的时间节点基本一致。

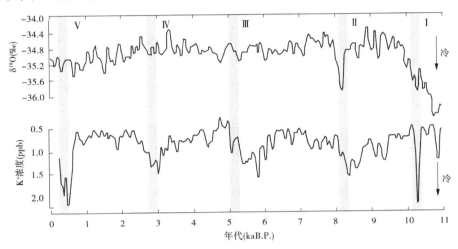

图7-13　格陵兰冰芯记录的全新世古气候变迁(Mayewski P A 等,2004)

四、河流地貌变迁与龙山聚落兴衰

(一) 河流地貌对气候波动的响应

1909年，Penck在研究阿尔卑斯地区的冰碛地貌时提出阿尔卑斯山地区河流阶地形成于间冰期的流水侵蚀过程之后，河流阶地对大尺度气候波动的响应研究渐成体系。研究表明，无论在构造抬升区还是构造沉陷区，气候变迁的旋回周期是引起河流侧蚀和下切的主要因素。同时，千年尺度的气候变迁对浅山丘陵和平原的河流阶地形成有深刻影响，如祁连山东段全新世的多级阶地的形成年代与全新世大暖期有较好的对应关系。Vandenberghe(2002)认为，因气候变迁导致植被覆盖、河川径流和地层风化等因素的变化是气候作用于河流地貌的基本机制，并建立了气候波动与河流地貌过程的互动模式。该模式认为，从温暖期到寒冷期河谷从单河道向辫状多河道过渡，河流作用以侧蚀为主题，温暖期形成的河流阶地往往被破坏，以至于多数全新世形成的阶地连续性较差。同时，全新世时期在丘陵平原区形成的河流阶地年代较新，构造抬升的影响远不如更新世以前形成的阶地，因而气候因素对河流过程起主导控制作用(Hetzel 等,2006)。颍河上游地区属于浅山丘陵-平原地区，而且新石器时代的始末分别与全新世初期和中期的全球性气候变迁事件相衔接，故基于地貌-气候控制理论可以概略解释颍河上游的河流地貌过程。

（二）颍河文化阶地的形成与河流地貌演变

格陵兰冰芯古环境记录表明（见图 7-13），$\delta^{18}O$ 含量在 10.8~10.0 kaB.P.快速增加，属于晚更新世寒冷期向全新世暖期的过渡阶段，河流作用表现为下切侵蚀，考虑到颍河上游二级阶地堆积层为晚更新世类黄土层（李正信等，1987），可推知本区二级阶地形成年代为 10.4 kaB.P.前后。该过渡期持续约 0.8 ka，河流下切幅度大，影响范围广，颍河从此结束泛滥堆积，拓展河谷的地貌过程，为新石器文化聚落的繁衍生息开辟了崭新的地理空间。

图 7-13 显示，进入全新世大暖期后，仍存在 8.2~8.8 kaB.P.、5.2~5.6 kaB.P.等两个显著冷期（平均气温仍高于现代）。两次显著的气候冷暖过渡时期必然导致河流的反馈作用，即河流的下切侵蚀（冷期→暖期）和河流侧蚀（暖期→冷期）的交替过程。实地勘查表明，王城岗遗址、瓦店遗址所在的一、二级阶地为内叠阶地，表明全新世以来颍河的下切过程和侧蚀过程的幅度有限，先前形成的一级阶地往往被后来的河流侧蚀过程所破坏。

图 7-14 示意了颍河上游河流阶地变迁与本区生业经济结构和聚落变迁的基本过程：阶段（a）是冰后期到全新世的过渡期，河流开始下切侵蚀颍河上游一级阶地 T1（现今是二级阶地）的形成既开启了新的地文周期，也是该区新石器文化的初创时期。本期史前聚落以迁徙型聚落为主，采集和渔猎为先民的主要生业。进入仰韶文化时期后（阶段 b）气候处于全新世大暖期的适宜期，但气候波动导致的河流下切与侧蚀作用使得本期有新阶地的形成，也有阶地的破坏。本期农业已经逐渐成为先民的主导生业，定居型聚落开始普遍。到了龙山文化时期（阶段 c）气候渐趋干旱，径流量减小，颍河河床开始淤积并逐渐抬升，河漫滩与一级阶地面的高差仅有 2 m 上下，非常利于引水灌溉。颍河上游该期的稻作

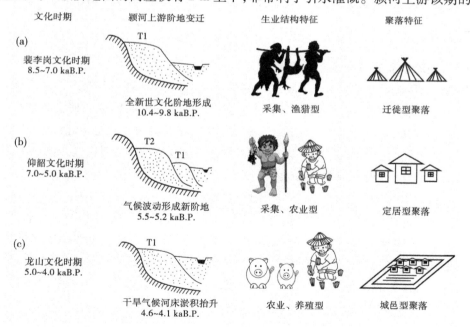

文化时期	颍河上游阶地变迁	生业结构特征	聚落特征

（a）裴李岗文化时期 8.5~7.0 kaB.P.　　T1　　全新世文化阶地形成 10.4~9.8 kaB.P.　　采集、渔猎型　　迁徙型聚落

（b）仰韶文化时期 7.0~5.0 kaB.P.　　T2　T1　　气候波动形成新阶地 5.5~5.2 kaB.P.　　采集、农业型　　定居型聚落

（c）龙山文化时期 5.0~4.0 kaB.P.　　T1　　干旱气候河床淤积抬升 4.6~4.1 kaB.P.　　农业、养殖型　　城邑型聚落

图 7-14　颍河上游地区新石器时期的河流地貌与聚落变迁

农业和养殖业都处于兴盛期,并形成了王城岗、瓦店、郝家台、养马台、城高等城邑聚落。可见,气候-地貌系统与史前聚落社会相互作用的枢纽是生业经济的立地空间和生业活动的具体形式。

(三)龙山稻作农业的普及与城邑聚落的兴起

图7-15是瓦店遗址东南台地龙山文化期文化地层记录的环境变迁特征。表征化学风化强度的 Cr/Cu 值处于低值区间(1.6～3.2)、表征风尘堆积作用的沉积物粒度处于高值区间(762～1 062 μm)、表征成壤作用强度的土壤频率也处于低值区间(均值0.923%)。结合浅井剖面(见图7-12)古土壤层(92～105 cm) Rb/Sr 较低、磁化率较低、粒度偏高的指标特征,表明瓦店地区在龙山文化早期(4.5～4.2 kaB.P.)属于暖偏干旱、晚期(4.2～4.0 kaB.P.)暖偏湿润的古气候环境。

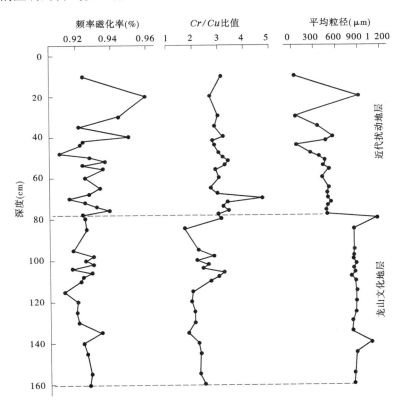

图7-15　瓦店遗址龙山文化地层的古环境指标

龙山文化早期,气候干旱降水量骤减导致颍河径流量减小,河流的挟沙搬运能力下降,颍河禹州段河床不断加积抬升。同时,本区地层存在差异性新构造升降运动:以禹州东3 km附近的褚河镇存在郭连—张得隐伏断裂(NE—SW),自晚更新世以来该断裂以西以沉陷为主(0.04～0.17 mm/a),以东地区则以掀斜抬升为主(2.5～3.3 mm/a)(李正芳,1981)。在气候变干和新构造活动双重作用下,颍河河床在褚河镇枣王、十里附近形成构造陡坎,河道的围堰效应导致褚河以上河段泥沙堆积速率大于构造沉降速率,因而河床逐渐升高。

　　根据考古发掘报告(河南省文物所,2004),瓦店遗址的西侧和南侧发现有"L"形深度约2.5 m的大型壕沟并与颍河河道相连接,主要功能是引水灌溉和聚落防御。据此推算当时的颍河河床高度与遗址阶地面高差应在2.5 m左右。瓦店文化地层中炭化种子鉴定结果则表明,瓦店在龙山文化时期的稻谷种子出土概率为62%,与粟、黍的出土概率相当,表明瓦店地区当时有良好的灌溉条件可以满足水稻种植。而王城岗遗址文化层中稻谷种子的出土概率仅有7%,远低于粟种子的37%(赵志军,2007),暗示登封盆地在龙山文化时期稻作农业规模较小。

　　在整个龙山文化时期,由于处于暖干气候的稳定期,颍河不断抬高的河床为稻作农业创造了良好条件,快速发展的农业则支撑了颍河上中游地区城邑聚落的涌现。龙山文化中后期,除禹州瓦店大型聚落外,颍河中游两岸还有郝家台、养马台、城高等十余个大于5 hm² 的中大型史前聚落,它们都具有早期城邑聚落的特征,表明酋邦社会的崛起(刘莉,2007)。但是,选址于高河床河流两岸的聚落群频繁遭受洪水的侵袭,人们不得不反复加高房屋基座以规避洪水。如瓦店遗址和郝家台城址都是建在高出遗址外围4~6 m的高台上(河南省文物所,2012)。

(四)平原区龙山聚落群的衰亡

　　龙山文化晚期全新世大暖期逐渐进入尾闾,距今四千年降温事件具有全球意义(Bond等,2001),河南地区在孟津(张俊娜等,2011)、新砦(夏正楷等,2003)等剖面的环境记录中均有体现。本书的浅井剖面地层在88 cm(见图7-12)、瓦店遗址地层在95 cm(见图7-15)亦有曲线波动,表明颍河上游地区在龙山文化末期(4.0~3.9 kaB.P.)存在变冷气候事件。研究认为(吴文祥等,2005;Wu Q等,2016),中原地区在夏代初期存在数十年之久的持续性洪水;王城岗遗址和新砦遗址的城垣遗存都有洪水破坏的痕迹(许宏,2012)。古代典籍《史记·夏本纪》记载:"帝尧之时,鸿水滔天,浩浩怀山襄陵,下民其忧",《庄子·秋水》云:"禹之时,十年九潦"亦有记录。如前所述,龙山文化中早期由于气候变干,颍河河床不断堆积导致阶地面与河水高差较小(<3 m),而且多数聚落布局在径流下泄缓慢的河道曲流和河口附近;因而坐落于颍河两岸文化阶地上的龙山聚落必然遭受持续性洪水的毁灭性破坏。即使到了二里头文化后期,禹州平原的颍河两岸仍然罕有聚落分布。表明夏初的持续性洪水过程导致禹州平原区重新回到仰韶文化早中期沼泽遍布、河汊纵横的地貌状态。

　　距今四千年降温事件及其伴随的洪水过程(郑艳红等,2007)严重阻滞了颍河上游新石器聚落向中下游传播的历史进程,改变了嵩山南麓史前文化传播的方向。龙山文化早中期源于登封盆地的封闭型聚落文化借助稻作农业在颍河中游地区得到快速传播,聚落文化在形式上日渐开放,在内容上多元融合,在适宜的气候、地貌环境背景下本区的聚落文化很可能在竞争性聚落社会中蜕变为文明社会的核心区域。但距今四千年降温与洪水事件不仅阻断了本区聚落社会的文化脉络，也使嵩山南麓聚落文化从开放型重新萎缩为封闭型。颍河上游的聚落文化从此调整了可持续发展的思路，从开放地貌区回归到封闭地貌区，并将地理空间拓展的方向从颍河中下游平原转向了西邻的洛阳盆地。

五、主要认识

颍河上游地区在全新世早中期大致经历了三个河流地貌旋回，其中始于约 10.4 kaB.P. 的河流下切过程奠定了颍河上游新石器聚落的栖息阶地。本区丘陵和平原地区的河流地貌与气候变迁存在显著的耦合关系，基于格陵兰冰芯和浅井剖面的古环境指标记录可以粗略识别颍河上游在 10.4 kaB.P.、8.2 kaB.P. 和 5.2 kaB.P. 存在三次明显的河流下切过程。颍河上游地区的史前聚落偏好选址于曲流阶地和河口阶地，这种地貌区位为发展稻作农业提供了灌溉条件，但却无法有效地抵御洪水威胁。颍河上游地区的史前聚落在仰韶文化时期曲流聚落和河口聚落占 45%，而在龙山文化时期这一比例上升至 74%，这为本区的龙山文化聚落快速衰落埋下了伏笔。

浅井剖面古环境指标显示，仰韶文化时期磁化率均值为 87.7×10^{-8} m^3/kg，Rb/Sr 均值 0.83，表现为暖湿的风化环境；龙山文化时期古土壤层的 Rb/Sr 值减小到 0.66，低频磁化率降低到 72.5×10^{-8} m^3/kg，表明颍河上游地区气候渐趋干旱。受气候和构造运动的叠加效应影响，颍河河道淤积，河床抬升。瓦店遗址的壕沟遗存表明，颍河水面与文化阶地高差小于 2.5 m，为稻作农业提供了适宜的灌溉条件。高河床河流地貌使得稻作农业在颍河上游快速普及，推动了本区龙山聚落发展和城邑聚落的繁荣。距今四千年降温事件伴随的持续性洪水过程摧毁了颍河上游一度繁荣的龙山文化聚落，而曲流阶地和河口阶地这两类史前聚落的区位选择偏好成为制约史前文化可持续发展的思想瓶颈。同时，颍河上游的先民们也开始了将聚落区位逐渐从颍河上游向洛阳盆地迁徙的战略考量。

小　结

第一节讨论了洛阳盆地周边地区 4.2~3.5 kaB.P. 的农耕生业环境，该时期受距今四千年环境事件影响，农业环境发生剧烈波动，种植业结构和种植业的规模出现了不同程度的萎缩。寺河南遗址地层孢粉组合指标显示，本区龙山文化晚期气候暖湿，除粟作农业外还有一定的稻作农业生产；进入二里头文化时期气候趋于干旱，旱作农业快速发展。新砦遗址、二里头遗址出土的动物骨骼 C、N 同位素数据表明，畜牧业的进步表现在二里头文化时期肉食比例高于龙山文化时期。同时，镰刀类工具代替斧铲类工具的事实表明，尽管二里头文化早期受洪涝灾害影响农业发展受到限制，但 3.6 kaB.P. 之后的农业气候条件逐渐改善，到了二里头文化晚期的旱作农业已经相当成熟，不仅种植业结构更趋复杂，而且养殖业得到快速发展。

第二节利用王城岗遗址地层中炭化作物种子、植物花粉的分选鉴定结果，讨论了颍河上游地区龙山文化晚期至二里岗文化时期(4.2~3.3 kaB.P.)的气候背景、作物类型和农业活动对环境的影响。结果显示,粟、黍种子数目一直占绝对优势,小麦种子在二里岗文化时期出现并逐渐走强;由于土地承载力和气候条件限制,王城岗地区的早期农业自龙山文化晚期后加速了多元化的进程,逐渐形成了以粟、黍、麦、豆为主,水稻、高粱、荞麦、稗子为辅,兼有果实采集为内容的农业生产的多样化。小麦的引入表明,本区早期农业的与西部地区文化交流是主体,同时促进了颍河上游早期农业的多元化,巩固了史前社会可持续发展的物质基础。最后一节识别了本区早中全新世在 10.4 kaB.P.、8.2 kaB.P.、5.2 kaB.P.、4.0 kaB.P.四次气候波动,同时,作者借助地貌-气候驱动理论认为颍河上游地区新石器聚落栖息阶地形成于 10.4 kaB.P.前后。龙山文化时期(4.5~4.0 kaB.P.)的干旱气候导致禹州段颍河河床不断抬升,进而形成高河面时期,高河面便于引水灌溉,因而颍河上中游两岸稻作农业快速发展。

参 考 文 献

[1] Perry C A, Hsu K J. Geophysical archaeological and historical evidence support a solar-output model for climate change[J]. PNAS, 2000, 97(23): 12433-12438.

[2] Lu H Y, Wu N Q, Yang X D, et al. Phytoliths as quantitative indicators for the reconstruction of past environmental conditions in China I: phytolith-based transfer functions[J]. Quaternary Science Review, 2006, 25: 945-959.

[3] 李小强, 周新郢, 张宏宾, 等. 考古生物指标记录的中国西北地区 5000 a BP 水稻遗存[J]. 科学通报, 2007, 52: 673-678.

[4] 杨晓燕, 郁金城, 吕厚远, 等. 北京平谷上宅遗址磨盘磨棒功能分析:来自植物淀粉粒的证据[J]. 中国科学(D辑), 2009, 39(9): 1266-1273.

[5] 左昕昕, 吕厚远. 我国旱作农业黍、粟植硅体碳封存潜力估算[J]. 科学通报, 2011, 56 (34): 2881-2887.

[6] 靳桂云, 郑同修, 刘长江, 等. 西周王朝早期的东方军事重镇:山东高青陈庄遗址的古植物证据[J]. 科学通报, 2011, 56(35): 2996-3002.

[7] 王芬, 樊榕, 康海涛, 等. 即墨北阡遗址人骨稳定同位素分析:沿海先民的食物结构[J]. 科学通报, 2012, 57(12): 1037-1044.

[8] 孙雄伟, 夏正楷. 河南洛阳寺河南剖面中全新世以来的孢粉分析及环境变化[J].北京大学学报(自然科学版), 2005, 41(2): 289-294.

[9] 吴小红, 肖怀德, 魏彩云, 等. 河南新砦遗址人、猪食物结构与农业形态和家猪驯养的稳定同位素证据[C]//中国社科院考古所编. 科技考古(第二辑). 北京:科学出版社, 2007: 49-58.

[10] 袁靖, 黄蕴平, 杨梦菲, 等. 公元前 2500 年~公元前 1500 年中原地区动物考古学研究[M]. 北京:科学出版社, 2007.

[11] 黄蕴平. 中国大百科全书(卷七)[M]. 北京:中国大百科全书出版社, 1997: 1179-1180.

[12] 中国社会科学院考古研究所. 偃师二里头 1959 年-1978 年发掘报告[M]. 北京:中国大百科全书

出版社, 1999: 1505-1506.

［13］Miller N F, Marston J M. Archaeological fuel remains as indicators of ancient west Asian agropastoral and landuse systems［J］. Journal of Arid Environments, 2012, 86: 97-103.

［14］Kanstrup M, Thomsen I K, Mikkelsen P H, et al. Impact of charring on cereal grain characteristics: linking prehistoric manuring practice $\delta^{15}N$ signatures in archaeobotanical material［J］. Journal of Archaeological Science, 2012, 39(7): 2533-2540.

第八章　嵩山地区新石器晚期的
生业模式与可持续发展

第一节　嵩山南麓新石器晚期的可持续发展策略

　　嵩山地区属于我国第二级地形台阶向东部平原过渡的地貌区,区内以黄土台地和低山丘陵为主。区内的颍河及其支流双洎河自晚更新世以来冲积形成的河谷平原成为区内新石器农业和史前聚落发生发展的立地基础。进入龙山文化时期(4.7~3.9 kaB.P.)以后,受距今五千年降温事件影响(李东等,2016),本区气候趋于暖干,仰韶文化期(6.8~5.0 kaB.P.)存在的大量沼泽干涸(河南地方志,1994),登封盆地和双洎河上游的聚落开始向下游扩张,粟作农业得以在平原区快速发展。龙山文化晚期本区聚落社会出现粮食盈余,人口增长快,大型聚落涌现(严文明,1999);基于部落社会的部族城邦(有城垣或城壕的大型聚落)得以快速发展,嵩山南麓因而成为中原地区龙山文化时期大型城邑的集聚地,其中颍河上游的王城岗、瓦店、郝家台,双洎河上游的新砦、古城寨均为有城垣或城壕的中心聚落,其面积大多超过 40 万 m^2。

　　进入二里头文化时期(3.8~3.5 kaB.P.)后,颍河上游地区经历了数十年的洪水泛滥期,其时旱作农业萎缩、聚落减少、城邦之间的资源争夺加剧,人口大量减少,许多城邑被废弃(许宏,2000)。经过百余年的部族冲突和文化融合,众多的小型城邦逐渐为势力强大的部族所整合,环嵩山地区具有早期集权制新型邦国渐具雏形(刘莉,2007)。本章利用古环境变迁文献、农业考古文献和新石器—青铜时代聚落考古成果,尝试对颍河上游的史前聚落的时空特征、生业模式和人类活动进行分析,尝试探讨全新世气候波动期史前社会系统对适宜气候资源的利用和冷干气候的适应模式,以及逆向生境下史前社会获取可持续发展的有效对策。

一、区域概况与数据来源

(一)研究区域概况

　　嵩山南麓指颍河干流上游及其支流双洎河上游谷地,涵盖登封、禹州、新密和新郑四市,总面积约 4 550 km^2(见图 8-1)。区内属于暖温带季风气候区,冬冷夏热。多年平均降水量约 680 mm、年平均气温 14.7 ℃。整体地势西高东低,西部为低山丘陵,东部为冲积平原,区内自北向南分布着嵩山、具茨山和箕山,颍河和双洎河自河间谷地向东南方流出,所在的河谷地貌如"V"状向东部敞开;本区可分为登封盆地(低山丘陵)、禹州平原、新密黄土台地和新郑冲积平原等四个地貌亚区。

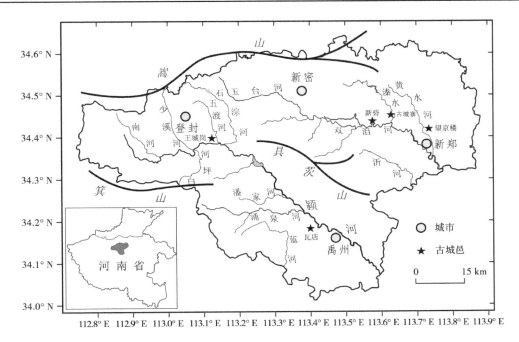

图 8-1　颍河上游和双洎河上游地区

（二）数据来源与研究方法

嵩山南麓的颍河—双洎河谷地是"中华文明探源工程"一期和二期课题在黄河中游地区的核心研究区，该课题获取的一系列研究成果（夏商周断代工程，2000；河南省文物所，2004，2008），《中国文物地图集·河南分册》（2009）以及本区龙山文化晚期—二里头文化时期聚落研究的相关成果（夏正楷等，2003；鲁鹏等，2012）是开展本研究的基础资料。

研究方法主要基于 ArcGIS10.0 的空间分析和聚落的位序—规模（Rank-Size）分析：

（1）聚落分布的空间分析。根据区内聚落的文献记录获取研究聚落的地理坐标和面积参数，用 ArcGIS10.0 的地统计模块（geostatistical analyst）先进行半变异/协方差检验，然后进行 Universal Kriging 方法进行插值，以便获取两个时段聚落的模拟规模分布。

（2）聚落的规模—等级分析。基于位序—规模法则（rank-size law）对龙山文化晚期和二里头文化时期的嵩山南麓的聚落按聚落面积进行量化描述，根据聚落面积规模和面积位序取双对数，绘出规模—位序曲线并计算聚落体系的等级规模指数，以考查聚落体系分布的均衡性和发育阶段。

二、聚落特征与政治地图

（一）龙山文化晚期和二里头文化时期聚落分布特征

根据《中国文物地图集·河南分册》（2009）以及本区考古研究文献（河南省文物所，2004，2008；赵春青等，2016），整理出龙山文化晚期（4.2～3.9 kaB.P.）聚落遗址 104 处，二里头文化时期(3.8~3.5 kaB.P.)聚落遗址共计 75 处。由于聚落遗址出土器物的文化特征难以区分,二里头文化期包含部分二里岗遗址和殷墟时期遗址(见表 8-1)。

表 8-1　龙山文化晚期至二里头文化时期研究区内聚落数统计

聚落分区		龙山文化晚期文化遗址数(处)			二里头文化遗址数(处)		
		≥50 万 m²	30 万~50 万 m²	10 万~30 万 m²	30 万~50 万 m²	10 万~30 万 m²	<10 万 m²
颍河上游区	登封	1	0	19	0	4	9
	禹州	1	0	18	0	4	7
双洎河谷地	新密	2	5	33	1	6	22
	新郑	1	2	22	1	3	18
合计		5	7	92	2	17	56

表 8-1 显示,龙山文化晚期聚落和二里头文化聚落在数量、规模和集聚区三个方面存在差异:

(1)二里头文化时期聚落数比龙山文化晚期减少了 27.9%,由于本期聚落包含部分二里岗文化时期(3.5~3.3 kaB.P.)和殷墟时期(3.4~3.1 kaB.P.)聚落,所以区内的二里头文化时期聚落数目要少于 75 处。

(2)龙山文化时期的 4.3~4.0 kaB.P.遗址面积和规模大于夏商时代。4.3~4.0 kaB.P.的登封盆地东南部的王城岗、瓦店、双洎河上游地区的新砦、古城寨遗址规模均超过 50 hm²,而较小的遗址面积基本大于 10 hm²。到了夏商时代,史前遗址在占地面积规模上差异很大,而在 4.3~4.0 kaB.P.时期的中型遗址(大于 30 hm²)在夏商时代却是大型遗址而且罕见。

(3)从聚落分布的集聚区看,龙山文化时期颍河上游聚落数为 39 处,占该区总数的 37.5%,而双洎河谷地及外围平原区聚落数为 65 处,占聚落总数的 62.5%,大型聚落数大体一致,但中型聚落在颍河上游缺失。到了二里头文化时期,双洎河谷地聚落数达 51 处,占本期聚落总数的 68%,聚落的空间集聚优势进一步提高(见图 8-2)。

综合表 8-1 和图 8-2 数据,颍河上游遗址分布的变化较大:龙山文化早中期并未大于 30 hm² 的大中型遗址,而且在夏商时期也没有大型遗址,即聚落的规模—位序分布存在等级断层。而双洎河谷地的聚落分布的规模—位序在两个时期都比较均衡,属于较理想的聚落演化模式。可见,颍河地区的龙山文化晚期由于物质财富的丰富而注重核心城邑的发展,新砦时期后不少大中型城邑聚落迅速消失,与距今四千年事件后的洪水期相关,初步推测是部族冲突的文化选择。

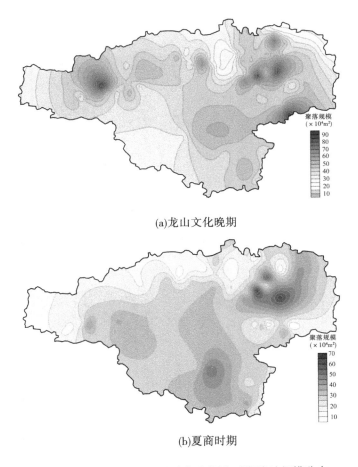

(a)龙山文化晚期

(b)夏商时期

图8-2　嵩山南麓龙山文化晚期和夏商时期遗址规模分布

(二)城邑聚落的分布及其政治地图(4.2~3.5 kaB.P.)

　　大型城邑聚落出现是龙山文化晚期城邦出现的重要标志(许宏,2000),而嵩山南麓是中原地区新石器晚期城邑聚落的聚集区。刘莉(2007)认为龙山文化晚期颍河上游地区中心聚落多为酋邦之都邑,她根据聚落的集聚特征勾出了可能的酋邦的领地范围(见图8-3)。从图8-3(a)可见,颍河上游地区中心聚落较多,如王城岗、瓦店,双洎河谷地的新砦、古城寨,汝河上游的太仆、后庄、城高等,呈现出酋邦林立的政治地图。而在二里头文化时期仅有新砦为中心聚落[见图8-3(b)]。

　　图8-3(a)显示,区内的三个酋邦的中心城邑分别为王城岗、古城寨和瓦店,三者近似等边三角形分布,相互间距约38 km,每个酋邦领地面积约1 200 km²。从聚落规模、聚落密度看,上述三个酋邦聚落群最为典型。二里头文化时期的多数酋邦均已衰落,颍河上游地区不仅聚落数目大幅下降,而且大型中心聚落仅有新砦一处,表明该期的政治地图已从龙山文化晚期的多中心并存格局转化为单中心统领模式,聚落空间的中心亦随之向双洎河支流溱水两岸迁移[见图8-3(b)]。

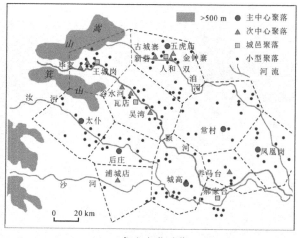

(a)龙山文化晚期

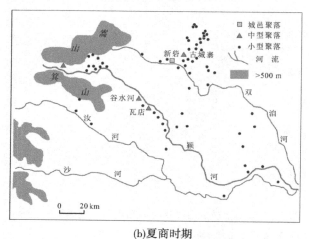

(b)夏商时期

图 8-3　颍河地区龙山文化晚期和夏商时期大型聚落

三、龙山文化晚期—二里头文化时期的生业特征

(一)种植业特征

同中原多数地区相似,龙山文化晚期至二里头文化时期颍河上游地区以旱作农业为主,但也有水稻种植业,由于粟在瓦店遗址出土概率为90%以上,所以粟在农业结构中占绝对核心地位。但粟的比重在二里头文化时期有所下降(赵志军,2014)。由于粟在研究时段内的绝对优势,本章用各个时期粟种子的出土概率为标准值,参考王城岗(赵志军等,2007)、瓦店(刘昶等,2010)、新砦(钟华等,2016)和古城寨(陈微微等,2012)聚落遗址种子的浮选结果,可以算出黍、稻、小麦和大豆四种主要作物种子的相对出土概率,以指示不同时期作物的比例结构(见图8-4)。

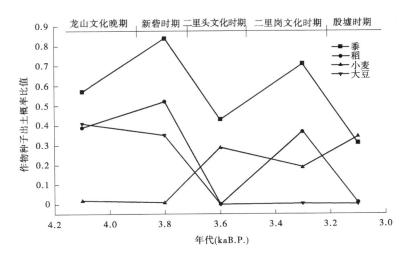

图 8-4　颍河上游地区出土炭化种子的相对出土概率变化

图 8-4 显示,从龙山文化晚期至殷墟时期颍河上游地区的黍、稻和大豆种子的出土概率整体呈下降趋势,唯有小麦种子的出土概率为上升趋势。另外,本区作物在龙山文化晚期已基本实现多元化,经过二里头文化时期的发展作物结构已从龙山文化晚期的粟-黍-稻-豆组合转变为二里岗文化时期的粟-黍-稻-小麦组合,到了殷墟时期小麦的相对出土概率已超过黍和水稻,表明中原地区的旱作农业基本实现了结构转型。作物结构的变化也可以从动物骨骼的 C、N 同位素含量得到印证(张雪莲等,2015)(见表 8-2)。

表 8-2　龙山文化晚期至二里头文化时期新砦人、动物骨骼的 C、N 同位素含量

文化时期	新砦遗址人骨		新砦遗址猪骨	
	$\delta^{13}C(‰)$	$\delta^{15}N(‰)$	$\delta^{13}C(‰)$	$\delta^{15}N(‰)$
龙山文化晚期	-9.9	8.2	-12.1	7.4
新砦早期	-7.2	8.3	-9.9	4.7
新砦晚期	-9.9	9.3	-9.1	7.2
二里头文化时期	-8.7	10.9	-10.4	6.2

表 8-2 显示,新砦遗址人和猪骨骼 $\delta^{13}C$ 同位素含量在 -12.1‰~-7.2‰,表明当时人和猪的食物以 C_4 植物(粟、黍等)为主[占 75%(袁靖,2007)],C_3 植物(如小麦、水稻、大豆等)较少,但仍有一定比例;通过猪骨骼样品碳同位素含量分布特征推测其食谱结构是 C_4 作物类型。鉴于非驯养猪骨骼的 ^{15}N 同位素含量小于 5‰,所以判断所测骨骼样品的原型猪是驯养类型。动物骨骼的氮同位素含量能测算动物食用蛋白质的含量,从表 8-2

中可以看到,新砦遗存中的人骨的^{15}N 同位素含量范围介于 8.2‰～10.9‰,显示被测试骨骼样品对应的先民的蛋白质摄入量较低,暗示其社会地位可能不高。猪骨骼的^{15}N 同位素含量的振荡暗示大豆作物产量的波动。从图 8-4 中可以看出,大豆出土概率的波动大致与王城岗和新砦的动物骨骼遗存比例变动相仿。

(二)养殖业特征

经过龙山早中期的发展,龙山文化晚期至二里头文化时期的养殖业在丰富祭祀动物类型、改善先民的食物结构、促进农业生产力发展等方面有较大贡献。根据袁靖等的研究(袁靖,2007),龙山文化中期(约 4.4 kaB.P.)以后驯养动物的类型明显复杂(见表 8-3),人工饲养牲畜在仰韶文化时期只有猪-狗等动物系列,而在二里头文化时期改为黄牛-猪-绵羊-狗动物系列。

表 8-3　研究区内不同时期驯养动物可鉴别类型及比例(袁靖,2007)

文化时期	王城岗可鉴别动物遗存(%)					新砦可鉴别动物遗存(%)				
	猪	黄牛	绵羊	驯养	野生	猪	黄牛	绵羊	驯养	野生
龙山文化晚期	77.1	7.6	7.6	80.7	19.3	68.5	17.1	2.1	87.6	12.4
新砦期	—	—	—	—	—	67.4	14.3	14.9	75.7	24.3
二里头文化期	53.8	7.7	30.8	76.5	23.5	57.3	17.6	22.8	83.4	16.6

表 8-3 显示,王城岗聚落在龙山文化晚期—夏商时期的家畜——猪(77.1%～53.8%)的比重不断降低,黄牛在夏商期的比重为 7.7%。动物骨骼遗存的比重相对稳定,但绵羊类骨骼样品可鉴定比重从 7.6%升高到 30.8%,夏商时期的动物骨骼遗存的可鉴定比例提高。新砦地层中出土的猪-黄牛骨骼样品的能鉴定的比重保持稳定,但是在新砦聚落,黄牛的骨骼遗存比例高于王城岗地层。绵羊骨骼的可以识别的比重从 2.1%增加至 22.8%,和王城岗的情况类似,表明新石器—青铜时代绵羊的饲养量得到快速发展。新砦遗址野生动物可鉴定比例在龙山文化晚期和二里头文化时期低于王城岗遗址,可能与当地的自然资源条件有关,王城岗遗址背靠低山丘陵,有森林覆盖的情况下,野生动物资源应该较黄土台地区的新砦地区丰富。

(三)生产工具的变迁

生产工具组合是史前社会生业内容和发展水平的重要参考指标,中原地区的旱作农业在龙山文化晚期已非纯粹的原始时代,而是装有木柄的石斧、石镰等木石器,而且已有木耒工具发现(陈明远等,2012),它极大地提高了农耕的劳动效率。龙山文化晚期至二里头文化时期木石器工具已经非常普及,该时期主要木石器有:①农具类:带柄石斧、带柄石铲、带柄石锄、带柄石镰等;②粮食加工工具,如磨盘、石杵、石臼、磨棒等;③手工业器具,如石凿、石楔、石(骨)锥、石(陶)纺轮等;④渔猎工具,如石矛、石(骨)镞、网坠等。本区新石器晚期的生产工具变迁情况见表8-4。

表8-4 龙山文化晚期—夏商时期区内史前生产工具结构

文化时期	新砦遗址出土器物			王城岗遗址出土器物		
	农业类(%)	手工业(%)	渔猎类(%)	农业类(%)	手工业(%)	渔猎类(%)
龙山文化晚期	50	40	10	60	33	7
新砦时期	36	43	21	—	—	—
二里头文化期	52	34	14	67	33	0
二里岗文化期	—	—	—	70	21	9

表8-4显示,新砦遗址和王城岗遗址出土工具均以农业生产工具为主,表明两地生业模式均为农业依赖型。相比王城岗遗址器物结构,新砦遗址出土器物中手工业器具比例超过34%,表明该聚落的手工业占较大比例,传统生业经济结构正在改变。用于狩猎和捕鱼的工具如石矛、箭镞等的出土比重在王城岗地区低于新砦地区,暗示新砦时期的农业环境有所恶化,人们不得不通过渔猎弥补农业生产的不足。当然,渔猎类器物也可以作为武器使用,渔猎器物较高的史前也可能意味着新砦时期的聚落防御事务高于王城岗时期。

四、史前社会对环境变迁的适应与文化融合

(一)我国新石器晚期古气候特征

从龙山文化晚期(4.2~3.9 kaB.P.)到夏商时期(3.9~3.4 kaB.P.)是华北大部在中全新世时期气候从适宜期到衰退的转换期,湿热型古气候开始向凉干型古气候蜕变。这个过程其中在大约4.2 kaB.P.有明显变冷气候过程(王绍武等,2000)和持续性降雨及洪水灾害(3.9 kaB.P.)(Wu等,2016)。根据山西宁武高山湖泊沉积的孢粉记录(Chen等,2015),龙山文化晚期华北地区的草本植物占34%,阔叶林比例为16%,降水量为510 mm,气温距平值为0.4 ℃,为暖干的气候特征(见图8-5)。从图8-5可知,新砦时期(3.9~3.8 kaB.P.)草本比例增至39%,阔叶林占12%,降水量为520 mm,气温距平值为0.3 ℃,气候温凉干旱,该段即传说中的大禹治水时期。进入二里头文化时期(3.8~3.5 kaB.P.)草本植物平均占比为32%,阔叶林平均占比为17%,降水量均值为530 mm,气温距平值为0.2 ℃,表明气温继续下探,但降水量增加,整体气候表现为温凉湿润气候。之后的商代气候有小幅度暖湿趋势。此外,汝河上游的王洛黄土剖面(秦小光等,2015)的频率磁化率和粒度指标显示本区龙山文化晚期属于干旱气候下的弱成壤环境,而二里头文化时期的成壤环境则相对暖湿,与上述公海孢粉记录的气候波动特征相对一致(Chen等,2015)。

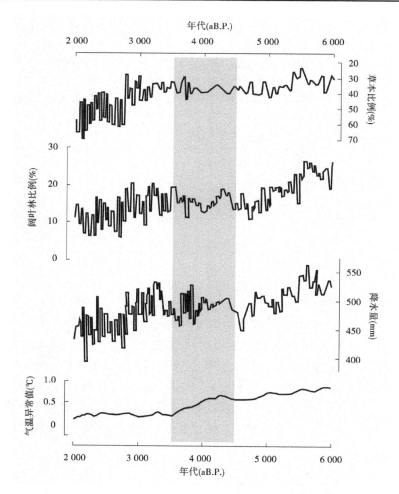

图 8-5　山西宁武公海孢粉指标记录的全新世植被和降水量变化（Chen 等，2015）

（二）史前聚落对环境变迁的适应

区内龙山文化晚期的史前聚落在颍河上游及支流双洎河上游地区的空间分布大体均衡呈多中心分布态势，到了二里头文化时期聚落分布的重心明显向双洎河中下游偏移（见图 8-2）。尤其是颍河上游不仅在二里头文化时期缺乏大型聚落而且聚落总数也减少了 38%，而双洎河上游聚落仅减少了 9%。同时，龙山文化时期两个地貌单元聚落的位序—规模曲线也存在差别（见图 8-6）：①王城岗聚落群的首位度高于古城寨［见图 8-6（a）］，表明前者所在地区大型聚落稀少而后者中大型聚落较多；②古城寨聚落群的位序—规模曲线为上凸态势［见图 8-6（b）］，距离均衡值更大，表明古城寨聚落群之间的竞争压力较大。

图 8-5 显示，二里头文化时期早期（约 3.9 kaB.P. 前后）降水量增加，那时颍河上游聚落多分布在颍河及其支流的一级阶地面上，颍河在禹州平原区的淤积作用显著，多数聚落受持续性洪水威胁，导致本区聚落减少。而双洎河上游地区的史前聚落多分布在河岸两

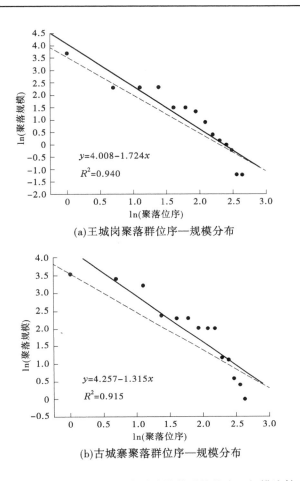

(a)王城岗聚落群位序—规模分布

(b)古城寨聚落群位序—规模分布

图 8-6　王城岗聚落群和古城寨聚落群的位序—规模比较

侧的黄土台地上(许俊杰等,2013),地势较高基本无洪水之虞,因而聚落数大体保持稳定。另外,二里头文化时期本区的大型聚落是新砦古城,除了双洎河上游的地貌优势,也与本区自龙山文化晚期一直持续的聚落间的资源、生业以及地域文化竞争有关。图 8-3(a)显示,龙山文化晚期的沙河—汝河—颍河上游地区酋邦众多,"万邦天下"的政治格局(高天麟,1993)往往导致酋邦之间的资源与文化的激烈冲突,进而导致聚落格局的骤变。

(三)史前生业模式对环境变迁的适应

龙山文化晚期颍河上游气候转凉变干,但仍高于目前的年均气温(见图 8-5),适宜旱作农业发展。农作物以粟、黍、大豆为主,但在瓦店、王城岗、新砦、古城寨等聚落遗址均有稻谷种子发现(赵志军,2007;刘昶等,2010;钟华等,2016),在一定程度上丰富了本区先民的粮食结构。新砦时期气候冷湿、有持续性洪涝灾害,可耕地面积减少,粮食耕种及储藏难度大,农业发展有所限制。进入二里头文化时期后,气候进入短期暖湿阶段,农业进入繁荣发展时期(尤其是 3.4~3.5 kaB.P.);加之小麦的引进,作物结构的多元化格局形成(刘莉,2007);专业分工开始出现促进了加工技术的进步,继而推动农业生产工具的改进,如石镰、石刀从直刃改为弧刃(社科院考古所,1999),以及耒、耜工具的传播(吴耀利,2006),水井的应用(严文明,1997)极大地提高了新石器晚期的农业生产力水平,此时社会的生业结构已具备应对逆向环境变迁的特征。

龙山文化晚期至夏商时期的农业生产力的进步推动了早期养殖业的发展,牲畜类型从龙山文化期的黄牛-狗-猪家畜结构转化到夏商时期的绵羊-猪-黄牛-狗结构,丰富了养殖业的类型;表8-2显示,从龙山文化晚期到二里头文化时期新砦遗址人骨中 $\delta^{15}N$ 含量为 8.2‰~10.9‰,表明先民的肉食摄入量稳步提高,佐证了养殖业的进步。可见,颍河上游地区自龙山文化晚期以后逐渐实现了种植业和养殖业的多元化,生业经济的复杂化是史前社会应对环境变迁物质基础。

(四)史前社会的竞争与文化融合

多中心聚落共存是龙山文化晚期特有的邦国性质的政治景观。研究认为当时的部族"能人优先"(吴耀利,2006)政治体制对于维护各社会阶层利益、组织有学缘和宗亲关系的社会实体有重要意义,如夏初的华夏部族推举鲧、禹为首领即是如此(魏兴涛,2010)。但部族统领是基于部族文化为纽带的,因而是松散的、自律性的管理模式(王震中,2001)。图8-3展示了颍河—沙河—汝河地区的大型聚落和它们的资源域范围,仅从规模层级看,这些城邑部族明显存在三个层次的社会结构,即面积大于 30 hm² 的邦国聚落、面积介于 10~30 hm² 的中心聚落、规模小于 10 hm² 的边缘聚落,而部族社会亦有社会阶级的分层,部族首司职祭祀仲裁、产品分配和城邑防御等社会事务,早期的职业分层和"首领优先能人"机制极大释放了社会各阶层的建设热情和巨大的凝聚力(Liu,1996),比如该时期出现的大型城垣聚落和大型城壕等设施。《管子·君臣下》描绘了当时的社会管理的基本框架:"社会上没有各类欺诈,没有以强凌弱,没有贪图私利者,德高才华才是众人所称之为师的人。"有了团结的社会阶层,有了公平的社会架构是龙山文化晚期至二里头文化时期生产力快速发展的重要保证。

龙山文化晚期的邦国、城邑、城垣聚落盛极一时(魏兴涛,2010),除生产力进步外,物质财富的富裕导致了阶层的分异以及部族之间的文化竞争,是邦国和城邑聚落出行的重要原因。王城岗、古城寨以及新砦等的大型邦国聚落很可能是为维护部族物质财富而兴建,据《史记·五帝本纪》叙述:"蚩尤作乱,不用帝命。于是黄帝乃征师诸侯"。而且,华部族内部的不同势力集团也因利益分歧和价值观差异而诉诸战争。《史记·五帝本纪》记载:"炎帝欲侵陵诸侯,诸侯咸归轩辕……(黄帝)与炎帝战与阪泉之野。三战,然后得其志。"可见,华夏文化是整合了部族之间和部族内部的各种分歧和冲突而形成的具有可持续发展理念的先进文化类型,它通过先进的"能人优先"机制搭建了公平的政治架构凝聚社会力量,弥合社会隔阂,用人地和谐观念推动多元文化的融合和新文化的诞生。

五、聚落对古环境变迁的适应

从上述嵩山南麓地区遗址的时空格局以及农业经济的演变特征,可以大体归纳出本区史前社会应对环境变迁的三个基本措施:

聚落区位的主动迁徙。龙山文化晚期时代,气候温暖、光照充足,颍河可以进行灌溉,便利的农业条件推动了颍河上游地区生业经济的爆发式增长。当时的颍河中上游地区出现了一大批中型和大型聚落,集中于沙颍河、禹州平原地区。但是进入新砦期,自然环境出现极大波动,发生了连续数十年的洪水,龙山文化晚期的聚落群毁于一旦。于是本区的大量居民开始向双洎河上游、贾鲁河上游和洛阳盆地等地迁徙,聚落格局发生较大变化。

多元化的生业在龙山文化晚期已经相对成熟。颍河谷地在 4.2~3.9 kaB.P.时期的作物组合是水稻、大豆加上粟类和黍类,人工饲养的家畜类型主要是黄牛和猪等。此时的生业经济质量好、水平高、规模大,不仅满足部族社会的发展,而且充裕的物质财富还催生出一系列大型城垣聚落。夏商时期的农业结构延续了龙山文化晚期的基本模式,但突出特色是从甘肃、青海地区引入了小麦、家畜类型增加了绵羊,带有木柄的石器让农业生产水平大幅提高。夏商文化的诞生和发展在很大程度上得益于嵩山南麓地区生业经济的多元化。

多元的文化竞争和融合是先进文化产生的基础。嵩山南麓地区除华夏部族外,还有来自黄河下游的东夷部族、江汉流域的苗蛮部族等。距今四千年前后,嵩山南麓地区的多种文化冲突激烈,各种文化自斗争中融合、在融合中凝练,由于当时华夏部族的用人机制是崇尚“能人优先”,所以当时的社会框架和领导人都能按照可持续发展观配置社会经济资源,于是从龙山文化晚期开始,其经济文化就达到了较高的阶段。但由于长期洪水过程的困扰,嵩山南麓的聚落到二里头文化时期已经发生了地理迁徙,聚落格局从多中心聚落模式转向单中心聚落模式,平稳地度过了四千年波动气候带来的负面影响,进而为国家的诞生奠定了文化和生业经济基础。

第二节　嵩山地区史前文化的传播与融合

嵩山地区属于中原腹地,连通南北文化、毗邻东西风物,自古以来具有独特的地理区位优势,成为多种外来文化相互交流融合的重要平台。自仰韶文化中期开始,陕西的老官台文化、山东的大汶口文化和湖北的屈家岭文化都对中原文化造成了深刻影响。进入龙山文化时期以后,区际文化融合继续推进。不仅山东龙山文化向河南地区加速传播,而且湖北的石家河文化、陕西的客省庄文化以及山西陶寺文化等对环嵩山地区的河南龙山文化都刻下了深刻的烙印。从地形地貌特征看,豫西地区山重水复沟壑纵横不利于文化之间的快速融合与交流,而豫东地区地势平旷交通便利。但从新石器遗址的空间分布看,豫东地区史前文化交流似乎强度较低。但偏居西南一隅的南阳盆地却是新石器文化交流的高强度地区,从史前文化交流的整体情况看,南阳地区仍是中原文化为主体的地理区域。但在仰韶文化晚期,本区成为屈家岭文化向颍河上游地区扩张的基地和重要的地理走廊,深刻见证了来自颍河上游地区的中原史前文化与江汉文化开展竞争和角逐的多幕剧。

南阳盆地位于河南省西南部属于汉江流域,构造上属于中新生代南阳—襄阳坳陷,其北、西、南分别为伏牛山、秦岭、桐柏山环绕,区内河流多源于伏牛山区,呈扇状向南部边缘汇集(见图 8-7)。盆地南北各有隘口连接中原地区和江汉平原,中全新世时期成为中原文化与江汉区古文化的交错地带,其史前文化的边际效应和复杂的文化景观使本区成为研究史前时期人地关系的良好素材。国内已有不少学者对全新世以来的人地关系进行了较详尽的研究(侯光良等,2010;吴立等,2012),但鲜有文献关注史前文化传播路径、生计模式与文化变迁之间的关系。本节将以南阳盆地为考查对象,以中原文化和江汉文化的角逐时序为着眼点,讨论盆地内南北文化的传播及生计模式的演变,以求嵩山地区史前文化传播与古环境变迁的对应关系。

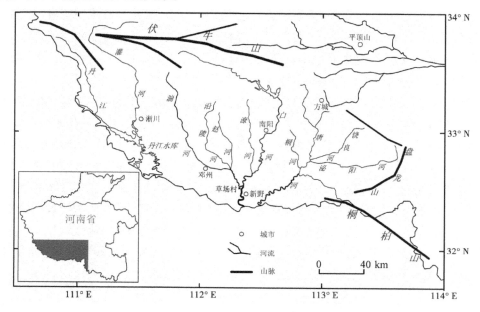

图 8-7　南阳盆地的位置和水系

一、南阳盆地的史前文化类型与时空分布

(一)南阳盆地的史前文化类型

南阳盆地在地域上位于中原新石器文化核心区和江汉新石器文化核心区的边缘地带,同时受两种地域文化的影响,史前文化兼具"北""南"两种文化特色。但在中全新世时期由于两种文化的势力对比,本区的主导文化类型序列是仰韶文化、屈家岭文化、石家河文化和龙山文化。

1.仰韶文化(7.0~5.0 kaB.P.)

仰韶文化是新石器文化的代表类型,广泛分布于黄河流域和淮河流域。该时期陶器以泥质红陶、夹砂红陶、泥质灰陶为主,在南阳盆地受江汉文化类型影响出土的陶器形制与中原地区有别。

2.屈家岭文化(5.0~4.6 kaB.P.)

长江中游新石器文化的重要类型,它是继大溪文化之后由几种原始文化长期融合发展而产生的。屈家岭文化分布范围较广,以江汉平原为中心向南向北分别延伸至湖南省和河南省境内。在汉水流域主要分布在江汉平原中北部、汉水中游到涢水流域之间的地区,核心文化区在湖北天门、京山、钟祥、应城等地。

3.石家河文化(4.6~4.0 kaB.P.)

石家河文化与北方的龙山文化大致处于同一时期,其核心区在江汉平原中北部。石家河文化的陶器以夹砂陶、泥陶和夹炭陶为主的红陶为标志。南阳盆地区的石家河文化多为中期类型且遗址数量有限。

4.龙山文化(4.6~4.0 kaB.P.)

龙山文化是我国北方新石器文化的又一繁荣期,影响范围遍及黄河中下游和淮河流域,龙山文化时期的原始农业已经占据社会经济的主导地位;该时期器物以表面饰有绳纹与蓝纹的灰黑陶器为突出特征。

(二)南阳盆地史前文化的时空分布

南阳盆地北部边缘是波状起伏岗地,海拔 140~200 m,岗顶平缓宽阔,岗地间隔以浅而平缓的河谷凹地,呈和缓波状起伏。盆地中部为海拔 80~120 m 的冲积洪积和冲积湖积平原。将不同时期的史前文化遗址的坐标(国家文物局,2009)和南阳盆地 DEM 图像在 Mapinfo7.0 中叠加可以得到南阳盆地四个文化时期史前人类遗址的分布图(见图 8-8)。图 8-8(a)显示,本区的仰韶文化遗址共 77 处(国家文物局,2009),多分布在白河中上游、赵河以及灌河的二、三级阶地上,并集中于盆地外缘的岗地区。屈家岭类型遗址共 73 处(国家文物局,2009),分布在白河两侧,且集中于唐河上游、湍河上游和丹江河谷〔见图 8-8(b)〕。到了龙山文化时期,遗址数量达 83 处,几何中心从高海拔区向低地迁移,该期遗址集中于赵河、沿陵河、潦河三条河流下游的交汇地域,而丹江中游谷地亦是遗址分布集中区〔见图 8-8(c)〕。石家河文化遗址的数量在南阳盆地仅 17 处(国家文物局,2009),集聚在丹江中游谷地和唐白河下游一带。与屈家岭文化遗址的强劲扩散态势不同,本期遗址主要分布在盆地南缘,而在通向中原地区的方城隘口地区无遗址点分布〔见图 8-8(d)〕。

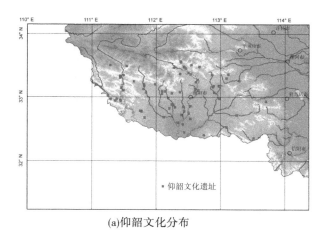

(a)仰韶文化分布

图 8-8　南阳地区史前文化遗址分布

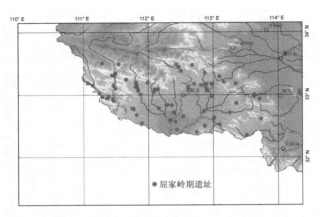

(b)屈家岭文化分布

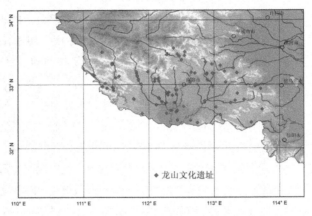

(c)龙山文化分布

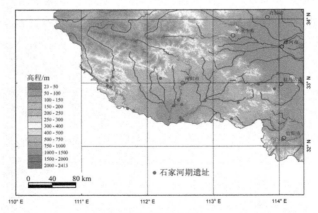

(d)石家河文化分布

续图 8-8

二、南阳地区的史前文化的地域特征和传播路径

(一)本区新石器遗址分布区的地貌形势

南阳地区的地势特征是:南阳盆地的北缘高程较高,唐白河下游海拔低,因此是北高南低的地势。南阳盆地北部落差稍大,南部地势低平,故可以等高线把南阳地区的地形地貌划为五块:T1 区(50~100 m)、T2 区(100~150 m)、T3 区(150~200 m)、T4 区(200~250 m)、T5 区(>250 m),这 5 个地形区块上分布的遗址数目分布如图 8-9 所示。

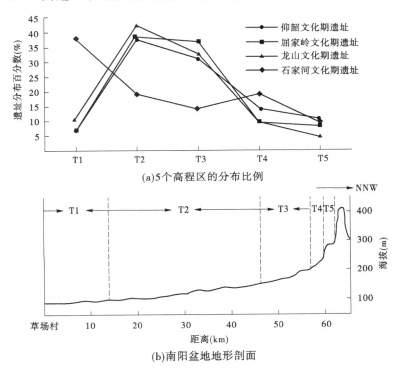

(a)5个高程区的分布比例

(b)南阳盆地地形剖面

图 8-9　南阳盆地史前遗址在 5 个高程区的分布比例与南阳盆地地形剖面

由图 8-9 清晰可见,仰韶文化、屈家岭文化和龙山文化三个时期的遗址都集中分布在T2、T3 地貌区块,本区是较为和缓的河间高地地貌,由于地势适中、易灌易排,成为史前聚落的首选区域,如仰韶文化聚落分布于本区块的比重是 68.7%,屈家岭文化聚落的比重更是达 75.2%,龙山文化聚落的比重是 76.6%。T5 区块是高差大、地形陡峻的山前高丘陵,仰韶文化聚落布局在该区块的比重是 10.4%,这与该区的生业经济模式比较落后相关联。石家河文化聚落主要位于 T1 地貌区块的比重为 38%。该区属于河流洪积低地区,容易发生涝灾,石家河文化聚落集中分布在唐白河下游、丹江谷地,它与其他三个文化期的遗址区位的地貌类型和特征存在显著不同。

聚落分布区位与河流的关系往往通过河流缓冲区计算加以实现。表 8-5 是不同河流缓冲区内的聚落数目,从仰韶文化时期—龙山文化时期聚落的地理布局与河流的关系是

越来越弱,数据表明本区各河流 3 km 缓冲区内存在的聚落比重已经从仰韶文化期的 53.2%降低到龙山文化时期的 42.2%,说明龙山文化晚期的史前聚落已基本放弃了果实采集和渔猎捕捞的生业经济类型,各聚落对自然资源的利用范围日益扩张。

表 8-5　　南阳盆地史前文化遗址在 3 km 河流缓冲区内数量比较

文化时期	遗址数(处)	3 km 缓冲区遗址数(处)	缓冲区内遗址比例(%)
仰韶	77	41	53.2
屈家岭	73	34	46.6
石家河	17	7	41.2
龙山	83	35	42.2

(二)南阳地区史前遗址分布的集聚性

集聚和分散讨论史前聚落空间分布的重要指标,在新石器早期人们倾向于资源丰富的地可空间,而对于逆向的自然环境变迁和战争等社会事件也可以导致聚落的迁移。Batty(2008)的观点是:分形或多重分形可以重塑聚落生长的过程,故本章使用空间地理要素的聚集分形维数(Benguigui 等,2000)对南阳盆地的史前聚落继续考察。

在 2-d 地理空间里欧氏维数是 2,如果聚集维数 $D<2$ 时,说明遗址的地理分布从聚落的几何中心向外围的分布密度逐渐衰减,聚落中心区的向心力大于离心力,聚落系统的稳定性较好。图 8-10 是南阳地区不同文化期史前聚落的集聚维数的拟合计算:石家河时期聚集度最大,屈家岭时期聚落的聚集度最小。总体来说,各个文化时期聚落的集聚维数(函数 K 值)都小于 1,体现了突出的向心聚集特征。另外,从石家河时期、龙山文化时期、仰韶文化时期到屈家岭时期聚落的向心凝聚作用从小到大,暗示屈家岭时期先民聚落的聚集性最突出,而石家河文化时期人们的聚落布局出现显著分散趋势。

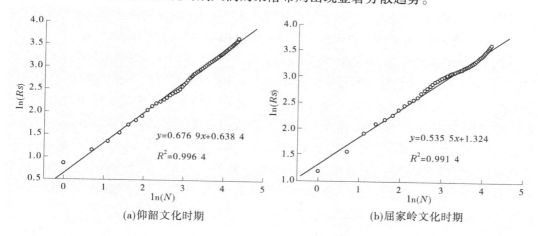

(a)仰韶文化时期　　　　　　　　　(b)屈家岭文化时期

图 8-10　　南阳盆地史前遗址的聚集维数

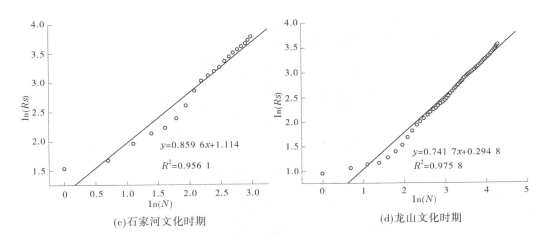

(c)石家河文化时期　　　　　　　　(d)龙山文化时期

续图 8-10

（三）南阳地区史前文化的传播及其文化锋面

南阳地区新石器文化的最显著特征是：特殊的地理位置受到中原文化和江汉文化的双重影响，从仰韶文化后期后先后经历了屈家岭文化、石家河文化和龙山文化，成为南北文化角逐和斗争的前沿区域。所以，本区是新石器时期河南地区史前文化最具边界效应的地理区，特别是 4.6~4.0 kaB.P.石家河文化与屈家岭文化并存，形成了多元的、复杂的史前文化景观。

1.本区史前文化的传播路线

在 ArcGIS10.0 平台上用 Kriging 插值模块可以画出南阳地区新石器文化迁移的路线图，如图 8-11 所示。从南阳地区东北部的方城一带到唐白河下游的南襄缺口一直是两大区域文化的重要传播途径。仰韶文化和龙山文化等北方类型的史前文化是南阳地区新石器文化的主体，只有在屈家岭文化期（5.0~4.6 kaB.P.）被南方型文化所控制；而石家河文化期与龙山文化期因为势力相对弱小，所以仅隅蹿在唐白河下游河流谷地和丹江两岸的低地平原地区。

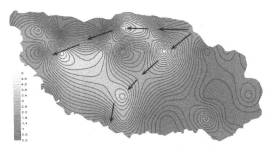

(a)仰韶文化传播路径

图 8-11　南阳盆地史前人类遗址密度与文化传播方向

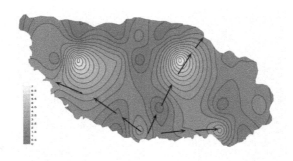

(b)屈家岭文化传播路径

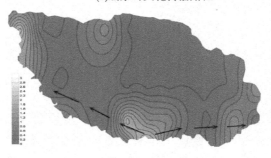

(c)石家河文化传播路径

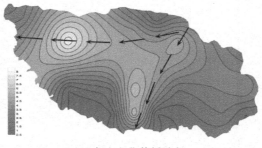

(d)龙山文化传播路径

——→ 文化传播方向

续图 8-11

2.南阳地区史前文化锋面分布

南阳地区的新石器文化的内核和形式常常受到外来文化的影响,尤其是在屈家岭文化时期受到来自江汉地区的屈家岭文化影响十分深远,从地貌区分布看,T1 区块和 T2 区块在地理上近邻江汉地区,这个地方自然拥有文化要素兼有南北特征的先天优势。为了数字化勾勒史前文化的影响的时空特征,暂时用该文化期的遗址数与其跨越时空范围之积定义为文化场的量度,本书称为"文化势(Pc)":

$$Pc = N(s) \cdot A \cdot T$$

式中:$N(s)$ 为遗址数;A 为文化范围,本书以所跨流域数代替;T 为文化时期长度。

这样就可以根据统计数据(国家文物局,2009;计宏祥,1996)量化南阳盆地几个不同类型文化的文化势,如表8-6所示。

表8-6　南阳盆地史前不同时期文化势对比

文化类型	遗址数(处)	跨流域数(个)	时间跨度(ka)	Pc
仰韶文化	630(河南省)	3	>2.5	4.73
屈家岭文化	160(汉水流域)	2	约0.4	0.13
石家河文化	180(汉水流域)	2	约0.6	0.22
龙山文化	1 250(河南省)	3	约0.6	2.25

表8-6表明,仰韶文化期的文化势指标最强 Pc 达4.73,而龙山文化时期的文化势为2.25,明显大于石家河的文化势(0.22)和屈家岭的文化势(0.13)指数,与南阳地区史前人类生业模式结构和范围大体一致。另外,屈家岭文化元素的根植性强于龙山文化,龙山文化最早从黄河下游传入,此时其文化势值大于石家河类型但小于石家河类型。这表明,史前时期的文化场强(聚落密度)存在地理空间的相对性。类似地,南阳地区的史前文化的过渡性参数特征,暂时用鼎盛期史前的前锋位置定性地描述两种文化斗争的路线、文化的进退和交错图式(见图8-12),以考察不同文化类型的发展潜力和拓展方向。

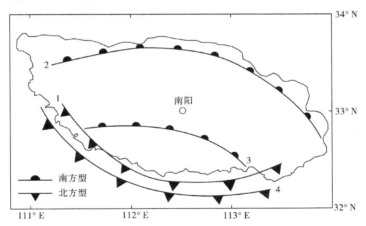

1—仰韶文化锋;2—屈家岭文化锋;3—石家河文化锋;4—龙山文化锋

图8-12　南阳盆地史前文化最盛期锋面的位置

仰韶文化、龙山文化在其兴盛时期的文化锋面大致位于在十堰市、襄阳市和枣阳市地区,而屈家岭文化锋面在繁荣期能否推进到伏牛山南缘一带,但石家河文化锋面的前锋却仅占据 T1、T2 地貌区域。可见,文化锋的进退是史前聚落内在文化综合实力的具体体现,当然其锋面还与大范围、高强度的环境变迁事件相关联。

三、南阳地区新石器聚落的生业经济

(一)南阳地区仰韶—龙山文化时期的古气候

淅川县下王岗聚落地层较全面地记录了仰韶—龙山文化时期(6.0~4.0 kaB.P.)的古

环境特征。根据^{14}C测年该聚落地层的年代范围为6.0~2.8 kaB.P.,包括了仰韶—屈家岭—龙山—夏商等文化期。根据该遗址发现的古动物骨骼化石解译结果,南方种占总出土化石种类的35.5%,广布种占总出土化石种类的61%,北方种占总出土化石种类的3.2%(计宏祥,1996)。该剖面的仰韶文化沉积层(L9~L7)共发现动物化石种类24个,南方种动物的比重较大,暗示该地层期是暖湿气候。屈家岭文化沉积层(L6~L5)发现的动物遗存是家猪、獾、麋鹿和狍子,而狍子是古北界动物型,表明当时的气候有转冷迹象。龙山文化沉积层(L4)发现的动物种类遗存共9个,有偏好暖湿气候的水鹿和轴鹿,表明此时的气候开始变暖。

　　凌岗古聚落地层记录了石家河文化期的古气候特征(李中轩,2008),图8-13是古环境记录的主要指标:WI(weathering index)、LOI、铷锶比、铷钙比指标的曲线。其中:$WI = Al_2O_3/(Na_2O+K_2O+CaO)$即风化度系数,系数值越高,显示该期地层的钠、钾、钙三种离子的活性越大,迁移能力越强,指示湿热的化学风化过程;系数值较低,则指示相对干凉的化学风化过程(Christopher等,1995);LOI则半定性地指示地层建造期的有机物含量,并与植物生长状况和气候特征相关联。

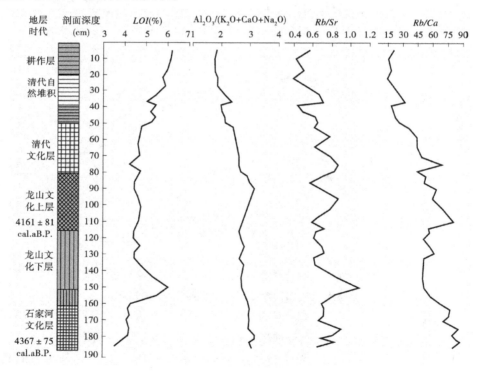

图8-13　淅川县凌岗遗址地层环境指标的变化

　　图8-13表明,从地层的95~100 cm LOI、WI、Rb/Sr比值均显示了暖湿特征,到了150 cm地层的龙山文化早期层烧失量升至6.04%,铷锶比值增加至1.11,显示该文化期地层是湿热气候背景下的外风化环境。石家河文化期的铷锶比、铷钙比系数在175 cm、180 cm 地层出现了峰值,与 WI 和烧失量对比发现该地层期有短暂的暖湿过程,但在石家河文化期古气候特征则是干凉特征。

(二)南阳地区仰韶—龙山文化时期的生产工具

生产工具是生产力水平的标志物,较之于新石器早期,新石器中期的生产工具已有很大进步。南阳盆地西北地区的黄楝树聚落和八里岗聚落发现了丰富的石器工具(李绍连,1995)(见表 8-7),基本记录了当时的生产力基本状况。

表 8-7　南阳地区仰韶—龙山文化时期的生产、生活器物类型和数量(李绍连,1995)

类型	器形	仰韶文化时期	屈家岭文化时期	石家河文化时期	龙山文化时期
农业器物	石刀	2	16	1	11
	石斧	14	99	1	87
	石锛		30	1	12
	石镰	3	10		5
	石凿		44		17
渔猎器物	石饼	4	2		
	石网坠	2	5		7
	骨鱼钩		2		
	镞	27	163	5	69
	骨匕		18		
	砺石	1	12		6
生活器物	陶纺轮	17	263		108
	石球		1		3
	陶球		2		
	骨锥		3		19
	骨针		2		1
	石臼杵		1		
	陶杵		2		
		打制石器时期	磨制石器时期	金石共用时期	

注:石家河时期器物数据来自八里岗遗址挖掘报告,其他三个时期数据源于黄楝树遗址挖掘报告。

由表 8-7 可见,仰韶文化期的器物,用于渔猎的石器有 34 件,多于农业生产的石器数量 19 件,表明仰韶文化时期的生业经济以采集和渔猎为主要生产类型。到了屈家岭文化期和龙山文化期,农耕类生产工具数量提高了 44%左右,暗示农耕业已经基本取代渔猎业而成为当时生业经济的主体。同一时期内,屈家岭文化期和龙山文化期有不少陶制纺轮出土,则说明该时期手工业开始逐渐发展起来。另外,屈家岭文化期是农业和手工业都很兴盛的时期,该时期也出土了不少非生产类器物如骨锥、骨针和陶球等物件,表明南阳地区在屈家岭文化时期和龙山文化时期的先民在生活内容、生活方式和娱乐方面进步很大。但是到了石家河文化期,从遗址中出土的各类生产器物十分稀少,以至于难以估测当时的生产力水平。

(三)南阳地区仰韶—龙山文化时期的生业经济

南阳地区在仰韶文化期气候温暖湿润,是稻作农业的理想地域。屈家岭文化期尽管受古气候波动影响,但稻作农业仍然进一步发展,水稻种植面积和种植规模不断攀升。到了石家河文化时代以及龙山文化时代,南阳地区的水稻种植已经非常普及,稻米已经是本区先民的主要食物类型。图 8-14 是邓州八里岗聚落剖面文化地层中的植物种子遗存的浮选结果,描绘了 T1 地貌区新石器时期八里岗地区先民的主要食物结构(邓振华等,2012)。

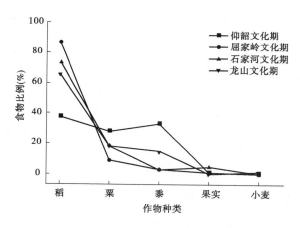

图 8-14　八里岗遗址植物遗存比例

图 8-14 表明,八里岗剖面在仰韶文化期地层中的各类植物遗存中,稻谷所占比重是37.9%;到了屈家岭文化期,稻谷种子的比重高达 87.2%。石家河文化期和龙山文化期气候有暖干的趋势,因此该时期稻谷种子比例保持在 70%左右。事实上,仰韶文化早期的南阳地区仍是处于较原始的打制石器的落后生业经济时代,当时的生业模式主要是采集渔猎等类型,而且在南阳盆地北部地区仰韶文化遗址反映的农业仍是以旱作农业为特色。因此,八里岗聚落的仰韶文化早期地层中粟、黍两种作物占总量的 61%,表明南阳地区南部边缘区在新石器早期仍是旱作农业。下王岗位于南阳盆地的北部区(T3 地貌区),该遗址出土的动物骨骼化石类型组合符合冷干的气候特征,但盆地南缘的八里岗聚落(T1 地

貌区）在石家河文化时期地层中浮选出的稻谷种子占到87.2%,虽然气候已是冷干但对南阳南部的水稻种植影响不大（姜钦华等,1998）。

位于南阳西北部的淅川县沟湾遗址（T3地貌区）是屈家岭文化时期的大型聚落。该遗址中黍、粟比重高于稻谷（李绍连,1995）,到了龙山文化期,南阳地区继续保持暖湿,T1地貌区、T2地貌区继续开展水稻生产,但在南阳北部的T3地貌区旱作物仍然占优（邓振华等,2012）。可见,由于暖湿气候的影响,屈家岭文化带来的稻作文化非常普及,但北部丘陵地区的生业经济仍然保持了来自中原地区以粟、黍为主导的旱作农业的特色。

南阳地区的家畜养殖业始于屈家岭文化的中晚期（贾兰坡,1977）。王岗遗址出土的动物骨骼遗存中,最普遍的家畜是猪和狗。尤其是仰韶文化期到西周时期的遗址地层分布广泛。另外,黄牛和水牛骨骼遗存也有发现但数量不多,由于这些牛骨骼遗存的组织特征有别于野生品种,可以认为在龙山文化时期,或更早的仰韶文化时期,黄牛是重要的家畜类型。

（四）南阳地区史前人类的食谱结构

动物骨骼中含有骨胶原（Ossein）和羟磷灰石（Hydroxylapatite）可以记录史前时期动物的食谱结构,一般方法是测定其中的C、N同位素。C_3植物如稻类等、C_4植物如粟类等与古人类骨胶原中C、N同位素的对应关系如表8-8所示（Van der Merwe等,1982；Bocherens等,1994）。根据沟湾聚落人们的骨胶原测试数据（Fu等,2010）,人骨的^{13}C平均数是-14.31‰,^{15}N平均数是8.28‰。表明该遗址人们的食谱是C_3植物和C_4植物兼有的复杂型食谱。

表8-8　史前时期人类骨胶原C、N同位素含量与食物类型对应关系

食物类型	$\delta^{13}C$（‰）	食物类型	$\delta^{15}N$（‰）
C_3类作物	-21.5	植物性食物	3~7
C_3+C_4作物	-15.5	混杂性食物	7~9
C_4类作物	-7.5	动物性食物	>9

如图8-15（a）所示（Fu等,2010）,沟湾聚落居民的食谱结构在仰韶时代C_3、C_4类食物大体相同,但仍以C_4类食物为主导,但屈家岭时期食谱以C_3类食物为主体。图8-15（b）表明,仰韶文化的二期、三期先民的^{15}N均值为8.68‰,暗示此时居民所摄入的蛋白类肉食比例高；但仰韶一期的先民却以果实类为主,表明屈家岭文化时期由于气候的波动导致肉质食品比例降低（^{15}N小于7.11‰）,此时的居民的食谱以稻、粟等为主,兼有低蛋白含量的家禽类作为补充性食物。

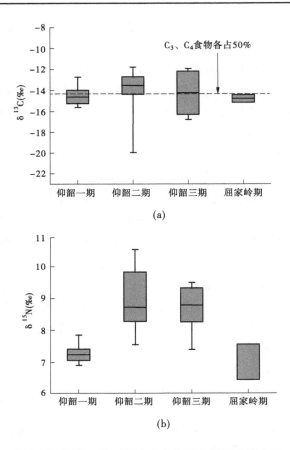

(a)

(b)

图 8-15　淅川沟湾遗址可鉴定人骨 C、N 同位素含量

四、史前文化基于南—襄通道的传播特征

(一) 南阳地区史前遗址分布的演化阶段

　　南阳地区的文化传播途径在仰韶文化早期大多从沙河—汝河—颍河上游取道伏牛山—凤凰山隘口经方城向唐河—白河中上游扩散。仰韶文化早期的聚落生产力水平低下,仍然以渔猎和采集作为生业经济的主要内容。因此,该期聚落社会对地理区位的选择的主要目标是可渔猎、可采集的自然资源的集聚地区。南阳盆地的北部和西北部属于山地丘陵地形,资源丰度高于南部的平原地区,所以仰韶文化早期的聚落大多从中原地区进入盆地之后就集聚在南阳盆地北部边缘地区。

　　进入仰韶文化中期,旱作农业和稻作农业开始逐渐成熟,迁徙型聚落逐渐被定居型聚落所代替。此时的聚落开始重视农业区位的适宜性,地势平坦、土壤肥沃、便于灌溉等平原低地成为该期聚落布局的主要倾向。于是,仰韶文化早期分布于盆地北缘的采集型聚落开始沿着湍河、白河、丹江等谷地自北向南迁移,尤其是河流之间的平原岗地成为该时期聚落分布的主要地貌区(T2 区)。本期的大型聚落点就集中在白河、丹江、唐河、湍河的两岸地区。

　　方修琦等认为(2004),我国在约 5.4 kaB.P.和约 4.2 kaB.P.存在两次大范围的降温事件,波及我国东部大部地区。这两次大范围的降温事件是由东南季风快速后撤,西太平洋副热带高压脊线南移并稳定在北纬 30°以南所致。该时期冬季风强盛,原有的气候带大约向南迁移了大约 2 个纬度(Xiao 等,2004)。根据王岗遗址动物类型组合、神农架大九湖石笋数据(Wang 等,2005),南阳地区在仰韶文化时期暖湿多雨,屈家岭文化期显著变干;石家河文化时期、龙山文化期气候有降温趋势,尤其是新砦期经历了数年连续的洪水灾害。图 8-8 显示,屈家岭文化聚落和龙山文化聚落的地理分布与南阳地区的气候波动同步,暖干期以旱作为主,暖湿期作物以稻作为主。

　　郭立新(2004)认为,部族社会的文化更迭和制度结构是影响文化分布的主要因素。根据黄楝树遗址墓葬和出土器物推测,当时的部族文化具有强大的凝聚力和一致对外的团结精神,这是基于相对公平的社会框架基础上,但同时表明这个时期的生产力水平仍然不高。之后的龙山文化时期和石家河文化时代由于社会财富的集聚而导致了社会阶分层严重(郭立新,2009),奴隶主阶层和宗教势力基本独揽了社会的大部分公权力,这些阶层控制了社会的发展内容和方向,包括遗址分布等文化要素被嵌入了明显的阶级对立的符号,如该时期的城邑聚落的出现。之后的石家河文化和龙山文化的地理分布受文化分异的影响日益突出,比如聚落内房屋布局的等级性、石家河文化时期聚落分布的向心性特征等(王银平,2013)。

(二)南阳地区 6.0~3.5 kaB.P.时期文化的传播路径

　　仰韶文化中期,颖河上游地区的旱作农业日趋成熟,伴随着彩陶器物的传播,粟、黍的种植从南阳盆地一路向南,在襄阳一带分为两个传播方向:一个取道随州、枣阳沿涢水向南扩散,另一个沿着汉江向荆州、荆门地区传播(王红星,1998)。后来的屈家岭文化、石家河文化和龙山文化都是通过该地理通道相互交流,成为新石器时期为数不多的多元文化并存局面(刘俊男,2013)。南阳盆地西部边缘的丹江谷地是汉江下游文化和陕西关中文化的交流地,不仅存在北方文化的基本特征,还发现有大量客省庄文化类型以及石家河文化类型,成为很特殊的文化集聚区(樊力,2000)。

　　从仰韶文化早期开始,来自颖河流域的仰韶文化与来湖北宜昌一带的大溪文化在湖北随州和枣阳地区汇合,仰韶文化时期的器物和种植业等要素向大洪山地区传播。一直到仰韶文化晚期(5.4~5.0 kaB.P.),来自湖北京山地区的屈家岭文化开始沿丹江、唐白河向北扩张。此时,南阳大部和丹江谷地大部分是屈家岭文化所占据。根据考古发掘研究,盘踞在南阳盆地南缘的石家河文化的器物形制属于青龙泉二期类型(湖北郧县;樊力,1998),主要位于盆地南缘的邓(州)—新(野)地区。到了龙山文化中晚期,南阳地区重新被北方文化类型(煤山文化二期,河南汝州)占据(袁广阔,2011),不过南阳地区此时仍有来自汉江流域下游的文化特色(李宜垠等,2003),如邓州八里岗四期遗存。

　　南阳地区的史前文化是仰韶旱作农业和屈家岭稻作农业彼此交锋,实力消长的前沿区域。目前的文化断代依据主要是根据典型遗址出土的器物形制和类型进行分类,作物种子的浮选结果是当时气候特征和文化偏好的结合体,具有显著的地域性。史前文化扩张的动力是人类寻求新的资源空间、规避来自自然或社会灾害的过程,而这些文化迁徙的主要通道大多沿天然的交通关隘、河谷低地延伸,南阳盆地恰好位于汉江平原和中原地区的通道上。这为南北两支新石器文化在南阳盆地的交汇碰撞提供了地理基础。

(三)南阳地区中全新世时期社会的生业经济特征

边畈文化类型(6.9~5.9 kaB.P.)和油子岭文化类型(5.9~5.1 kaB.P.)都是汉江流域的古文化类型,它的范围局限于湖北小洪山(京山地区)和涢水中下游一带(北京大学文博学院,2000),时代和仰韶文化同期但对南阳盆地的影响十分有限。黄楝树遗址、沟湾遗址出土的器物表明,在大约6.5 kaB.P.之前的仰韶文化期南阳盆地的生业模式仍然以渔猎-采集业为主,农耕业尚未发展起来。但到了仰韶文化晚期,稻作农业已相当普及,表明屈家岭文化强盛期是稻文化的主要传播时期。图8-14显示,盆地西南部的八里岗遗址地层出土的水稻种子的比重在仰韶文化中期是37.87%,到了屈家岭文化期、石家河文化期,八里岗遗址地层浮选出的稻谷种子的比重均超过60%,证明屈家岭文化是在南阳盆地传播稻作文化的主要动力源。龙山文化时期本区的稻作农业已明显出现了萎缩,一是由于气候变干失去了稻作农业的自然条件,二是由于强大的北方旱作文化又一次占据了盆地的主要地区。即使如此,这一时期的邓州一带仍然保持了稻作文化传统并未改变。

值得注意的是,盆地北部地区的生业经济在上千年的历史变迁中变化并不大。位于T3地貌区的淅川沟湾遗址地层浮选出的作物种子粟、黍一直处于绝对优势,表明盆地北部受到稻作农业的影响远没有盆地南部和中部地区深远。图8-15(b)显示,沟湾遗址一带的先民的食物演变过程,在仰韶文化早期,先民的食物结构以采集的果实为主,因为他们的骨胶原中的氮十五同位素含量很低;到了仰韶文化中期以后,人们通过捕捞活动获得高蛋白的食物更加容易(估计主要是水产品),这时人们骨胶原中的氮十五同位素含量有了提高。屈家岭文化期的古气候波动大,整体开始变干,先民的食物结构中主体是粟、稻、家畜,先民骨胶原氮十五同位素含量再次下滑。因此,盆地南北由于地形地貌的差异导致的小气候存在明显差异,从仰韶文化到龙山文化的演变发展过程中,人们的生业经济类型和食谱也在波动中进步发展。所以,史前文化演变不仅是文化类型的改变,而且是气候和地貌环境影响的结果。

五、南阳地区新石器文化的演变

南阳地区新石器时代文化的变迁和更迭从文化现象上看是北方文化和南方文化此消彼长的过程,从物质载体上看是旱作文化和稻作文化相互斗争的过程,但其本质在于南阳盆地所处的地理位置:33°N是亚热带与暖温带气候过渡区域,该区域伴随着冬季风和夏季风的强弱变化而成为不同文化选择的理想载体,从而成就了本区多元文化相互角逐的局面。另外,本区处于南北文化交接的过渡区域,而它恰好又处于文化传播的地理隘口。这是南阳地区文化多元的地理优势,其他类似的地区在河南还有信阳、安阳和三门峡等地。

从地理分布看,南阳地区的新石器聚落大部分坐落在100~200 m的高平原地区(T2、

T3 地貌区)。为发展稻作农业和灌溉农业,从仰韶文化时期到屈家岭文化时期,六成聚落都分布于白河、湍河、沿陵河等上中游的河间高平原地区,无论是仰韶文化还是屈家岭文化的鼎盛期,这些聚落的分布特征几乎没有受到影响。另外,丹江河谷是汉水下游连通西北地区的重要通道,因而是关中文化和江汉文化集聚交流的重要地区。

南阳地区是我国南北气候过渡带中的特殊地域,地形相对封闭但并不缺乏要素南北交流的地理走廊,而且同时处于两个文化区的辐射范围。这样的地理分布造成了特殊的文化交流景观:

(1)南北方文化的相互角逐区。南阳盆地从仰韶文化中期以后一直是北方粟黍文化和南方的稻米文化斗争的主战场,此消彼长持续了近千年。某一文化如果在南阳盆地得以立足并成为根据地,往往成为当地的主导文化并借机向南或向北进行扩张。

(2)文化输出和输入的重要通道。南阳盆地南缘虽有桐柏山阻挡但有随州—枣阳通道,北缘虽有伏牛山、凤凰山屏障确有方城走廊,成为连接沙汝河地区和江汉地区的天然通道。因而,南阳地区自然成为屈家岭、石家河文化向北扩张的地理通道,也是龙山文化向南传播的理想走廊。

(3)多元文化的共存区。南阳盆地在新石器时期中原文化类型与江汉文化类型并存。

(4)气候变迁过程中的繁荣区。距今四千年的大范围降温事件在洛阳盆地、颍河、淮河地区造成了大范围的降水和洪水灾害事件,但对南阳地区的影响较小,各类文化平稳过渡并未遇到较大波动的遗址变迁。

(5)独立文化的传承区。南阳盆地偏居一隅,背靠伏牛山、秦岭,东部是大别山和盘龙山,南部是大巴山余脉,整个地形单元相对封闭。尤其是盆地北缘和西部的丹江谷地,地势高亢、地貌复杂,受外来文化干扰的机会较小,因而是原生文化的天然保护区。如融合了仰韶文化、边畈文化、客省庄文化的宛西北文化就保留了南北文化的兼容性特征。

南阳地区新石器文化的演替与更新实际是稻作文化与粟作文化斗争的过程,其背后是中全新世东亚季风影响下的古环境的变迁的过程。从仰韶文化早期中原地区的新石器文化跨越伏牛山障碍来到南阳盆地,当时的聚落主要盘踞在北部的边缘地区(T3 地貌区),以山地丘陵为主,仰韶文化中后期本区以粟、黍种植为主要生业内容。随着屈家岭文化的北延和拓展,稻作农业大行其道。盆地内多数地区以水稻种植为主(T1、T2 地貌区),仰韶文化的势力范围大幅度减小,此时的南阳盆地无论是器物还是农耕制度已是江汉文化的重要构成。进入龙山文化期和石家河文化期气候波动变大,气候趋于干冷,频繁的洪涝等灾害迫使江汉文化类型渐渐退出盆地,旱作农业重新占据主导。

小　结

嵩山南麓在龙山文化晚期一度出现大型聚落集聚的情形。当时的政治地图是聚落众多、邦国林立,是中原地区古城聚落的核心区域,而史前聚落对逆向环境的适应策略是文明起源研究的重要内容。本章认为：①新砦期(3.9~3.8 kaB.P.)气候趋于冷干且洪水灾害频繁,加之部族冲突致使本区聚落的重心在二里头文化时期(3.8~3.5 kaB.P.)从颍河上游地区转移到双洎河中游一带;②颍河谷地在4.2~3.9 kaB.P.时期的农业结构是粟、稻、黍、大豆等,家畜动物类型是牛、狗、猪,二里头文化时期的生业经济进一步优化:小麦作物也从甘青地区引入、绵羊等家畜充实了驯养结构,加装木柄的石器开始广泛应用,大幅提高了该时期生产力的水平;③龙山文化晚期的颍河上游地区的城邑聚落众多,华夏、东夷、苗蛮三大集团之间既有合作也有冲突,酋邦各阶层为缓解部族的生存压力而团结协作,实施"能人治理"机制,同时不同集团间的文化融合亦促进了酋邦的可持续发展,为国家的出现奠定了生业经济基础和政治架构。

关于嵩山地区史前文化的南向传播,主要通过南阳盆地向江汉地区输出,而伏牛山南麓的南—襄通道是史前中原文化与江汉文化交流的天然地理单元。文化相互角逐的动力源于中原型和江汉型两种原始农业的消长,因而旱作农业快速发展期对应仰韶文化和龙山文化的南扩;粟作农业的衰落对应屈家岭文化和石家河文化的北进。南阳盆地史前时期的生业模式序列表现为:仰韶文化期早期的采集捕捞业、仰韶文化中晚期的粟作农业、屈家岭时期的稻作农业和石家河—龙山文化时期的稻粟混作业;屈家岭文化后期生产工具的进化、手工业快速发展,家庭畜牧业渐成规模。另外,盆地内文化锋面的进退不仅呈现出史前文化景观的边际效应,也促进了文化演变与环境变迁间互动的复杂过程。

参 考 文 献

[1] Garrard A, Byrd B, Betts A.Prehistoric environment and settlement in the Azraq basin: an interim report on the 1984 excavation season[J]. Levant, 1994, 24 (1): 1-31.

[2] Laylander D.Inferring settlement systems for the prehistoric hunter-gatherers of San Diego County, California[J]. Journal of California and Great Basin Anthropology, 1997, 19(2): 179-196.

[3] Briuer F L, Limp W F, Williams G I. Geographic information systems: a tool for evaluating historic archaeological sites[J]. Mississippi Archaeology, 1990, 25(1): 43-63.

[4] Davis-Salazar K L. Late classic Maya water management and community organization at Copan, Honduras [J]. Latin American Antiquity, 2003, 14(3): 275-299.

[5] Kintigh K W, Altschul J H, Beaudry M C, et al. Grand Challenges for Archaeology[J]. American Antiquity, 2014, 79(1): 5-24.

[6] Mcgovern T H, Vesteinsson O, Fridriksson A, et al.Landscapes of settlement in northern iceland: historical ecology of human impact and climate fluctuation on the millennial scale[J]. American Anthropologist, 2007, 109(1): 27-51.

[7] 莫多闻,李非,李水城,等.甘肃葫芦河流域中全新世环境演化及其对人类活动的影响[J].地理学报, 1996, 51(1): 59-69.

[8] 杨晓燕,夏正楷,崔之久,等.青海官亭盆地考古遗存堆积形态的环境背景[J].地理学报, 2004,

　　59(3)：455-461.

[9] 阮浩波，王乃昂，牛震敏，等.毛乌素沙地汉代古城遗址空间格局及驱动力分析[J].地理学报，
　　2016，71(6)：873-882.

[10] 董广辉，刘峰文，陈发虎.不同空间尺度影响古代社会演化的环境和技术因素探讨[J].中国科学·
　　地球科学，2017，47(12)：1383-1394.

[11] Chen F H, Dong G H, Zhang D J, et al.Agriculture facilitated permanent human occupation of the Tibet-
　　an Plateau after 3600 BP[JB/OL]. Science, 2014, 20. doi：10.1126/science.1259172.

[12] 董广辉，张山佳，杨谊时，等.中国北方新石器时代农业强化及对环境的影响[J].科学通报，
　　2016，61(26)：2913-2925.

[13] 侯光良，曹广超，鄂崇毅，等.青藏高原海拔4000 m区域人类活动的新证据[J].地理学报，2016，
　　71(7)：1231-1240.

[14] 刘莉.中国新石器时代：迈向早期国家之路[M].陈灿星，等译.北京：文物出版社，2007.

[15] 鹿化煜，安芷生.洛川黄土粒度组成的古气候意义[J].科学通报，1997，42(1)：66-69.

[16] 国家文物局.中国文物地图集·河南分册[M].北京：文物出版社，2009.

[17] 严文明.中国史前文化的统一性与多样性[J].文物，1987(3)：38-50.

[18] Batty M. The size, scale and shape of cities[J].Science, 2008, 319：769-771.

[19] Huang C, Pang J, Zhou Q, et al. Holocene pedogenic change and the emergence and decline of rain-fed
　　cereal agriculture on the Chinese Loess Plateau[J]. Quaternary Science Reviews, 2004, 23 (23): 2525-
　　2535.

[20] Huang C, Pang J, Chen S, et al. Holocene dust accumulation and the formation of policyclic cinnamon
　　soils in the Chinese Loess Plateau[J]. Earth Surface Processes and Landforms, 2003, 28(12): 1259-
　　1270.

[21] 靳桂云，刘东生.华北北部中全新世降温气候事件与古文化变迁[J].科学通报，2001，46(20)：
　　1725-1730.

[22] Zhou L, Oldfield F, Wintle A G, et al. Partly pedogenic origin of magnetic variations in Chinese loess
　　[J]. Nature, 1990 , 346 (6286): 737-739.

[23] 王建，刘泽纯，姜文英，等.磁化率与粒度、矿物的关系及其环境意义[J].地理学报，1996，51
　　(2)：155-163.

[24] 秦小光，张磊，穆燕.中国东部南北方过渡带淮河半湿润区全新世气候变化[J].第四纪研究，
　　2015，35(6)：1509-1524.

[25] 姚檀栋，Thompson LG，施雅风，等.古里雅冰芯中末次间冰期以来气候变化记录研究[J].中国科
　　学(D辑)，1997，27(5)：447-452.

[26] 洪业汤，姜洪波，陶发祥，等.近5 ka温度的金川泥炭记录[J].中国科学(D辑)，1997，27(6)：
　　525-530.

[27] 施雅风，孔昭宸，王苏民，等.中国全新世大暖期的气候波动与重要事件[J].中国科学(B辑)，
　　1992，22(12)：1300-1308.

[28] 徐海.中国全新世气候变化研究进展[J].地质地球化学，2001，29(2)：9-16.

[29] Mayewski P A, Rohling E E, Stager J C, et al.Holocene climate variability[J]. Quaternary Research,
　　2004, 62 (3): 243-255.

［30］ Keilhack K. Penck A und Brückner E: Die Alpen im Eiszeitalter［J］. Geographische Zeitschrift, 1911, 17（8）:451-462.

［31］ Maddy D, Bridgland D, Westaway R.Uplift-driven valley incision and climate-controlled river terrace development in the Thames Valley, UK［J］. Quaternary International, 2001, 79（1）: 23-36.

［32］ Pan B, Burbank D, Wang Y, et al. A 900 k.y. record of strath terrace formation during glacial-interglacial transitions in northwest China［J］. Geology, 2003, 31(11): 957-960.

［33］ Huang W, Yang X, Li A, et al.Climatically controlled formation of river terraces in a tectonically active region along the southern piedmont of the Tian Shan, NW China［J］. Geomorphology, 2014, 220: 15-29.

第九章 结 语

环境考古研究在最近二十年来一直是全球变化研究的热点之一，PAGES 为此还在
2016 年第 6 期专刊介绍了世界各地环境考古的研究进展工作。目前，末次盛冰期后我国
青藏高原地区最早的人类定居活动及其环境背景研究是令人关注的方向。在河南地区史
前文化与环境考古的热点就是环嵩山地区，一则由于环嵩山地区是中原地区新石器文化
的肇源区，二则夏都二里头同样位于嵩山周边，它是华夏文化的重要发源地。此外，嵩山
的南麓和北麓自旧石器时期就是史前人类活动的理想栖息地，当时的古环境特征、社会经
济模式及其二者之间的关系是环境考古工作者非常感兴趣的话题。

本书把新石器晚期作为研究对象，首先是因为新石器时期地层埋藏浅、遗址多、考古
工作相对深入，无论是自然环境指标的提取还是史前社会关系的查询较之于旧石器遗址
研究要省去很多人力和物力，当然也考虑到课题组目前所处的各类环境指标测试的种种
限制，这是该项工作的基本出发点。同时，嵩山南麓地区在龙山文化晚期城邑聚落快速崛
起，成为早期酋邦聚落的集聚区域。那么这些大型城邑聚落生成的环境背景的关系如何？
微地貌变迁过程与原始农业的互动机制如何？ 4 ka 降温事件是否动摇了嵩山南麓社会的
发展根基，如果没有，他们是如何获取可持续发展观的，当时社会用以缓冲逆向环境压力
的文化弹性有多大？ 这些都是课题组急于想了解和需要充分探究的话题。因而，本书重
点关注了以下四个方面内容，以便从多个侧面了解新石器晚期环境变迁与史前社会的互
动关系。这四方面的内容主要包括：

（1）嵩山地区的古气候特征。自裴李岗文化起（距今约 7 500 年），我国东部进入气
候适宜期，化学风化过程处于主导，嵩山南麓的颍河上游地区进入新石器文化发展黄金时
期。仰韶文化晚期（距今约 5 400 年），我国东部出现明显气候波动，颍河上游地区表现为
长时期干旱趋势。到了距今约 4 600 年，禹州平原一带的湖沼萎缩，史前聚落在此快速成
长。但距今四千年的全球降温事件导致的数十年的洪涝灾害驱使禹州地区的聚落逐渐北
撤或消亡。

（2）嵩山南麓地区的地貌变迁。本文主要讨论颍河河流地貌的变迁。颍河在更新世
晚期改道向东流，并在登封盆地塑造了四级阶地，表明更新世晚期的登封盆地至少有 2 次
以上的轻度抬升过程。当下的新石器聚落都集聚于颍河两岸的二级阶地上，根据沉积物
组合判断该阶地形成于距今一万一千年左右的更新世末期，而现在的一级阶地则由于河
流的改道和河流侵蚀作用形成年代多数河段在两千年左右。地貌变迁和水文过程直接影
响力新石器聚落和生业的变迁。

（3）嵩山南北地区新石器聚落的时空变化。裴李岗时期本区的聚落集中于登封盆地

和洧水上游的黄土台地上。仰韶文化期聚落增加的地理空间稍有拓展,到了龙山文化时期聚落迅速从盆地的封闭型转换为平原地带的开放型,此时的酋邦城邑快速成长。到了二里头文化时期,聚落空间再次收缩至登封盆地和洧水上游。期间聚落地貌选址从环境导向变为规划导向。

(4)史前社会的生业经济。嵩山南北史前社会自仰韶文化早期农业逐渐成型,到了龙山文化中晚期,农业出现了显著的多元化特征,传统的粟、黍旱作农业加采集型扩展为稻和豆加人工养殖业,生业经济结构逐渐完善。至二里头文化时期引入了小麦和绵羊,手工业逐渐从种植业分离出来,生业经济基本确立。

显然,气候波动和地貌变迁是研究背景,聚落时空变迁和生业经济的内容和结构是背景之上的人地关系主题。就气候波动而言,我国东部季风区全新世气候环境波动研究已经较为成熟,主要环境指标载体包括黄土、石笋、树轮、泥炭和冰芯等,暖湿波动的基本框架已比较清晰,但是地域分异明显而且地域间存在明显的时滞性。遗址地层作为自然环境和人类活动痕迹的双重记录有其他载体所不具备的优势,但也常常因遗址地层有人工扰动,对自然环境是否具有代表性而受人诟病。然而,遗址地层研究的重要性不言而喻,它是环境考古研究的基础和前提。颍河在龙山文化晚期由于气候干旱以堆积过程为主,同时受灵井附近的活动断裂影响,在瓦店一带形成了高河床时期,根据瓦店遗址的城壕遗迹可以判断当时的高河床促进了灌溉农业的发展,与当地的稻作农业发展关系密切。另外,禹州平原地区受气候变迁影响的程度要大于登封盆地和洧水上游地区,与江汉地区的情形类似。

因而本书重点关注了龙山文化晚期的主要遗址,以便从遗址地层研究中发现具有地域代表性的环境事件,如通过地层中的憩流沉积追溯古洪水,通过炭屑集聚层追溯人为焚林事件,通过砂砾层推断颍河河道的变迁等。课题组在王城岗遗址东侧的五渡河发现有古洪水沉积层,在瓦店遗址地层发现有砂砾层存在,这些关键地层的存在为恢复史前时期的环境特征意义重大。当然,更令人关注的内容是生业经济的类型结构和时空变迁过程。令人注意的是,根据瓦店遗址炭化种子浮选结果,稻作农业在禹州平原一带得到快速发展,其出土概率与黍、粟基本同处一个等级,表明瓦店地区的河流地貌环境适于灌溉,联系到该遗址存在大型城壕,表明瓦店聚落龙山文化晚期已有繁荣的稻作农业。农业的发展也促进了人工养殖业的发展,到了二里头文化时期,先民的生业经济网络已经比较复杂,抵御环境恶化造成的资源危机能力较之于龙山文化时期有所提高。总体而言,本书选择的王城岗、瓦店、吴湾、南洼等遗址大致反映了新石器晚期古环境和生业经济的基本面貌。

从史前聚落的时空分布研究可以看出一个文化群体的时空观念,这一点区别于遗址的剖面研究。前者可以提供一个文化集团的集体决断或文化偏好,后者是一个族群土地利用或生业经济在不同环境背景下的记录。本书中的史前聚落分析虽然引入了位序—规模法则和弗洛图分析,但仍然是一个宏观视角的概率性判断,究其原因在于聚落数据的时间段的精确性和数量不足。基于文献的遗址聚落数据由于测年数据的不精确导致了遗址点年代的出入,另外本区夏商时代都归入一个时期,从数据处理上显得粗糙但如果按器物分类的标准分段,则又陷入遗址过少缺乏统计意义或者是主观性太强的泥潭。还有就是同一个遗址点有多个文化时期的叠加与干扰问题,不同时期同一个坐标点的数量会影响空间分析的结果。所以,史前遗址的空间分析只能从总体趋势上做一概略性分析,其空间趋势可以从气候变迁、地貌过程和生业模式的转变上进行分析。

　　生业经济结构和规模是环境考古的重要枢纽与环节,它联系环境变迁和人类活动两大要素,是人地关系信息集聚的关键载体。嵩山地区在裴李岗文化时期属于新旧时期的过渡阶段,生业结构主要是采集、渔猎以及少量的作物栽培,属于较原始的温饱型的生业模式。仰韶文化时期本区属于北亚热带地区,年平均气温和年均降水量比当下都要高(至少相当于目前信阳地区的水平,年均气温高 2～3 ℃,年均降水量高 80～120 mm),适宜发展耕作农业。但由于此时的聚落分布集中于黄土台地和低山丘陵地貌,灌溉条件不及沿河平原,因而该期的原始农业主要以旱作的粟、黍为主。龙山文化时期气候变得干旱且年均温有所下降,但比现在要高一些(平均气温高 1～1.5 ℃)。但禹州平原地区大面积湖沼被开拓为田地,弥补了气候资源萎缩的不足,而且手工业的发展也促进了生产力水平的提高,这使得旱作农业在本区快速发展,但在禹州平原地区稻作农业也占很大比重。在距今 4300～4100 年期间颍河上游地区的大型聚落处于快速成长期,并由此形成了如王城岗、瓦店、古城寨、郝家台等地域性核心聚落,酋邦社会由此形成。另外,在龙山文化时期养殖业也得到长足发展,主要家畜有猪、牛、狗等类型,这可以从动物骨骼化石的同位素分析得到印证。然而,距今四千年降温事件改变了这种生业经济的发展步伐。受持续性洪水灾害的影响,嵩山南麓的人们开始向丘陵和黄土台地地区转移,稻作农业萎缩但引入了小麦,养殖业开始出现绵羊等家畜,在自然资源相对匮乏的半湿润地区极大地提高了史前社会的可持续发展能力。

　　最近吕厚远团队发表了关于月球涛动与人类环境变迁周期相互关系的成果,该成果认为全新世以来的新石器文化,如夏家店、小河沿、红山等文化均存在 500 年左右的兴衰周期,而且该周期大致与月球涛动周期相吻合。2017 年还有学者认为,早在末次冰期时期就有人类以青海盆地为基地进入了青藏高原地区生活。这两个成果表明,人类活动可以通过自身的努力在严酷的自然环境变迁中寻求发展机遇;同时,人类活动仍然是附加在环境变迁周期上的一个要素。先民既可以在逆境中获得生存,也可以随着环境变迁的周期通过聚落的空间转移来实现对环境变迁的适应,因而聚落空间的迁移周期应是环境变迁周期的另一种表现形式。

　　总之,环境考古的主要内容涵盖了遗址地层分析、遗址空间分布和生业结构研究,主要内容包括气候变迁、地貌过程和人类的生业经济结构,并讨论之间复杂的人地关系过程和典型时间节点的景观模式。就目前的研究方式和研究对象而言,不仅方法有待创新,而且研究对象也需要审慎选择,同时要发现新的古环境载体和环境解译方法才能把环境考古工作推向新的高度。嵩山地区显然具备了开展新、旧石器环境考古研究的多项优势条件,不仅是环境变迁对人类活动影响的研究,而且人类对环境变迁的适应以及人类在环境变迁环节中的干预效应也是应该考虑的内容。当然,从自身工作的细节计划出发,下一步的问题是什么工作内容以及如何开展,在哪里开展? 切入点和新方法在哪里? 研究的目标和方向如何? 都是需要深入思考和探讨的内容!